| Geosynthesis | Heft 10 | Hannover 1999 |

Partikuläre Stoffverlagerungen in Landschaften

Ansätze zur flächenhaften Vorhersage von Transportpfaden und Stoffumlagerungen auf verschiedenen Maßstabsebenen unter besonderer Berücksichtigung räumlich-zeitlicher Veränderungen der Bodenfeuchte

Rainer Duttmann

Geographisches Institut
der Universität Kiel
ausgesonderte Dublette

Inv.-Nr. 02/A39 025

Geographisches Institut
der Universität Kiel

Vorwort

Die vorliegende Arbeit entstand im Rahmen der DFG-Forschungsprojekte „Partikelgebundener Nährstofftransport" und „Räumlich differenzierte Erfassung der partikelgebundenen Nährstoffanlieferung an Oberflächengewässer", die seit 1995 unter der Leitung von Herrn Prof. Dr. Thomas Mosimann am Geographischen Institut der Universität Hannover durchgeführt wurden. An ihrem Zustandekommen war eine Vielzahl von Personen beteiligt, denen an dieser Stelle auf das herzlichste gedankt werden soll.

Besonders großen Dank schulde ich meinem akademischen Lehrer, Herrn Professor Dr. Thomas Mosimann, der den Fortgang dieser Arbeit stets mit Interesse verfolgte und mich über all die Jahre der Zusammenarbeit hinweg in vielfacher Weise großzügig unterstützte.

In diesen Dank möchte ich meine Frau Angelika einschließen, die mir jederzeit hilfreich zur Seite stand und durch ihren bereitwilligen Verzicht auf vieles wesentlich zum Entstehen dieser Arbeit beitrug.

Ein großes Dankeschön für die gute Zusammenarbeit in den Projekten und die vielen Diskussionen gebührt meinen Kollegen Dr. Wolfgang Thiem, Jens Bierbaum und Johannes Voges. Hervorragende technische Unterstützung beim Bau und Betrieb der Meßstationen leistete „unser" Abteilungstechniker Eduard Neumann. Zusammen mit Natalia Schleuning verdient er auch großes Lob für die gewissenhafte und zügige Analyse hunderter Bodenproben. Herr Dipl.-Ing. Klaus Krüger sorgte für ein fehlerfreies Funktionieren der Datalogger-Stationen im Untersuchungsgebiet. Frau Ursula Kurz danke ich für die freundliche Übernahme der Übersetzungs- und Korrekturarbeiten.

Für ihren großen Einsatz bei den Erosionskartierungen, Felddatenerhebungen, Feldmessungen und bei der Durchführung von Laboranalysen und Digitalisierarbeiten danke ich folgenden studentischen Mitarbeiterinnen und Mitarbeitern: L. Behrens, K. Focke, S. Freiberg, M. Gieska, A. Herzig, S. Isringhausen, P. Kleebeck, M. Kollmeier, D. Linsenmaier, G. Lösel, U. Meer, M. Neteler, S. Otte, T. Röpke, E. Schmidt, C. Temme und D. Tetzlaff.

Wichtigen Erkenntnisgewinn brachten die im Rahmen der Forschungsprojekte durchgeführten Diplomarbeiten von L. Behrens, D. Fischer, S. Isringhausen, P. Kleebeck, U. Knigge, K. Könnecker, T. Röpke, W. Rosenboom, E. Schmidt, C. Temme und S. Wrede. Daten aus diesen Arbeiten wurden auch hier verwendet.

Neben den Forschungsarbeiten in den genannten Projekten ergab sich die Gelegenheit zur Mitarbeit in dem unter Leitung der Landwirtschaftskammer Hannover und der Biologischen Bundesanstalt Braunschweig durchgeführten F&E-Projekt des BMELF „Praxisgerechte Möglichkeiten und Verfahren zur Vermeidung des Eintrages von Pflanzenschutzmitteln in Oberflächengewässer durch Abtrift und Abschwemmung". Dabei war es möglich, wertvolle und weit über die eigenen

Fachgrenzen hinausreichende Einblicke in die interdisziplinäre Untersuchung von Stofftransporten in landwirtschaftlich genutzten Einzugsgebieten zu gewinnen und Kenntnisse über betriebstechnische Maßnahmen zur Reduzierung von Stoffeinträgen in Gewässer zu erlangen. Für die gewährte Unterstützung bei der Durchführung der Bodenerosionsuntersuchungen im Raum Wöllersheim - Lamspringe möchte ich mich bei dem Leiter des F&E-Vorhabens, Herrn Dr. M. Reschke (Pflanzenschutzamt der Landwirtschaftskammer Hannover), bedanken. Ebenfalls großer Dank gebührt Herrn Professor Dr. G. Bartels (Institut für Pflanzenschutz in Ackerbau und Grünland an der Biologischen Bundesanstalt für Land- und Forstwirtschaft) und seinen Mitarbeitern Dipl.-Ing. agr. B. Rodemann sowie Dr. F. Thürwächter für die ausgezeichnete und kollegiale Zusammenarbeit.

Herrn Dr. H. Braden (DWD, ZAMF Braunschweig) danke ich für die Überlassung des agrarmeteorologischen Bodenwassermodells AMWAS ebenso wie für die fachlichen Hinweise zur Anwendung des Modells. Herrn Prof. Dr. J. Schmidt (Bergakademie Freiberg) und Herrn Dr. M. v. Werner (Geographisches Institut FU Berlin) gilt mein Dank für die freundliche Bereitstellung der Erosionsmodelle EROSION-2D und -3D.

Nicht zuletzt möchte ich den Landwirten in den Untersuchungsgebieten Ilde, Wöllersheim und Lamspringe einen herzlichen Dank aussprechen. Ihr großes Entgegenkommen und eine bis dahin nicht erlebte Hilfsbereitschaft haben wesentlich zum Gelingen der Projekte beigetragen. Mein besonderer Dank gilt dabei den Herren Krending (Lamspringe), Harenberg, Ohle (Wöllersheim), Rudolph, von Schaaffhausen (Klein Ilde), Bruer, Wichmann (Groß Ilde) und Mull (Bodenburg). Für die kritische Durchsicht des Manuskriptes danke ich Herrn Rolf Kindermann (Isernhagen).

Hannover, im April 1999   Rainer Duttmann

Inhaltsverzeichnis

Vorwort I
Inhaltsverzeichnis III
Verzeichnis der Abbildungen VII
Verzeichnis der Tabellen X
Verzeichnis der Karten XI
Verzeichnis der Photos XII

1 Einleitung 1

    1.1 Das Problem 1
    1.2 Zielsetzung 4
    1.3 Das Konzept des "downscaling"-Verfahrens 6
    1.4 Modelle zur Simulation von Wasser- und Feststofftransporten – Übersicht 12
        1.4.1 Allgemeines 12
        1.4.2 Die verschiedenen Modellansätze 13
            1.4.2.1 Empirische Modelle 15
            1.4.2.2 Stochastische Modelle 17
            1.4.2.3 Deterministische Modelle 17
        1.4.3 Kurzfazit 23

2 Methodisches Vorgehen 24

    2.1 Grundprinzipien landschaftsökologischer Untersuchungen 24
    2.2 Das Konzeptmodell des Betrachtungsgegenstandes 25
    2.3 Kriterien für die Auswahl der eingesetzten Schätz- und Simulationsmodelle .. 26
    2.4 Vorgehen bei den Felduntersuchungen 28
        2.4.1 Flächenhafte Messungen, Kartierungen und Erhebungen 29
        2.4.2 Quasiflächenhafte Messungen 31
        2.4.3 Standortuntersuchungen und punktuelle Messungen 32
    2.5 Aufbau des Informationssystems 34
        2.5.1 Allgemeines 34
        2.5.2 Die Struktur des Informationssystems 36

3 Abschätzung der Bodenerosionsgefährdung und Vorhersage potentieller Stoffübertritte im mittleren Maßstabsbereich - Gebietsauswahl für die Detailanalyse des oberirdischen Stofftransportgeschehens 40

    3.1 Gebietsübersicht 40
    3.2 Schritt 1: Flächenhafte Abschätzung der potentiellen Erosionsgefährdung ... 41

3.3 Schritt 2: Bestimmung von oberirdischen Transportpfaden und Sediment-
übertrittstellen am Gewässerrand 45

    3.3.1 Schritt 2.1: Oberflächenabfluß und Transportpfade 46

    3.3.2 Schritt 2.2: Übertrittstellen und Sedimenteinträge 47

        3.3.2.1 Modellgestützte Ermittlung von Übertritten
und Abschätzung von Sedimenteintragspotentialen 48

        3.3.2.2 Potentielle Übertritte und Sedimenteintragsrisiken
als Modellergebnisse 50

3.4 Schritt 3: Die Auswahl des Gebietes für die großmaßstäbige Analyse
oberirdischer Stofftransportprozesse 54

4 Das Auswahlgebiet für die großmaßstäbige Untersuchung oberirdischer Stofftransporte – Landschaftsökologische Rahmenbedingungen 56

4.1 Geologische Verhältnisse und Reliefbedingungen 56

4.2 Hangneigung und Hanglängen 57

4.3 Substrate und Böden 58

4.4 Die Erosionsanfälligkeit der Böden 62

4.5 Landnutzung und Bewirtschaftung 63

4.6 Klimatische Bedingungen und Erosivität der Niederschläge 64

4.7 Das konkrete Erosionsgeschehen im Gebiet Ilde: Ergebnisse
der Erosionsschadenkartierungen 1995 - 1997 65

5 Simulation des Bodenwasserhaushaltes und flächendifferenzierte Abbildung von Bodenfeuchtefeldern als Grundlage für die ereignisbezogene Modellierung oberirdischer Stofftransporte im großen Maßstabsbereich (topische und untere chorische Dimension) 71

5.1 Simulation des Standortwasserhaushaltes mit dem agrarmeteorologischen
Bodenwassermodell AMWAS 72

    5.1.1 Kurzbeschreibung der Modellgrundlagen 73

        5.1.1.1 Allgemeines 73

        5.1.1.2 Bestimmung von Retentions- und Leitfähigkeits-
funktion 74

        5.1.1.3 Die Modelleingangsgrößen 77

    5.1.2 Modellanwendung und Simulationsergebnisse 79

        5.1.2.1 Sensitivitätsanalyse 79

        5.1.2.2 Modellkalibrierung und -validierung 83

    5.1.3 Simulation des Bodenfeuchteganges gebietstypischer Standorte 86

        5.1.3.1 Bodenfeuchteverhältnisse in einer Löß-Braunerde 86

5.1.3.2 Bodenfeuchteverhältnisse in einer Löß-Pseudogley-Parabraunerde 87

5.1.3.3 Bodenfeuchteverhältnisse in einem Hanglöß-Kolluvisol 92

5.1.3.4 Bodenfeuchteverhältnisse in einer schwach pseudovergleyten Braunerde aus umgelagertem Löß und Residualton über Kalkstein 93

5.2 Extrapolation der standörtlich simulierten Bodenfeuchte auf Flächeneinheiten – Prinzipieller Ansatz 98

    5.2.1 Die räumliche Variabilität der Oberbodenfeuchte und ihre Abhängigkeit vom Relief 101

        5.2.1.1 Räumliche Verteilung der Bodenfeuchte in Testparzellen 103

        5.2.1.2 Untersuchungen zur räumlichen Korrelation von Bodenfeuchtemeßwerten in Testparzellen 107

    5.2.2 Untersuchung von Einzelzusammenhängen als Grundlage für die Ableitung eines empirischen Regionalisierungsmodells zur flächendifferenzierten Abbildung von Bodenfeuchtefeldern 111

        5.2.2.1 Einfluß der Hangneigungsrichtung (Exposition) auf die Bodenfeuchteverteilung 111

        5.2.2.2 Einfluß der Wölbungsform auf die Bodenfeuchteverteilung 112

        5.2.2.3 Einfluß der relativen Hanglänge auf die Bodenfeuchteverteilung 113

        5.2.2.4 Einfluß der Hangneigung auf die Bodenfeuchteverteilung 115

        5.2.2.5 Einfluß des Einstrahlungswinkels auf die Bodenfeuchteverteilung 116

        5.2.2.6 Kombinierter Einfluß von Einzugsgebietsgröße und Hangneigung auf die Bodenfeuchteverteilung (Topographieindex) 119

    5.2.3 Das Modell zur Regionalisierung der Bodenfeuchte 120

    5.2.4 Modellergebnisse: Flächendifferenzierte Abbildung von Bodenfeuchtefeldern 123

    5.2.5 Modellergebnis: Räumlich und zeitlich differenzierte Abbildung von Bodenfeuchtefeldern 126

    5.2.6 Kurzfazit 130

6 Ereignisbezogene Simulation des oberirdischen Stofftransportes im großen Maßstabsbereich (untere chorische Dimension) 131

6.1 Simulation von Feststofftransporten mit dem Modell EROSION-3D 131

    6.1.1 Allgemeines 131

6.1.2 Kurzbeschreibung der Modellgrundlagen 132

6.1.3 Die Modelleingangs- und ausgabegrößen 136

6.1.4 Sensitivitätsanalyse 138

6.1.5 Überprüfung von Modellergebnissen mit Meßwerten aus Beregnungsexperimenten und Schätzwerten der Erosionskartierung 142

6.2 Modellanwendung und Simulationsergebnisse 144

6.2.1 Anbindung des Erosionsmodells an das Geoökologische Informationssystem 144

6.2.2 Simulation von Einzelereignissen und Diskussion der Ergebnisse 147

6.3 Untersuchungen zur Abschätzung des partikelgebundenen Phosphattransportes 152

6.3.1 Allgemeine Merkmale und Mechanismen des partikelgebundenen Phosphattransportes 154

6.3.2 Ansätze zur Abschätzung des partikelgebundenen Phosphattransportes bei Erosionsereignissen – Das Konzept des Anreicherungsverhältnisses ("enrichment ratio") 159

6.3.3 Phosphat-Verteilungsmuster in Oberböden als Indikatoren erosionsbedingter Stofftransporte 162

6.3.3.1 Methodik 163

6.3.3.2 Ergebnisse 164

6.3.3.3 Beziehungen zwischen dem Phosphatgehalt und der Zusammensetzung des Feinbodens 166

6.3.4 Einsatz von Feinbodenauffangvorrichtungen zur Erfassung von Stoffanreicherungen im Abtragsboden 170

6.3.4.1 Bauweise der Feinerdeauffangzylinder und Beprobungsmethodik 171

6.3.4.2 Ergebnisse 172

6.3.5 Experimentelle Untersuchungen zur Bestimmung von Feststoff-/Phosphat-Anreicherungsbeziehungen – Feldberegnungsversuche 174

6.3.5.1 Vorgehensweise und Untersuchungsmethodik 174

6.3.5.2 Ergebnisse 176

6.4 Flächendifferenzierte Abschätzung des partikelgebundenen Phosphattransportes - Modellergebnisse 179

6.5 Anwendungsmöglichkeiten ereignisbezogener Erosionsmodelle in der Praxis 183

6.6 Kurzfazit 187

7 Langfristabschätzung von Bodenabtrags-, Stoffeintrags- und Bodenfruchtbarkeitsgefährdungen im großen Maßstabsbereich (Parzellenebene) - Beispiele für Anwendungen der Allgemeinen Bodenabtragsgleichung (USLE/ABAG) in der Praxis 189

7.1 Parzellenbezogene Abschätzung des Feststoffabtrages mit der Allgemeinen Bodenabtragsgleichung (ABAG) 189

7.1.1 Übersicht über die gebietsbezogene Ausprägung der ABAG-Faktoren 190
7.1.2 Das Modellergebnis 193
7.1.3 Zur Plausibilität der Modellergebisse 194

7.2 Bewertung der Bodenfruchtbarkeitsgefährdung durch Bodenerosion – Beispiele für Anwendungen der ABAG in einem GIS-gestützten Prognose- und Landmanagementsystem 197

7.3 Abschätzung des Sediment- und Phosphateintragsrisikos für Oberflächengewässer 203

7.3.1 Allgemeines zum Verfahren 203
7.3.2 Vorgehensweise bei der Abschätzung des partikulären Phosphateintrages 203
7.3.3 Modellergebnisse und Szenaranalysen zum partikulären Phosphateintrag 204

7.4 Kurzfazit 207

8 Methodisches Fazit 209

9 Zusammenfassung 214

10 Summary 218

11 Literaturverzeichnis 221

Verzeichnis der Abbildungen

Abb. 1 Im Verlaufe der maßstabsübergreifenden Bodenerosionsprognose eingesetzte Verfahren und Simulationsmodelle 7

Abb. 2 Prinzipielle Vorgehensweise beim "downscaling"-Verfahren 11

Abb. 3 Klassifikationsschema für Wasser- und Stofftransportmodelle 14

Abb. 4 Ausgewählte Erosionsmodelle und ihre Eigenschaften in der Übersicht 21

Abb. 5 Konzeptmodell für die kleinmaßstäbige Prognose der Bodenabtrags- und Stoffeintragsgefährdung 26

Abb. 6 Bei der großmaßstäbigen Simulation des oberirdischen Stofftransportgeschehens betrachteter Systemausschnitt - dargestellt als Prozeß-Korrelations-System 27

Abb. 7   Arbeitsgang zur Erfassung und flächenhaften Abbildung wasser-
         und stoffhaushaltlicher Prozesse und Prozeßzustände 30
Abb. 8   Struktur des Geoökologischen Informationssystems 35
Abb. 9   Dateninhalte und Datenorganisation im Geoökologischen
         Informationssystem (schematisch) 37
Abb. 10 Methode zur Abschätzung der potentiellen Erosionsgefährdung im
         mittleren Maßstabsbereich 42
Abb. 11 Bodenerosionsgefährdung der ackerbaulich genutzten Fläche im
         Raum Bockenem - Bad Salzdetfurth, differenziert nach Hangneigungsstufen 45
Abb. 12 Vorgehensweise bei der Bestimmung von Übertrittstellen und der
         Abschätzung von Sedimenteintragspotentialen mit GIS 49
Abb. 13 Prognostizierte Sedimenteinträge an Übertrittstellen des Feinboden-
         transportes ins Gewässer für Teileinzugsgebiete von Lamme und Nette,
         differenziert nach Gewässertypen und dem Eintragspotential der Übertritte 52
Abb. 14 Kennzeichnung der Hangneigungs- und Hanglängenverhältnisse der
         Ackerfläche im Untersuchungsgebiet 58
Abb. 15 Körnungsspektrum häufig auftretender Substrate im Raum Ilde 60
Abb. 16 Flächenanteile der K-Faktoren ackerbaulich genutzter Böden im
         Untersuchungsgebiet Ilde 62
Abb. 17 Statistische Angaben zur Flächennutzung und Landbewirtschaftung im
         Raum Ilde 64
Abb. 18 Langjährige monatliche Mittelwerte von Lufttemperatur und Niederschlag
         an der DWD-Station Hildesheim (1951-1980) im Vergleich mit den Monats-
         mittelwerten der Klimameßstation Ilde für den Zeitraum 1995 bis 1997 65
Abb. 19 Übersicht über das methodische Vorgehen bei der standörtlichen Simulation
         der Bodenfeuchte und der räumlichen Übertragung standörtlicher Boden-
         feuchtewerte 72
Abb. 20 Auf der Grundlage des Parameterschätzverfahrens nach H. VEREECKEN
         u.a. (1989) abgeleitete Retentionskurven und ihre Modifikationen bei Ver-
         änderung der Lagerungsdichte sowie der $C_{org.}$-, Sand- und Tongehalte 76
Abb. 21 Die Veränderung bodenstruktureller Modelleingangsgrößen und ihre Aus-
         wirkung auf das Simulationsergebnis 80
Abb. 22 Auswirkungen des Anfangswassergehaltes und des Simulationszeitraumes
         auf das Modellergebnis 81
Abb. 23 Vergleich von gemessenen und simulierten Bodenwassergehalten in unter-
         schiedlichen Bodentiefen 84
Abb. 24 Standortbedingungen, simulierte und gemessene Bodenfeuchteverhältnisse
         in einer Löß-Braunerde 88
Abb. 25 Standortbedingungen, simulierte und gemessene Bodenfeuchteverhältnisse
         in einer Löß-Pseudogley-Parabraunerde 90
Abb. 26 Standortbedingungen, simulierte und gemessene Bodenfeuchteverhältnisse
         in einem Hanglöß-Kolluvisol 94
Abb. 27 Standortbedingungen, simulierte und gemessene Bodenfeuchteverhältnisse
         in einer schwach pseudovergleyten Braunerde aus umgelagertem Löß und
         Residualton über Kalkstein 96
Abb. 28 Vergleich zwischen gemessenen und simulierten Bodenwassergehalten im
         Krumenbereich 99

Abb. 29 Zeitliche und räumliche Variabilität des Wassergehaltes im Oberboden (Vol.-%) einer südöstlich exponierten Testparzelle 104

Abb. 30 Zeitliche und räumliche Variabilität des Wassergehaltes im Oberboden (Vol.-%) einer nordwestlich exponierten Testparzelle 105

Abb. 31 Semivariogramme für die Wassergehaltsverteilung im Oberboden der Testparzellen Schieferkamp und Bruchkamp 109

Abb. 32 Abhängigkeit der Bodenwassergehalte (1-3 cm Tiefe) von der relativen Hanglänge und der Hangneigung 114

Abb. 33 Einfallswinkel der direkten Sonnenstrahlung für Standorte mit unterschiedlicher Hangneigung und Hangneigungsrichtung in 52° nördlicher Breite 117

Abb. 34 Vergleich von Einstrahlungswinkeln bei unterschiedlich exponierten Standorten mit Hangneigungen zwischen 1° und 20° 118

Abb. 35 Abhängigkeit der sommerlichen Bodenwassergehalte (1-3 cm Tiefe) vom Einfallswinkel der Sonnenstrahlen 118

Abb. 36 Beziehung zwischen dem Gebietskennwert „ln(a/tan β)" und der Wassergehaltsabweichung vom Flächenmittelwert des Bodenwassergehaltes in 1-3 cm Tiefe (in Vol.-%) 120

Abb. 37 Vergleich von gemessenen und geschätzten Wassergehaltsabweichungen 125

Abb. 38 Vorgehen bei der GIS-gestützten Generierung von Bodenfeuchtefeldern und Koppelung des Standortwassermodells mit dem Extrapolationsmodell 127

Abb. 39 Vergleich der Sensitivitätsanalyse mit Ergebnissen aus anderen Untersuchungen 141

Abb. 40 Abhängigkeit des Feinbodenaustrages von ausgewählten Bodenparametern 142

Abb. 41 Anbindung des Erosionsmodells an das Geoökologische Informationssystem und Vorgehen bei der ereignisbezogenen Simulation oberirdischer Stofftransporte 146

Abb. 42 Durchschnittlicher Feststoffaustrag ausgewählter Parzellen für Erosionsereignisse der Jahre 1996 und 1997 149

Abb. 43 Verteilung und Intensität der Erosivniederschläge im Jahr 1996 150

Abb. 44 Beziehung zwischen der Sedimentkonzentration, der $P_{part.}$-Konzentration und dem P-Gehalt des Austragssedimentes im Oberflächenabfluß von Feldberegnungsexperimenten 155

Abb. 45 Zeitliche Veränderungen des Phosphatgehaltes und der Feinbodenzusammensetzung im Austragssediment im Verlaufe der Beregnung 156

Abb. 46 Zeitliche Veränderungen der Anreicherungsverhältnisse von partikelgebundenem Phosphat, mineralischen und organischen Feinbodenbestandteilen im Beregnungsverlauf 157

Abb. 47 Häufigkeitsverteilung der Phosphatgehalte in Oberböden von Ackerstandorten im Raum Ilde 162

Abb. 48 Flächenhafte Verteilung der Phosphatgehalte von Oberböden ackerbaulich genutzter Hangparzellen (Phosphatverteilungsmuster) 165

Abb. 49 Phosphat-, Ton-, Schluff- und Humusgehalte von Toposequenzen der Testparzellen „Bruchkamp" und „Steinberg" 168

Abb. 50 Anreicherungen von mineralischen und organischen Feinbodenbestandteilen sowie von Phosphat in den Akkumulationsbereichen der Testparzellen „Bruchkamp" und „Steinberg" 170

Abb. 51 Konstruktionsprinzip des Feinerdeauffangzylinders für linearen Bodenabtrag 171

Abb. 52 Vergleich der Anreicherungsfaktoren von Feinbodenbestandteilen und
Phosphat im aufgefangenen Sediment 173

Abb. 53 Zusammenhänge zwischen Ton-, Humus- und Phosphatgehalt im
Sediment der Feinerdeauffangvorrichtungen 174

Abb. 54 Zeitliche Veränderungen der Ton- und Phosphatanreicherungsfaktoren
am Beispiel von zwei Beregnungsversuchen 175

Abb. 55 Regressionsbeziehungen zwischen Ton- und Phosphatanreicherungs-
faktoren in Abtragssedimenten von Beregnungsversuchen 177

Abb. 56 Vergleich von gemessenen und berechneten Phosphatfrachten (partikelgebundenes Phosphat) im Oberflächenabfluß von Feldberegnungs-
experimenten 178

Abb. 57 Beziehung zwischen dem CAL-Phosphatgehalt und dem Gesamt-Phosphatgehalt im Austragssediment von Beregnungsversuchen 181

Abb. 58 Vergleich der mit dem Enrichment Ratio (n. M. H. FRERE u.a., 1980) berechneten und mit der Ton-/Phosphat-Anreicherungsbeziehung bestimmten
P-Austräge 183

Abb. 59 Beispiele für die Veränderung des Bodenabtrages auf Zuckerrübenschlägen
bei unterschiedlichen Nutzungs- und Bewirtschaftungsszenarien 186

Abb. 60 Durchschnittliche Bedeckungsgrade der Hauptkulturarten im Jahresgang 192

Abb. 61 Modellergebnisse im Vergleich: Abschätzung der Bodenerosionsgefährdung
mit der Allgemeinen Bodenabtragsgleichung und dem Verfahren zur Bestimmung der Erosionswiderstandsfunktion für Hangbereiche im SW des
Untersuchungsgebietes Ilde 196

Abb. 62 Vergleich von modellgestützt berechneten und real auftretenden mittleren
jährlichen Bodenabträgen (in t/(ha×a)) für Dauerbeobachtungsschläge 196

Abb. 63 Veränderungen des Bodenabtrages bei unterschiedlichen Nutzungsszenarien
am Beispiel ausgewählter Ackerschläge 199

Abb. 64 Flächenstatistik: Verteilung und Veränderung der Bodenfruchtbarkeitsgefährdung im Raum Ilde bei unterschiedlichen Nutzungs- und Bewirtschaftungs-
bedingungen (Szenarien 1, 3 und 4) 202

Abb. 65 Sediment- und Phosphoranlieferung an Gewässer, differenziert nach dem Ein-
tragspotential der Übertritte (Gebiet Ilde) 206

Verzeichnis der Tabellen

Tab. 1 Feldmeß- und Laboranalysemethoden zur standörtlichen Erfassung wasser- und
stoffhaushaltlicher Größen 33

Tab. 2 Sedimenteintragspotentiale an modellgestützt prognostizierten
Übertritten des Feinbodentransportes in Flüsse, Bäche und Gräben
in Einzugsgebieten von Lamme und Nette (Innerste-Bergland) 51

Tab. 3 Flächenanteile der Erosionsformen an der Gesamtschadensfläche in
den Jahren 1995 und 1996 68

Tab. 4 Vergleich der jährlichen Bodenabtragsmengen (1995 - 1997) ausgewählter
Ackerschläge 69

Tab. 5 Vergleich von gemessenen und simulierten Bodenwassergehalten als Ergebnis
der Modellkalibrierung und -validierung 85

Tab. 6 Oberflächenverhältnisse der Testflächen „Schieferkamp" und „Bruchkamp" 103

Tab. 7	Maximale Wassergehaltsunterschiede und Standardabweichungen gemessener Wassergehalte auf den Testflächen „Bruchkamp" und „Schieferkamp"	107
Tab. 8	Wassergehaltsunterschiede zwischen nord- und südexponierten Hängen	111
Tab. 9	Abweichungen der Wassergehalte im Oberboden (1-5 cm Tiefe) bei unterschiedlichen Wölbungsformen der Geländeoberfläche	112
Tab. 10	Regressionsmodell zur flächendifferenzierten Abbildung von Bodenfeuchtefeldern im Frühjahr und im Herbst	122
Tab. 11	Regressionsmodell zur flächendifferenzierten Abbildung von Bodenfeuchtefeldern im Sommer	122
Tab. 12	Modelleingangsgrößen für das Erosionsmodell E-3D	137
Tab. 13	Modellausgabegrößen des Erosionsmodells E-3D	138
Tab. 14	Sensitivität des Modells EROSION-2D gegenüber ausgewählten Modelleingangsgrößen	141
Tab. 15	Vergleich von gemessenen und simulierten Stoffausträgen auf Feldberegnungsparzellen	143
Tab. 16	Vergleich von geschätztem und mit EROSION-3D simuliertem Bodenabtrag auf Dauerbeobachtungsparzellen am Beispiel des Starkregenereignisses vom 17.5.1997	145
Tab. 17	Modelleinstellungen für die Simulationsrechnungen mit EROSION-3D	147
Tab. 18	Ausstattungsmerkmale der Testflächen für die Untersuchung von Phosphatverteilungsmustern	163
Tab. 19	Mittelwerte und Standardabweichungen von mineralischen Feinbodenanteilen, Humus- und Phosphatgehalten in Erosions-(Mittelhang-) und Akkumulations-(Hangfuß-)Bereichen der Testflächen „Bruchkamp" und „Steinberg"	169
Tab. 20	Anreicherungen der mineralischen Feinbodenfraktionen, der organischen Substanz und des Phosphats in den mit Feinerdeauffangzylindern erfaßten Abtragssedimenten	173
Tab. 21	Vergleich der Bodenabträge ausgewählter Parzellen bei unterschiedlichen Nutzungs- und Bearbeitungsvarianten	185
Tab. 22	Die flächenbezogene Verteilung des Topographiefaktors (LS-Faktor) im Raum Ilde	191
Tab. 23	C-Faktoren gebietstypischer Fruchtfolgen	192
Tab. 24	Korrelation zwischen rechnerisch ermittelter Bodenabtragsmenge und einzelnen Faktoren der Allgemeinen Bodenabtragsgleichung	193
Tab. 25	Bodenabtrag und Gefährdung der Bodenfruchtbarkeit bei unterschiedlichen Nutzungs- und Bearbeitungsvarianten auf ausgewählten Parzellen	200
Tab. 26	Vergleich der Eintragspotentiale von Sediment und partikelgebundenem Phosphor an prognostizierten Übertritten bei unterschiedlichen Landnutzungs- und Bearbeitungsvarianten	206

Verzeichnis der Karten

Karte 1	Gebietsübersicht und Lage der Untersuchungsgebiete	40
Karte 2	Abschätzung des Bodenabtrags durch Wasser im mittleren Maßstabsbereich Bergland (Raum Bockenem - Bad Salzdetfurth)	44
Karte 3	Oberflächenabflußpotentiale und Leitbahnen des Oberflächenabflusses (Raum Bockenem - Bad Salzdetfurth)	44

Karte 4   Prognostizierte Übertrittstellen und Sedimenteintragspotentiale
          (Raum Bockenem - Bad Salzdetfurth) 53
Karte 5   Prognosekarte für potentielle Bodenerosions- und Sedimenteintragsrisiken
          (Raum Bockenem - Bad Salzdetfurth) 53
Karte 6   Hangneigungsverhältnisse im Raum Ilde 59
Karte 7   Boden- und Substrattypen im Raum Ilde 59
Karte 8   Erosionsformen und -schäden im Jahr 1995 66
Karte 9   Erosionsformen und -schäden im Jahr 1996 66
Karte 10 Räumliche Verteilung der Bodenfeuchte (1-3 cm Bodentiefe) im Raum Ilde
          in Abhängigkeit vom Relief 124
Karte 11 Räumlich und zeitlich differenzierte Verteilung der Bodenfeuchte 129
Karte 12 Berechnete Bodenabtrags- und -depositionsmengen für ausgewählte
          Starkniederschlagsereignisse in den Jahren 1996 und 1997 148
Karte 13 Netto-Bodenausträge bei ausgewählten Starkniederschlagsereignissen
          und Bilanzierung des Gesamt-Nettoaustrages für das Jahr 1996 151
Karte 14 Abtrags- und Depositionsmengen von partikelgebundenem Phosphor
          (rasterzellenbezogen) für ausgewählte Starkniederschlagsereignisse in
          den Jahren 1996 und 1997 (in g/m^2) 180
Karte 15 Bilanzierung der Abtrags- und Depositionsmengen von partikulärem Phosphor
          für das Jahr 1996 182
Karte 16 Mittlerer jährlicher Bodenabtrag im Raum Ilde nach der Allgemeinen Boden-
          abtragsgleichung (ABAG) 195
Karte 17 Parzellenbezogene Abschätzung der Bodenerosion und Bewertung der Boden-
          fruchtbarkeitsgefährdung unter realen Anbaubedingungen (Szenario 1) 195
Karte 18 Parzellenbezogene Abschätzung der Bodenerosion und Bewertung der Boden-
          fruchtbarkeitsgefährdung bei konventioneller Bearbeitung
          (Fruchtfolge WW-WG-ZR; Szenario 3) 201
Karte 19 Parzellenbezogene Abschätzung der Bodenerosion und Bewertung der Boden-
          fruchtbarkeitsgefährdung bei konservierender Bearbeitung
          (Fruchtfolge WW-WG-ZR; Szenario 4) 201
Karte 20 Oberirdische Transportpfade, Sedimenteintragsstellen und Sedimenteintrags-
          potentiale von Übertritten an Graben- und Gewässerrändern (oben) 205
Karte 21 Oberirdische Transportpfade, Stoffübertritte und Eintragspotentiale für
          partikelgebundenen Phosphor 205

Verzeichnis der Photos

Photo 1   Blick über das Untersuchungsgebiet „Ilde" 56
Photo 2   Der Südwestteil des Untersuchungsgebietes 57
Photo 3   Talwegeerosion in einer flachen hangabwärts verlaufenden
          Senke auf einem Zuckerrübenfeld mit Strohmulch 70
Photo 4   Feldkästen zum Auffang von Bodenabtrag und Oberflächen-
          abfluß 171
Photo 5   In lineare Erosionsform eingebauter Feinerdeauffangzylinder 172

1 Einführung

1.1 Das Problem

Die Abschätzung von Bodenabtragspotentialen und die Erfassung von Transportpfaden des Bodenfeinmaterials aus landwirtschaftlich genutzten Flächen in Oberflächengewässer ist von großer praktischer Bedeutung für die Erarbeitung von Planungs- und Vollzugsmaßnahmen. Bei Anschluß der Erosionssysteme an Fließgewässer führen die mit dem Oberflächenabfluß und der Sedimentfracht transportierten Pflanzendünge- und -schutzmittel zu den bekannten stofflichen Belastungen der Gewässer. Die damit verbundenen Fernwirkungen von Stoffeinträgen verlangen nach der Erfassung von Bodenabtrags- und Stoffeintragspotentialen auf unterschiedlichen Maßstabsebenen. Bezugsflächen für die Planung und den Vollzug von Maßnahmen im Boden- und Gewässerschutz „vor Ort" sind einzelne Schläge oder Kleinst-Einzugsgebiete. Nur hier lassen sich die mit dem Bodenabtrag verbundenen Belastungen von Böden und Gewässern durch ein entsprechendes Flächenmanagement wirksam reduzieren.

Zur Vorhersage dieser Belastungen und zur Entwicklung von Strategien zur Reduzierung von "on-site"- und "off-site"-Schäden lassen sich Geographische Informationssysteme (GIS) und daran gekoppelte Simulationsmodelle einsetzen. Aufgebaut als Prognose- und Managementsysteme können sie wichtige Hilfen bei der Maßnahmenplanung und bei der Kontrolle des Maßnahmenvollzuges im Boden- und Gewässerschutz sowie im landwirtschaftlichen Beratungswesen leisten.

Die Probleme beim Aufbau der Datenbasis für ein solches System und bei der Auswahl geeigneter Prognose- und Simulationsmodelle sind vielgestaltig. So liegen die für die Maßnahmenplanung auf großer Maßstabsebene erforderlichen Basisdaten in der Regel nicht flächendeckend vor. Bodenkundliche Grundlagendaten sind flächenhaft meist nur in den Maßstabsbereichen von 1:50.000 bis 1:200.000 verfügbar. Hierbei handelt es sich jedoch um stark aggregierte Größen, so daß die Spannweite möglicher Faktorausprägungen in den einzelnen Bodeneinheiten sehr hoch sein kann. Da Verfahren für eine räumliche Disaggregierung dieser Datengrundlagen fehlen und eine weitere Differenzierung der Daten ohne Felduntersuchungen nicht möglich ist, bleibt eine auf diese Flächendaten gestützte quantitative Modellaussage mit erheblichen Unsicherheiten behaftet.

Auch die Auswahl der in einem GIS-basierten Prognose- und Managementsystem einzusetzenden Modelle ist aufgrund ihrer zumeist eingeschränkten räumlichen Übertragbarkeit und Anwendbarkeit nicht unproblematisch. Angesichts der kaum erfaßbaren räumlichen Variabilität der Modelleingangsgrößen und des Aufwandes, der zur flächenhaften Bereitstellung dieser Größen und zur Modellkalibrierung und -validierung notwendig ist, sind der großräumigen Anwendung komplexerer Simulationsmodelle mit exakterer physikalischer Prozeßbeschreibung in der Praxis zwangsläufig enge Grenzen gesetzt. Die mangelnde Verfügbarkeit und eine kaum zu leistende flächendeckende Erfassung räumlich und zeitlich hoch aufgelöster Basisdaten zwingt beim Einsatz physikalisch begründeter Modellansätze zu einer gezielten Auswahl der „wichtigen", d.h. in bezug auf den zu untersuchenden Prozeß relevanten Flächen.

Bei der Planung von Boden- und Gewässerschutzmaßnahmen in der Praxis ist zunächst die Frage nach der Lage der abtragsgefährdeten Flächen, der Anbindung stoffliefernder Ackerparzellen an Gräben und Gewässer und möglichen Stoffeintragsbereichen von Bedeutung. Diese Flächen und die potentiellen Eintragsbereiche können auf Grundlage der mittlerweile flächendeckend im kleinen und mittleren Maßstab verfügbaren digitalen Boden-, Landnutzungs- und Reliefdaten GIS-gestützt vorselektiert werden. Die für diese Zwecke einsetzbaren einfachen empirischen Schätzverfahren erlauben dabei natürlich keine exakte Quantifizierung. Sie dienen lediglich der Vorauswahl derjenigen Flächen, die aufgrund ihrer Erosionsdisposition und ihres Stoffeintragspotentials auf der nächst tieferen Dimensionsebene gezielt erfaßt und mittels geeigneter Untersuchungsmethoden genauer analysiert werden können. Die eigentliche Quantifizierung des Bodenabtrages und der an die Gewässer herantransportierten Stoffmengen erfolgt somit ebenso wie die Durchführung von Szenaranalysen erst auf den untersten Dimensionsstufen für einzelne Schläge und/oder kleinere Einzugsgebiete. Entsprechend der veränderten Betrachtungsdimension lassen sich hierbei feiner auflösende Modelle mit vergleichsweise höheren Datenanforderungen einsetzen. Das beschriebene stufenweise Vorgehen von der großräumigen Abschätzung von Bodenabtrags- und Stoffeintragspotentialen bis zur parzellenscharfen Modellierung des oberirdischen Stofftransportgeschehens wird hier als "downscaling" bezeichnet (V. WICKENKAMP u.a., 1998; R. DUTTMANN & Th. MOSIMANN, 1995). Eine ähnliche dimensionsbezogene Vorgehensweise beschreibt D. DRÄYER (1996) am Beispiel des „zweistufigen Basler GIS-gestützten Verfahrens zur Bodenerosionsmodellierung (GVEM BS)" (s. D. DRÄYER & J. FRÖHLICH, 1994).

Abweichend von der u.a. in der Hydrologie gebräuchlichen Begriffsdefinition, nach der unter "downscaling" die „flächenmäßige Disaggregierung bzw. Differenzierung von größerflächigen Informationen auf Teilflächen (Rasterflächen, Elementarflächen o.ä.)" zu verstehen ist (A. BECKER, 1992, S. 21), wird der Terminus hier in seinem wörtlichen Sinn als Übergang von einer höheren zur niedrigeren Dimensionsebene oder Skale verstanden. Das hierbei praktizierte Vorgehen entspricht damit der in der Landschaftsökologie als „Weg von oben" bezeichneten, deduktiven Raumanalyse (s. K. HERZ, 1973). Dieser Weg erweist sich auch bei heutigen digitalen Landschaftshaushaltsanalysen als sinnvoll. So dient die auf der Grundlage kleinmaßstäbig verfügbarer Basisdaten vorgenommene Abbildung von Landschaftshaushaltsprozessen der „Orientierung im Raum", die die Voraussetzung für den Einstieg und Ansatz der Forschung im topischen Maßstabsbereich ist (H. LESER, 1997, S. 216; s. K. HERZ, 1973; M. KRAMER, 1973). Der Wechsel zum größeren Maßstab ist dabei, wie bereits von E. NEEF (1963, S. 361) ausgedrückt, nicht nur mit einer größeren Genauigkeit, sondern in erster Linie mit neuen Zusammenhängen, neuen Methoden und neuen Einsichten verbunden. Dementsprechend erfolgt der Maßstabsübergang in dem hier beschriebenen "downscaling"-Verfahren nicht durch die Übertragung oder Weitergabe von Daten vom kleinen zum größeren Maßstab. Die maßstabsübergreifende Betrachtung des oberirdischen Wasser- und Stofftransportgeschehens geschieht vielmehr durch Ausweisung prozeßrelevanter Teilflächen, deren Prozeßgeschehen jeweils stufenbezogen mit maßstabsadäquaten Untersuchungsmethoden und Modellen analysiert und simuliert wird.

Mit der Annäherung an den topischen Maßstabsbereich nehmen die Anforderungen an die modellgestützte Prozeßsimulation sowie an die räumliche und zeitliche Auflösung der dafür benötigten Eingangsparameter zu. Einzelne für die Simulation des oberirdischen Wasser- und Stofftransportgeschehens erforderliche Größen lassen sich mit herkömmlichen Kartier- und Meßverfahren flächenhaft gut erfassen. Dies betrifft vor allem die mehr oder weniger stabilen Ausstattungsfaktoren der Landschaft. Dagegen erweist sich die flächenhafte Bereitstellung räumlich und zeitlich variabler Modelleingangsgrößen als schwierig. Ein Beispiel für eine solche Größe ist die Bodenfeuchte. Sie fungiert als zentraler Prozeßregler und wird als Startwert bei der ereignisbezogenen Erosionsmodellierung benötigt. Die flächendeckende meßtechnische Erfassung der Bodenfeuchte ist auch in vergleichsweise kleinen Untersuchungsgebieten von wenigen Quadratkilometern aus technischen und zeitlichen Gründen nicht realisierbar. Dies gilt gleichermaßen für die Anwendung parameter- und rechenzeitintensiver dreidimensionaler Bodenwassermodelle und für den operationellen Einsatz von Fernerkundungsdaten (Mikrowellensensor- und Radardaten) (s. W. LEHMANN, 1995). Es sind deshalb vereinfachte Verfahren erforderlich, die es erlauben, die Prozeßgröße „Bodenfeuchte" zeitpunktbezogen bereitzustellen und räumlich differenziert abzubilden. Ein Beispiel für ein solches Verfahren wird in dieser Arbeit beschrieben. Wie von H. LESER (in D. DRÄYER, 1996, S. IV) in anderem Zusammenhang ausgedrückt, werden hier die punktuell für Einzelstandorte simulierten Bodenfeuchtewerte durch „die Anbindung an geomorphographische ‚Flächenmerkmale' (Neigungsstärke, Neigungsrichtung, Wölbungsbereiche) in eine flächenhafte Aussage umgesetzt".

Abgesehen davon, daß zahlreiche wasser- und stoffhaushaltliche Teilprozesse (z.B. Interflow, Makroporenflüsse, Adsorptions- und Desorptionsprozesse beim oberirdischen Stofftransport) wissenschaftlich noch nicht hinreichend geklärt sind und deshalb zwangsläufig mit vereinfachten Ansätzen beschrieben werden, steht eine auf flächenhafte Aussagen abzielende prozeßorientierte Landschaftsanalyse noch vor weiteren, sehr viel grundsätzlicheren Problemen. So fehlt nicht nur die für Modellsimulationen benötigte flächenbezogene Datenbasis mit einer entsprechend hohen räumlichen Auflösung. Auch bei Vorhandensein entsprechender Datengrundlagen, wie z.B. amtlicher Kartenwerke, ist die räumliche Variabilität der Faktorausprägung in einer als „homogen" ausgewiesenen Flächeneinheit (Pedotop, Ökotop) oftmals nicht bekannt.

Obwohl das Extrapolationsproblem „Punkt-Fläche" und das damit zusammenhängende „Variabilitäts- und Homogenitätsproblem" an sich seit jeher Gegenstand der raumbezogenen Wissenschaften ist, rückt diese Thematik seit Ende der 80er Jahre wieder zunehmend stärker in den

Mittelpunkt des geowissenschaftlichen Forschungsinteresses. Als Auslöser dieser Entwicklung können sowohl die Fortschritte im Bereich der Simulationsmodelle als auch die raschen technischen Fortschritte im Bereich der geographischen Informationstechnik angesehen werden. So wurden zwischenzeitlich zahlreiche Ansätze entwickelt, die der unter Feldbedingungen auftretenden räumlichen Variabilität der Geofaktoren im jeweiligen Skalenbereich Rechnung tragen und eine sinnvolle Prozeßmodellierung auf unterschiedlichen Dimensionsstufen ermöglichen sollen. Ohne die einzelnen Ansätze hier näher beschreiben zu wollen, sei an dieser Stelle auf die umfangreichen Literaturbeiträge aus dem DFG-Schwerpunktprogramm „Regionalisierung in der Hydrologie" (u.a. H.-B. KLEEBERG [Hrsg.], 1992), dem „Weiherbach-Projekt" (E. J. PLATE [Hrsg.], 1992) und auf die Beitragssammlung "Space and time scale variability and interdependencies in hydrological processes" von R. A. FEDDES [Ed.] (1995) hingewiesen. Eine ausführliche Darstellung skalenübergreifender Vorgehensweisen und Methoden bei der Modellierung von Wasser- und Stofftransporten im Boden unter Berücksichtigung von Heterogenitäten im Bodenaufbau und der räumlichen Variabilität von Bodenkennwerten findet sich zudem bei O. RICHTER u.a. (1996).

Das Problem der Faktorvariabilität in quasihomogenen Raumeinheiten wird in dieser Arbeit bewußt ausgeklammert. Wie bei raumbezogenen Landschaftshaushaltsanalysen üblich, werden auch hier die an einem „repräsentativen" Standort gemessenen Größen auf Flächeneinheiten mit ähnlichen Ausstattungsbedingungen übertragen (s. Th. MOSIMANN, 1984). Als räumliche Bezugseinheiten dienen somit die im Rahmen von Kartierungen ausgewiesenen landschaftsökologischen Grundeinheiten mit gleichartiger Struktur und ähnlichem Prozeßverhalten. Vor dem Hintergrund, daß es bei den Modellergebnissen aufgrund von Vereinfachungen bei der Prozeßbeschreibung und der Ableitung von Modellparametern nicht um absolute Zahlen gehen sollte, sondern um das „Gewinnen von Größenordnungsvorstellungen über räumlichen Umfang, Zeitdauer und Intensität [...] ökologischer Prozesse in der Landschaft" (H. LESER in D. DRÄYER, 1996, S. V), erscheint ein solches Vorgehen zweckmäßig.

1.2 Zielsetzung

Die Ziele der hier vorgestellten Arbeit resultieren aus mehreren seit 1994 von der Abteilung Physische Geographie und Landschaftsökologie am Geographischen Institut der Universität Hannover durchgeführten Projekten, die sich mit der flächendifferenzierten Abbildung des partikulären Stofftransportgeschehens auf unterschiedlichen Maßstabsbereichen beschäftigten. Der Schwerpunkt der Untersuchungen lag dabei auf der quantitativen Kennzeichnung von Bodenerosionsprozessen und der Erfassung des partikelgebundenen Phosphoraustrages auf unterer chorischer und topischer Maßstabsebene.

Für die Projektarbeiten waren folgende Zielvorgaben wegweisend:

1. Wissenschaftliche Zielvorgaben

Der wissenschaftliche Schwerpunkt der Arbeit liegt in der Erfassung und Simulation des partikulären Stofftransportgeschehens im großen Maßstabsbereich. Zu diesem Zweck wurde das von M. v. WERNER (1995) entwickelte Erosionsmodell EROSION-3D eingesetzt und auf seine Anwendbarkeit überprüft. Mit der Anwendung dieses Modells war die Lösung von zwei Detailfragen verbunden:

– Wie lassen sich die als Modelleingangsgröße benötigten Bodenfeuchtewerte (Anfangswassergehalte) flächendifferenziert bestimmen und ereignisbezogen bereitstellen?

– Inwieweit läßt sich das eingesetzte Bodenerosionsmodell zur Abschätzung der partikelgebunden verlagerten Phosphatmenge heranziehen?

Aus den genannten Fragestellungen leiten sich folgende generelle Ziele ab:

– **Entwicklung eines empirisch-statistischen Modells zur Abbildung räumlich und zeitlich veränderlicher Verteilungsmuster der Bodenfeuchte in Abhängigkeit vom Relief.**

Die Grundlage für dieses Extrapolationsverfahren bilden die mit dem eindimensionalen Standortwassermodell AMWAS (H. BRADEN, 1992) berechneten Bodenwassergehalte.

Teilziele:

- Erfassung der räumlichen Anordnungsmuster der Bodenfeuchte in Testparzellen und statistische Analyse der Abhängigkeiten zwischen der Bodenfeuchteverteilung und Reliefparametern.
- Kalibrierung und Überprüfung des Standortwassermodells AMWAS anhand von Meßdaten gebietstypischer Standorte aus dem Untersuchungsgebiet.
- Koppelung des Wasserhaushaltsmodells über Datenschnittstellen mit dem Erosionsmodell.

– **Entwicklung eines Modellbausteins für die ereignisbezogene Abschätzung des partikulären Phosphattransportes in landwirtschaftlich genutzten Parzellen.**

Teilziele:

- Überprüfung des eingesetzten Erosionsmodells auf der Grundlage von Feldmessungen und Kartierungen.
- Analyse von Regelhaftigkeiten bei der Ausbildung oberirdischer Phosphatverteilungsmuster in Testparzellen unter Berücksichtigung von Boden- und Reliefeigenschaften.
- Statistische Untersuchung der Anreicherungsbeziehungen zwischen dem Phosphat- und Tongehalt in Abtragssedimenten als Grundlage für den zu entwickelnden Modellbaustein.
- Anbindung des Modellbausteins an das Erosionsmodell.

2. Technische Zielvorgaben

– **Konzeption und Aufbau eines in der Praxis anwendbaren GIS-basierten Prognose- und Managementsystems zur Reduzierung diffuser Stoffeinträge in Gewässer.** Dieses System bildet die Grundlage für

- die Abschätzung des Bodenabtrages durch Wasser und des partikelgebundenen Stofftransportes (Phosphat),
- die Vorhersage oberirdischer Transportpfade auf ackerbaulich genutzten Flächen,
- die Bestimmung potentieller Übertrittsstellen von Feinmaterialtransporten in Oberflächengewässer und für
- die Abschätzung der an die Gewässer herantransportierten Sediment- und Phosphatmenge auf unterschiedlichen Maßstabsebenen.

– **Entwicklung und Anwendung eines Verfahrens zur Auswahl von Flächen für die Detailanalyse des oberirdischen Stofftransportgeschehens auf großer Maßstabsebene ("downscaling"-Verfahren)** (s. Kap. 1.3)

Bei der praktischen Umsetzung dieser Zielvorgaben sowie beim Aufbau der Daten- und Methodenstrukturen im GIS waren folgende Rahmenbedingungen zu berücksichtigen:

- Die auf den einzelnen Maßstabsebenen eingesetzten Modelle sollen auf flächenhaft gut verfügbare oder mit vertretbarem Aufwand bereitstellbare Eingangsgrößen zugreifen.
- Die eingesetzten Modelle sollen in ein Geographisches Informationssystem integrierbar sein oder über Schnittstellensysteme an dessen Datenbank angebunden werden können.

1.3 Das Konzept des "downscaling"-Verfahrens

Die gedankliche Grundlage für die maßstabsübergreifende Untersuchung und Modellierung landschaftsökologischer Prozesse bildet auch heute noch die von E. NEEF (1963) beschriebene „Theorie der geographischen Dimensionen". Danach werden „Dimensionen" als Maßstabsbereiche aufgefaßt, in denen gleiche inhaltliche Aussagen möglich sind, gleiche inhaltliche Ziele angestrebt werden und jeweils ein bestimmtes Methodenniveau eingehalten wird (E. NEEF, 1963, S. 361; H. LESER, 1997, S. 198). Dies gilt nicht nur für die feldpraktische Erfassung der am Prozeßgeschehen beteiligten Faktoren und für die Analyse der prozessualen Wirkungszusammenhänge mittels „traditioneller" Arbeits- und Meßtechniken (s. R.-G. SCHMIDT, 1992). Die „Dimensions- und Methodenfrage" ist auch bei der Anwendung rechnergestützter Modelle von zentraler Bedeutung. So geht ein Wechsel der Betrachtungsdimension immer mit einer qualitativen und quantitativen Veränderung der prozeßbestimmenden Faktoren einher (s. M. G. TURNER & R. H. GARD-

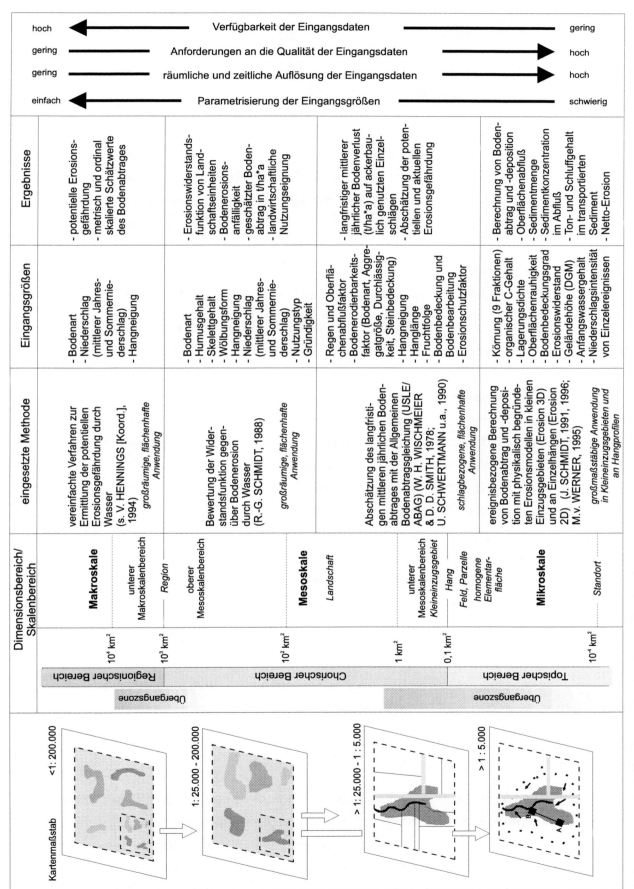

Abb. 1   Im Verlaufe der maßstabsübergreifenden Bodenerosionsprognose eingesetzte Verfahren und Simulationsmodelle

NER, 1991; H. LESER, 1997). Folglich erfordert die maßstabsübergreifende Analyse landschaftsökologischer Prozesse und Prozeßzusammenhänge die Anwendung von Untersuchungsmethoden, Schätz- und Simulationsmodellen mit einer dem jeweiligen Betrachtungsmaßstab angepaßten Komplexität und Auflösung.

Der Begriff der „Dimension" wird häufig synonym mit den Bezeichnungen „Skale " oder "scale" verwendet, die vor allem im Rahmen meteorologischer und hydrologischer Untersuchungen gebräuchlich sind. Üblicherweise werden dort die Skalenbereiche (Größenklassen) mikro-, meso- und makroskalig unterschieden und zur Kennzeichnung der räumlichen und zeitlichen Auflösung von Modellen verwendet (s. E. J. PLATE, 1992; A. BECKER, 1992). Daneben wird eine Reihe weiterer Skaleneinteilungen verwendet. So unterscheiden J. W. POESEN u.a. (1996) bei der Untersuchung und Modellierung von Bodenerosionsprozessen in microscale (mm - m), plot scale (m - 100 m), field scale (100 - 10.000 m) und hillslope-catchment scale (>10.000 m).

Die Begriffe „Mikro-", „Meso-" und „Makroskale" können mit den in der Landschaftsökologie verwendeten Dimensionsbezeichnungen „topisch", „chorisch" und „regionisch" bis „geosphärisch" verglichen werden. In diesem Sinne läßt sich unter "downscaling" der Skalenwechsel oder Maßstabsübergang vom kleineren (z.B. Makroskale = regionische bis geosphärische Dimension) zum größeren Maßstabsbereich (z.B. Mesoskale = chorische Dimension; Mikroskale = topische Dimension) auffassen. Jeder dieser Dimensionsstufen sind in dem hier beschriebenen "downscaling"-Verfahren ausgewählte Schätz- oder Simulationsmodelle zugeordnet, die sich hinsichtlich des Ansatzes, der der Prozeßbeschreibung zugrunde liegt, voneinander unterscheiden (Abb. 1). So werden hier auf höherer Dimensionsstufe (makrochorisch, regionisch) ausschließlich stärker vereinfachte Schätzverfahren (nach R. G. SCHMIDT, 1988) eingesetzt. Auf topischer und der untersten chorischen Ebene kommen neben empirischen Methoden (USLE/ABAG) auch physikalisch begründete Simulationsmodelle zur Anwendung. Mit der stärkeren Differenziertheit der Prozeßbeschreibung zum großen Maßstab hin nehmen die Anforderungen an Umfang und Qualität sowie an die räumliche und zeitliche Auflösung der bereitzustellenden Eingangsgrößen und Randbedingungen zu.

Bezogen auf die hier betrachteten oberirdischen Bodenabtrags- und Stofftransportprozesse, lassen sich die oben genannten Dimensionsebenen und Skalenbereiche folgendermaßen kennzeichnen:

– Subtopische Dimension (*nanoscale*):

  Teilprozesse des Wasser- und Stoffhaushaltes werden kleinsträumig in hoher zeitlicher Auflösung auf nur wenige cm^2 bis einige m^2 großen Flächen unter Standardbedingungen experimentell untersucht. Die Untersuchungen in diesem Skalenbereich dienen der Analyse physikalischer und chemischer Gesetzmäßigkeiten zwischen den prozeßbeeinflussenden Einzelfaktoren (z.B. Einfluß des Anfangswassergehaltes auf den Abtragsprozeß, Ermittlung des Erosionswiderstandes von Böden). Beispiele für die experimentelle Untersuchung von Prozeßzusammenhängen im „Aggregatmaßstab" beschreiben u.a. K. AUERSWALD (1993), J. SCHMIDT (1996), K. GERLINGER (1997) und V. PRASUHN (1991). Feld- und Laborexperimente auf dieser Skala sind für das Prozeßverständnis unerläßlich. Sie dienen außerdem der Bestimmung von Modellvariablen. Allerdings lassen sich die auf experimentellem Wege gewonnenen Erkenntnisse in der Regel nicht oder nur in stark eingeschränktem Umfange auf größere Flächen übertragen.

– Topische Dimension (*microscale*):

Die topische Dimension ist einerseits die Ebene, auf der landschaftsökologische Basisdaten gewonnen werden. Zum anderen ist sie die Zielebene für konkrete Planungsmaßnahmen (H. LESER, 1997). Bezugseinheiten für die Untersuchung und Simulation von Wasser- und Stofftransporten sind Einzelstandorte, Einzelhänge und einzelne Parzellen mit gleichartigen Prozeßbedingungen (vgl. M. FRIELINGHAUS, 1994). Zur quantitativen Kennzeichnung des Wasser- und Stoffhaushaltsgeschehens in diesen elementaren Prozeßeinheiten lassen sich Simulationsmodelle einsetzen, deren Prozeßbeschreibung auf physikalischen Grundgesetzen beruht und die eine zeitlich hoch aufgelöste Prozeßbetrachtung erlauben.

In Abhängigkeit vom Landschaftsraum können räumliche Ausdehnung und Reichweiten mikroskaliger Prozesse in weiten Grenzen schwanken. Die von A. BECKER (1992) für hydrologische Anwendungen für den mikroskaligen Bereich genannten Flächengrößen von 0,001 bis 0,1 km^2 verstehen sich deshalb auch nicht als feste Grenzwerte, sondern als Größenordnungen.

– Chorische Dimension (*mesoscale*):

Die chorische Dimension umfaßt Prozeßeinheiten, die aus einer Anzahl unterschiedlich ausgestatteter und miteinander in Verbindung stehender Elementarflächen (Tope) aufgebaut sind. Beispiele für solche Landschaftseinheiten sind Kleineinzugsgebiete von Bächen oder ganze Flußeinzugsgebiete (vgl. H. LESER, 1997). Bei der modellgestützten Erfassung des Abtragsgeschehens im Mesoskalenbereich sind unterschiedliche Vorgehensweisen denkbar. Neben empirischen Schätzverfahren mit statischem Charakter lassen sich hier ereignisorientierte Modelle einsetzen, denen eine vereinfachte Prozeßbeschreibung (z.B. AGNPS, R. A. YOUNG u.a., 1987; s. M. RODE u.a., 1994) zugrunde liegt. Zur Simulation des Abtragsgeschehens in kleinen Einzugsgebieten, also in der unteren chorischen Dimension, stehen heute in zunehmendem Maße gegliederte, physikalisch begründete Modelle zur Verfügung. Ein Beispiel hierfür ist das im Rahmen dieser Arbeit verwendete Erosionsmodell „EROSION-3D" (M. v. WERNER, 1995).

Folgt man der Skaleneinteilung nach A. BECKER (1995), so läßt sich der Mesoskalenbereich untergliedern in den unteren erweiterten Mesoskalenbereich (0,1 - 1 km^2), den Mesoskalenbereich (1 - 100 km^2) und den oberen erweiterten Mesoskalenbereich (100 - 1.000 km^2).

Die Übergänge zwischen den Dimensionsstufen sind immer fließend. Bei Vorhandensein einer Datengrundlage mit einem entsprechend hohen Detaillierungsgrad lassen sich mit mikroskaligen Modellen Bodenabträge für eine Vielzahl homogener Teilflächen in Einzugsgebieten sowie für Einzelparzellen berechnen und flächendifferenziert für Räume unterer chorischer Dimension (unterer Mesoskalenbereich) abbilden.

– Regionische Dimension (*macroscale*):

In der regionischen Dimension werden Prozeßzusammenhänge von Großräumen oder Großlandschaften untersucht. Eine Abgrenzung dieses Dimensionsbereichs gegenüber der chorischen Dimension ist unscharf. Sie kann sich u.a. an den Strukturen des Großreliefs orientieren (z.B. niedersächsisches Berg- und Hügelland). Die regionische Dimensionsstufe läßt sich mit dem bei A. BECKER (1992) beschriebenen unteren erweiterten Makroskalenbereich vergleichen, für den Flächengrößen zwischen 1.000 und 10.000 km^2 angegeben werden. Für die großräumige Erfassung und Bewertung landschaftshaushaltlicher Prozesse und Leistungen stehen auf dieser Dimensionsstufe nur stark aggregierte Daten zur Verfügung, die zumeist in einfachen empirischen Schätz- und Bewertungsverfahren miteinander verknüpft werden. Beispiele für solche Verfahren finden sich u.a. bei V. HENNINGS [Koord.] (1994). Allerdings ist auch im Makroskalenbereich der Einsatz komplexerer Modellansätze möglich. So lassen sich großräumige Modellgebiete, wie von A. BECKER (1995) für hydrologische Anwendungen beschrieben, in kleinere ("mesoscale size") Teilgebiete untergliedern, in denen anschließend sog. category-2-Modelle ("conceptual" models) zur Anwendung kommen. Hierbei kann es sich um physikalisch begründete Modelle mit vereinfachter Prozeßbeschreibung handeln oder um geeignete "analogues of physically sound models, for instance diffusion type models, storage reservoirs, translation elements, cascades of such elements etc." (A. BECKER, 1995, S. 136).

Ein universell anwendbares Konzept für die maßstabsübergreifende Modellierung von Landschaftshaushaltsprozessen existiert derzeit nicht. Zwar wurde mittlerweile eine Reihe von "scaling"-Ansätzen beschrieben, die die Übertragung einzelner Zustandsgrößen, Funktionen, Parameter oder Modelle von einer Skale auf eine andere ermöglichen (s. J.C.I. DOOGE, 1995, E. F. WOOD, 1995, und B. DIEKKRÜGER, 1992). Eine zuverlässige Anwendung solcher Ansätze ist in der Praxis allerdings nur dann möglich, wenn die räumliche Variabilität der prozeßbeeinflussenden Faktoren in den Bezugsflächen oder -gebieten bekannt ist. Die häufig als Grundlage für flächenhafte Modellierungen verwendeten Kartenwerke geben hierüber zumeist keinen Aufschluß. Auf weitere „Skalenprobleme" weisen J. W. POESEN u.a. (1996) und M. J. KIRKBY u.a. (1996) hin. So kommen K. J. KIRKBY u.a. (1997, S. 396) mit Blick auf die Bodenerosionsmodellierung zu dem Schluß, daß "we are increasingly aware that the problem of up-scaling is not solely achieved

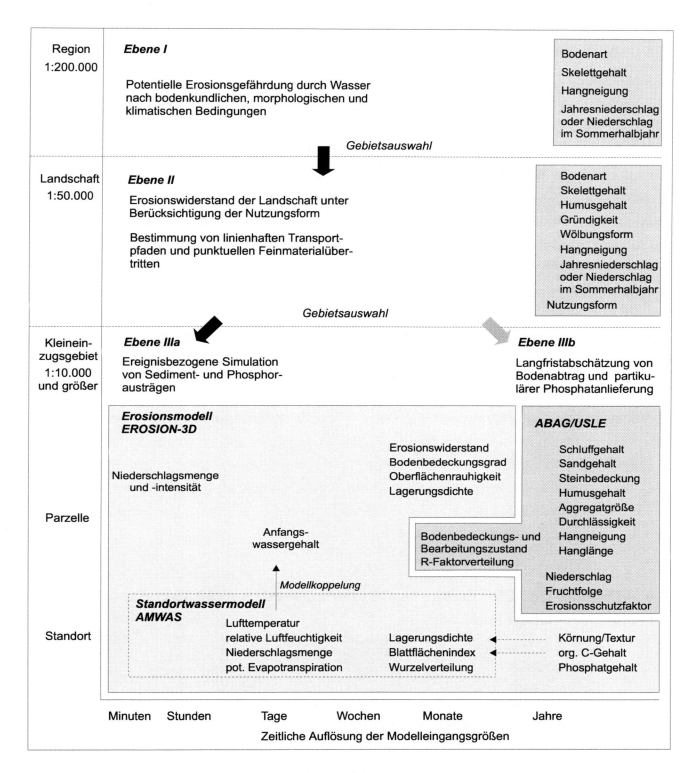

Abb. 2   Prinzipielle Vorgehensweise beim "downscaling"-Verfahren

by running patch scale models for larger areas consisting of many patches, but that different processes and connectivities emerge as dominant as we move from the plot scale to the catchment and regional scales". Voraussetzung hierfür ist, wie auch von J. W. POESEN u.a. (1996, S. 389) dargelegt "more monitoring and experimental work, [...] to gain an understanding of how data on erosional processes at one scale can be extrapolated to process operating at other scales".

Der hier im Rahmen des "downscaling"-Verfahrens vorgenommenen maßstabsübergreifenden Betrachtung liegt eine anwendungsorientierte Vorgehensweise zugrunde. Der Maßstabsübergang von einer höheren zur niedrigeren Dimensionsstufe erfolgt dabei nicht durch Weitergabe feiner aufgelöster und disaggregierter Daten. Vielmehr werden im Verlaufe dieses Verfahrens „prozeßrelevante" Flächen oder Gebietsausschnitte identifiziert und an die nächst folgende Maßstabsebene „weitergegeben". Die stufenweise Auswahl von besonders erosionsanfälligen Gebietseinheiten, Parzellen und Hangbereichen ermöglicht eine gezielte und rationelle Erfassung der für die Prozeßabbildung im jeweiligen Maßstabsbereich erforderlichen Basisdaten. Wie von H. LESER (in D. DRÄYER, 1996) beschrieben, dient der Maßstab als methodischer Regler. Zwar sind ökologische Prozesse an sich skalenunabhängig (s. H.-B. KLEEBERG, 1992). Einzelne Prozesse und Prozeßzusammenhänge sind aber in bestimmten Dimensionen methodisch nicht mehr wahrnehmbar und werden damit auch der Modellierung entzogen (H. LESER in D. DRÄYER, 1996, S. III).

Dementsprechend werden hier jeder Dimensionsebene eigenständige Verfahren und Modelle zugeordnet. Ihre Komplexität orientiert sich dabei an den Prozeßzusammenhängen, die auf der entsprechenden Maßstabsstufe methodisch erfaßbar sind und auf der Grundlage vorhandener oder in überschaubaren Zeiträumen bereitstellbarer Daten abgebildet werden können. Eine Übersicht über die prinzipielle Vorgehensweise beim "downscaling"-Verfahren und eine Zusammenstellung der in die stufenweise Modellierung des Bodenabtrags- und Stoffeintragsgeschehens einbezogenen Struktur- und Prozeßgrößen gibt Abb. 2.

1.4 Modelle zur Simulation von Bodenwasserhaushalt und Feststofftransporten - Übersicht

1.4.1 Allgemeines

Simulationsmodelle sind computergestützt einsetzbare Werkzeuge, die eine vereinfachte, d.h. abstrahierte Beschreibung der Wirklichkeit mit mathematischen Mitteln ermöglichen. Zur Nachahmung (Simulation) realer Prozeßabläufe und/oder -zustände werden dabei die miteinander in Beziehung stehenden und prozeßsteuernden Einzelelemente über mathematische Funktionen verknüpft. Nicht zuletzt wegen der breiten Verfügbarkeit leistungsstarker Rechnersysteme sind Untersuchungen zur Quantifizierung von Wasser- und Stofftransporten im Boden und an der Bodenoberfläche heute in der Regel mit der Anwendung bestehender oder der Entwicklung neuer Modelle verbunden. Mittlerweile existiert eine kaum mehr zu überblickende Vielzahl an Modellen und Modellansätzen (s. H.-R. BORK & A. SCHRÖDER, 1996; IGWMC, 1994; A. P. J. de ROO, 1993; O. FRÄNZLE, 1992; G. WESSOLEK u.a., 1991). So führt beispielsweise ein Katalog des International Groundwater Modeling Center (IGWMC, 1994) allein 159 Modelle zur Simulation von Wasser- und Stofftransporten im Boden auf. Für den Bereich der Bodenerosion werden bei F. HATZFELD & H. WERNER (1989) 50 Modelle, bei A. P. J. de ROO (1993) mehr als 30 Bodenerosionsmodelle aufgelistet. Von diesen ermöglichen mehrere auch die Simulation des Wassertransportes im Boden.

Die Auswahl eines Modells oder eines Modellansatzes hängt vom Simulationsziel, d.h. vom speziellen Anwendungszweck ab. Er bestimmt die Auflösung, mit der die jeweiligen Prozesse zu simulieren sind, und nimmt so Einfluß auf den Umfang der zu berücksichtigenden Modellparameter und -eingangsgrößen. Die heute verfügbaren Modelle lassen sich in vielfältigster Weise klassifizieren; ein einheitliches, allgemeingültiges Gliederungsschema existiert nicht.

Beispiele für Typisierungen von Wasser- und Stoffhaushaltsmodellen finden sich u.a. bei H.-R. BORK & A. SCHRÖDER (1996), K. BOHNE (1996), M. v. WERNER (1995), A. P. J. de ROO (1993), T. M. ADDISCOTT (1993), F. HATZFELD & H. WERNER (1989), H.-R. BORK (1988) und T. M. ADDISCOTT & R. J. WAGENET (1985). Als häufige Gliederungskriterien werden dabei verwendet:

- *der Modellansatz (Prozeßbeschreibung)*: empirisch, stochastisch, deterministisch (physikalisch begründet),
- *die Prozeßrichtung (Bewegungsrichtung von Wasser und Stoffen):* 1-dimensional, 2-dimensional, 3-dimensional sowie quasi-2-dimensional und quasi-3-dimensional,
- *der räumliche Bezug*: Standort, Hangprofil, Feld, Einzugsgebiet,
- *die zeitliche Auflösung*: kontinuierliche Modelle, ereignisbezogene Modelle und
- *die räumliche Auflösung*: Block-Modelle (lumped models); gegliederte Modelle (distributed models): z.B. rasterbasierte Modelle (grid models), Modelle auf der Grundlage der Dreiecksvermaschung (TIN models).

Die im folgenden beschriebene Modelltypisierung orientiert sich an den Gliederungsvorschlägen von H.-R. BORK (1988, 1991), A. BECKER (1995) und T. M. ADDISCOTT (1993). Als wichtigstes Gliederungskriterium dient dabei die Art der Prozeßbeschreibung. Am Beispiel dieser Klassifikation sollen die Wesenszüge der wichtigsten Modellansätze und -entwicklungen umrissen und ausgewählte Modellsysteme in aller Kürze vorgestellt werden.

1.4.2 Die verschiedenen Modellansätze

Die in Abb. 3 vorgenommene Klassifikation unterscheidet auf oberster Gliederungsebene nach der Prozeßbeschreibung empirische, stochastische und deterministische Modelle (s. T. M. ADDISCOTT, 1993, und H.-R. BORK, 1988, 1991). Letztere werden auch häufig als „physikalisch be-

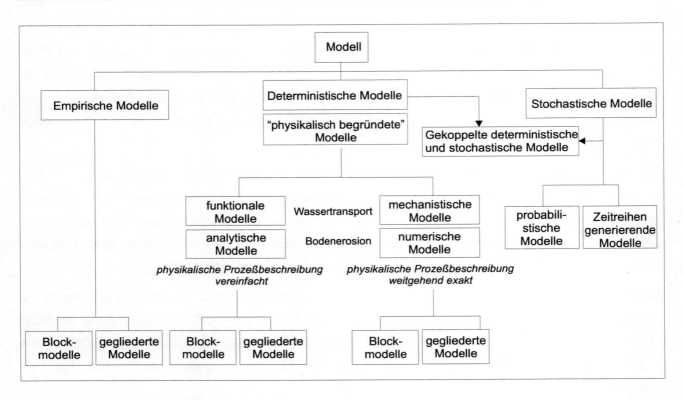

Abb. 3 Klassifikationsschema für Wasser- und Stofftransportmodelle (n. H.-R. BORK, 1988, 1991; A. BECKER, 1995; T. M. ADDISCOTT, 1993; verändert)

gründete Modelle" bezeichnet. Sie untergliedern den zu simulierenden Gesamtprozeß in einzelne Teilprozesse, deren physikalische Gesetzmäßigkeiten mittels mathematischer Gleichungen formuliert werden. Da eine vollständige physikalische Prozeßbeschreibung nicht möglich ist, enthalten auch die „deterministischen" oder „physikalisch begründeten" Modelle in mehr oder weniger großem Umfange empirische Komponenten (s. H.-R. BORK, 1988, 1991). Die zur Simulation des Bodenwasserhaushaltes und der Bodenerosion eingesetzten deterministischen Modelle lassen sich nach der physikalischen Exaktheit und der Differenziertheit der Prozeßbeschreibung unterscheiden. Deterministische Bodenerosionsmodelle können nach H.-R. BORK (1988) in deterministisch-numerische und in deterministisch-analytische Modelle differenziert werden. Bei Wasserhaushalts- und/oder -transportmodellen wird üblicherweise in mechanistische und funktionale Modelle (s. T. M. ADDISCOTT, 1993) unterschieden. Eine weitere Untergliederung der Modelle kann nach den berücksichtigten Fließ- oder Transportrichtungen sowie nach den Zu- und Abflußbedingungen erfolgen. Dementsprechend lassen sich Modelle in 1D- (vertikale Prozeßrichtung), 2D- (vertikale und horizontale Prozeßrichtung) und in 3D-Modelle (Berücksichtigung aller drei Raumdimensionen) einteilen. Für gebietsbezogene Simulationen des Wasser- und Feststofftransportes werden in der Regel ein- und zweidimensionale Teilmodelle miteinander verknüpft. Auf diese Weise läßt sich nach H.-R. BORK (1991) eine quasi-3D-Prozeßsimulation erreichen.

1.4.2.1 Empirische Modelle

Empirische Modelle bestehen zumeist aus einfachen Gleichungssystemen, mit denen Zusammenhänge zwischen Struktur-, Prozeß- oder Bilanzgrößen und einer oder mehreren Einflußgrößen erfaßt werden. Ihr Einsatz kann aus mehreren Gründen erforderlich sein. So dienen empirische Lösungen der vereinfachenden Prozeßbeschreibung, wenn eine exakte mathematische Formulierung aufgrund unzureichend geklärter physikalischer und chemischer Teilprozesse und Prozeßbeziehungen nicht möglich ist (H.-R. BORK, 1988). Aufgrund der vergleichsweise geringen Anzahl an erforderlichen Eingangsgrößen sind empirische Modelle zudem für die flächenhafte Abschätzung wasser- und stoffhaushaltlicher Prozeß- und Bilanzgrößen auf allen Maßstabsebenen von großer praktischer Bedeutung. Ihre Ergebnisse sind immer als Näherungswerte aufzufassen. Sie ermöglichen aber eine relative Einordnung von Ausmaß und Intensität des betrachteten Prozesses. Zahlreiche Beispiele für in der landschaftsökologischen Praxis einsetzbare empirische Schätzmodelle finden sich bei V. HENNINGS [Koord.] (1994) und bei R. MARKS u.a. (1989).

Da empirischen Modellen keine physikalischen Gesetzmäßigkeiten zugrunde liegen, sind sie nicht oder nur eingeschränkt auf andere Standortbedingungen und Landschaftsräume übertragbar. Die Anwendung empirischer Modelle bedarf deshalb immer einer Überprüfung im Gelände.

Empirische Bodenerosionsmodelle

Das wohl bekannteste und weltweit am häufigsten eingesetzte empirische Bodenerosionsmodell ist die seit den 50er Jahren in den USA entwickelte, zwischenzeitlich von verschiedener Seite modifizierte und ergänzte Universal Soil Loss Equation (USLE) (W. H. WISCHMEIER & D. D. SMITH, 1965, 1978) (s. Kap. 7). In der von U. SCHWERTMANN u.a. (1990) für bayerische Verhältnisse adaptierten Form findet sie als Allgemeine Bodenabtragsgleichung (ABAG) breite Anwendung in der Bundesrepublik Deutschland. Wurde die USLE ursprünglich für die Abschätzung des Bodenabtrages einzelner Schläge konzipiert, so erlauben erweiterte USLE/ABAG-Modelle wie die dABAG (K. AUERSWALD u.a., 1988; L. NEUFANG u.a., 1989) eine flächendifferenzierte Berechnung des Bodenabtrages unter Einsatz digitaler Reliefmodelle und Geographischer Informationssysteme. Das von H. HENSEL & H.-R. BORK (1988) entwickelte MUSLE87-Modell ermöglicht darüber hinaus die Ermittlung von Erosions-Akkumulationsbilanzen für Einzugsgebiete.

Die seit den 80er Jahren vom Agricultural Research Service des U.S. Department of Agriculture (USDA-ARS) und anderen Institutionen durchgeführten Untersuchungen führten zur Entwicklung der Revised Universal Soil Loss Equation (K. G. RENARD u.a., 1997). Zwar behält auch sie die sechs USLE-Faktoren (R-, K-, L-, S-, C- und P-Faktor) zur Vorhersage des langfristigen mittleren jährlichen Bodenabtrages bei. Alle diese Faktoren werden jedoch sehr viel differenzierter mit Hilfe modifizierter und neu entwickelter Berechnungsverfahren bestimmt. Eine ausführliche Modellbeschreibung findet sich in dem jüngst publizierten "Agriculture Handbook No. 703: Predicting Soil

Erosion by Water: A Guide to Conservation Planning with the Revised Universal Soil Loss Equation" (K. G. RENARD u.a., 1997).

Obwohl die USLE nicht für Abschätzung des Bodenverlustes durch erosive Einzelniederschläge konzipiert wurde, bilden sie oder einzelne ihrer Faktoren die Grundlage mehrerer ereignisorientierter Erosionsmodelle. Ein Beispiel für ein neueres dieser Modelle ist das für Einzugsgebiete unterschiedlicher Größenordnung einsetzbare empirische Erosions- und Stofftransportmodell AGNPS (Agricultural Nonpoint Source Pollution Model) (R. A. YOUNG u.a., 1987, 1994). Dieses verwendet zur Berechnung von Bodenabtrag und Sedimenttransport neben einem Gewichtungsfaktor für die Hangform alle bei W. H. WISCHMEIER & D. D. SMITH (1978) beschriebenen USLE-Faktoren. Auch das Ende der siebziger Jahre entwickelte Modell ANSWERS (Areal Nonpoint Source Watershed Environment Response Simulation) (D. B. BEASLEY u.a., 1980) basiert in wesentlichen Teilen auf der Universal Soil Loss Equation.

Eine jüngere, als "AGNPS 98" bezeichnete Modellversion berücksichtigt dagegen die neueren RUSLE-Entwicklungen (USDA, *http://www.sedlab.olemiss.edu/AGNPS98/Whatis.html*). Im Unterschied zu den früheren AGNPS-Versionen erlaubt das "AGNPS 98" auch eine kontinuierliche Simulation des Abtragsgeschehens in Einzugsgebieten ("annualized" science & technology pollutant loading modell (AnnAGNPS)). Das neue Modell enthält u.a. Winterroutinen und Erweiterungen zur Berechnung des Transportes von verschiedenen Pflanzenschutzmitteln. Neben der schon früher möglichen Abschätzung der gelösten und partikelgebundenen transportierten Stickstoff- und Phosphatfracht ist mit der neuen Version auch die Bestimmung des organischen Kohlenstoffs und der Partikelgrößenklasse im Abtragssediment möglich.

Empirische Modelle zur Abschätzung von Wasserhaushaltsgrößen

Die Anwendung rein empirischer Ansätze zur Modellierung des vertikalen Wassertransportes im Boden stellt eine Ausnahme dar. Zwar lassen sich, wie z.B. von M. RENGER & O. STREBEL (1980) dargestellt, mit Hilfe empirischer Verfahren mittlere jährliche Sickerwassermengen und Grundwasserneubildungsraten auf einfache Weise abschätzen. Für die zeitlich höher aufgelöste dynamische Simulation des Wassertransportes im Boden werden funktionale oder mechanistische Ansätze gewählt, die als Teilkomponenten auch in Modellsysteme mit ansonsten überwiegend empirischen Anteilen integriert sein können.

Ein Beispiel für ein weitgehend auf Regressionsgleichungen gestütztes Modell ist das CERES-Modell (Crop Estimation through Resources and Environmental Synthesis; J. T. RITCHIE u.a., 1989). Sein hydrologischer Modellteil verwendet zur Berechnung der Infiltration das vom Soil Conservation Service (SCS) des United States Department of Agriculture entwickelte SCS-Curve-Number-Verfahren (USDA SCS, 1972). Dieses empirische Verfahren ist auch Bestandteil mehrerer in den USA entwickelter Bodenerosionsmodelle wie z.B. AGNPS, ANSWERS und CREAMS, bei denen es der Abschätzung von Oberflächenabfluß und Infiltration dient. Die Ableitung der "Runoff-Curve-Number"-Werte erfolgt anhand hydrologisch relevanter Bodeneigenschaften und der Landnutzung.

1.4.2.2 Stochastische Modelle

Stochastische Modelle dienen der Beschreibung zeitlich und räumlich variabler Merkmale und Prozesse unter Berücksichtigung der Anfangsunbestimmtheiten der jeweiligen Modellparameter. Die Modelleingangsgrößen werden hierbei als Zufallsvariablen aufgefaßt, die nach den Gesetzen der Statistik oder der Wahrscheinlichkeit gebildet werden. Diese Zufallszahlen können zum einen, wie im Falle der Monte-Carlo-Simulation, die Werte einzelner Parameter beeinflussen. Mit Hilfe dieser Methode lassen sich beispielsweise Wahrscheinlichkeitsdichten der zu betrachtenden Variablen (z.B. Stoffkonzentrationen, Wasser- und Stoffflüsse in einer bestimmten Bodentiefe) errechnen (s. K. BOHNE, 1996; J. HOSANG, 1995). In sog. "random-walk"-Modellen wird dagegen der untersuchte Prozeß als Ganzes durch Bildung einer Zufallszahl stochastisch simuliert (K. BOHNE, 1996). Stochastische Modellansätze finden u.a. bei der Simulation der Wasserbewegung, des Transportes gelöster Stoffe im Boden und in Stoffausbreitungsmodellen Anwendung (s. O. FRÄNZLE, 1992; E. J. PLATE [Hrsg.], 1992; O. TIETJE, 1993; K. BOHNE, 1996). Auf stochastischen Annahmen beruhende Modellansätze können zudem einen wichtigen Beitrag zur Beschreibung räumlich variabler Phänomene und bei der Regionalisierung punktuell erfaßter Daten liefern. Beispiele für die auf stochastischen Theorien beruhende Ableitung räumlich variabler Modellparameter zur Simulation der Wasserbewegung im Boden beschreibt H. MONTENEGRO FERRIGNO (1995).

Im Unterschied dazu sind stochastische Ansätze bei der Erosionsmodellierung von eher geringer Bedeutung. Nur sehr vereinzelt werden sie dort zur Beschreibung von Teilprozessen (z.B. Niederschlagsverteilung, Partikelablösung durch Oberflächenabfluß) herangezogen. So erzeugt beispielsweise ein im Erosionsmodell WEPP (Water Erosion Prediction Project; L. J. LANE & M. A. NEARING, 1989; J. M. LAFLEN u.a., 1991) eingesetzter stochastischer Wettergenerator Tages- und Stundenwerte einzelner Klimaelemente unter Berücksichtigung langjähriger Meßreihendaten von Klimastationen (A. D. NICKS & L. J. LANE, 1989).

1.4.2.3 Deterministische Modelle

Im Unterschied zu den stochastischen Modellen sind die Eingangsgrößen deterministischer Modelle frei von Anfangsunbestimmtheiten und Zufallswahrscheinlichkeiten. Der untersuchte Prozeßablauf ist ausschließlich von einem definierten Ursachenkomplex abhängig. Da die in deterministischen Modellen berücksichtigten Prozeßzusammenhänge physikalischen Gesetzmäßigkeiten folgen, sind ihre Simulationsergebnisse über die gewählten Eingangsgrößen eindeutig und einheitlich bestimmbar (s. T. M. ADDISCOTT, 1993; K. BOHNE, 1996). Je nach Untersuchungszweck bieten sich für die physikalisch begründete Beschreibung wasser- und stoffhaushaltlicher Prozesse die nachfolgend aufgeführten Ansätze an.

Bodenwasserhaushaltsmodelle

Bei der Simulation der Wasserbewegung in der ungesättigten Bodenzone mittels deterministischer Modelle wird zwischen dem funktionalen Ansatz mit physikalisch vereinfachter Prozeßbeschreibung und dem auf der Grundlage der Richards-Gleichung beruhenden mechanistischen Ansatz unterschieden. Ausgehend von diesen Ansätzen wurden in den letzten zwei Jahrzehnten zahlreiche Modelle entwickelt, die zunächst nur auf die Simulation des vertikalen bzw. eindimensionalen Wassertransportes an Einzelstandorten ausgerichtet waren. Inzwischen ist auch die Simulation der 2- und 3-dimensionalen Wasserbewegung in der ungesättigten Bodenzone möglich, wie u.a. die von A. BRONSTERT (1994) entwickelten Modellsysteme HILLFLOW-2D und HILLFLOW-3D belegen (s. auch G. WESSOLEK u.a., 1991).

Für die flächenhafte Abbildung zeitlich variabler wasserhaushaltlicher Prozeß-, Zustands- und Bilanzgrößen bieten sich deshalb außer der Extrapolation der mit Standortmodellen berechneten Wasserhaushaltsgrößen auf homogene Flächeneinheiten (z.B. E.-W. REICHE, 1991; A. BEINS-FRANKE u.a., 1995) folgende Verfahrensweisen an (s. B. HUWE u.a., 1994):

- 2D- oder 3D-Modellierung unter Anwendung der Richards-Gleichung

- 2D- oder 3D-Modellierung auf der Grundlage der Richards-Gleichung unter Einbezug stochastischer Eingangsgrößen

- physikalisch vereinfachte Modellansätze (Platten-, Kaskadenmodelle) mit parallelgeschalteten Speichern (z.B. NAMOD; s. B. HUWE u.a., 1994)

a) Funktionale Modelle: Kennzeichen funktionaler Standortmodelle ist die physikalisch stark vereinfachte Prozeßbeschreibung. Zur Simulation des vertikalen Wassertransportes und der Wasserspeicherung im Boden werden Kapazitätsparameter (Bodenwassergehalt bei Feldkapazität und beim permanenten Welkepunkt) verwendet. Vertreter funktionaler Modellansätze sind die sog. Platten- oder Speichermodelle. Sie sind im einfachsten Falle als Einschichtmodelle aufgebaut (z.B. M. RENGER u.a., 1974). Bei der Mehrzahl der heute im Rahmen landschaftshaushaltlicher Untersuchungen eingesetzten funktionalen Modelle handelt es sich um Mehrschicht- bzw. Kaskadenmodelle, bei denen der Bodenkörper in einzelne Schichten, d.h. Speicherelemente, kompartimentiert wird. Nach der Art der Speicherentleerung werden diese Modelle in lineare (siehe z.B. R. V. BLAU u.a., 1983; B. HUWE & R. R. VAN DER PLOEG, 1988; K. C. KERSEBAUM, 1989; W. G. KNISEL [Ed.], 1980) und nichtlineare Speicherkaskadenmodelle (z.B. CASCADE; A. HENNING, 1992; A. HENNING & H. ZEPP, 1992; H. ZEPP, 1995) unterschieden.

Die stark vereinfachte physikalische Prozeßbeschreibung und die damit zusammenhängende eingeschränkte Übertragbarkeit gelten bekanntermaßen als die wesentlichen Nachteile funktionaler Modelle. Die Simulation des Bodenwasserhaushaltsgeschehens von Standorten, für die diese Modelle nicht kalibriert sind, erfordert deshalb stets eine erneute Kalibrierung mit Hilfe von Meßdaten. Den oben genannten Nachteilen steht, verglichen mit mechanistischen Modellen, eine relativ leichte Verfügbarkeit und Erfaßbarkeit sowie eine geringere Anzahl benötigter Eingangsdaten gegenüber. Daß die Simulationsergebnisse funktionaler Wasserhaushaltsmodelle unter bestimmten Bedingungen denen mechanistischer Modelle entsprechen können, belegen u.a. M. WEGEHENKEL (1995) und M. FRANKE (1996) am Beispiel gut dränender Böden ohne Grund- und Stauwassereinfluß. Dagegen läßt sich der Wasserhaushalt von Stauwasserstandorten nach M. FRANKE (1996) mit kapazitiven Modellen nur unzureichend abbilden. Ähnliches ist für die Simulation des Wasserhaushaltsgeschehens grundwassernaher Standorte zu erwarten, da aufwärtsgerichtete Wasserflüsse weder von linearen noch von nichtlinearen Speicherkaskadenmodellen erfaßt werden können (A. HENNING, 1992, S. 104).

Im Vergleich mit mechanistischen Modellen kommt T.M. ADDISCOTT (1993, S. 20) zu folgendem Schluß: "Despite the simplification, functional models often give simulations that are at least as good as those of mechanistic models (e.g. NICHOLLS et al., 1982; de WILLIGEN, 1991) while using far less computer time and they seem likely to be increasingly advantageous as the physical scale of the modelling exercise increases." Letzteres mag erklären, warum funktionale Ansätze gut geeignet sind, das Verhalten sehr komplexer Systeme zu simulieren (s. K. BOHNE, 1996).

b) **Mechanistische Wasserhaushaltsmodelle**: Im Unterschied zu den funktionalen Modellen beinhalten die mechanistischen Standortmodelle eine weitestgehend auf physikalischen Gesetzmäßigkeiten beruhende, umfassende Prozeßbeschreibung. Ihnen liegen mehr oder minder komplexe Differentialgleichungen zugrunde, die eine sehr genaue Berechnung von Speicher- und Flußgrößen in hoher zeitlicher Auflösung gestatten (vgl. E.-W. REICHE, 1991). Die Berechnung des eindimensionalen, instationären Wassertransports im Boden basiert üblicherweise auf der Richards-Gleichung, die das Darcy-Gesetz mit der Kontinuitätsgleichung kombiniert. Die Lösung dieser partiellen Differentialgleichung erfolgt im Regelfall auf numerischem Wege. Beispiele für Wasserhaushaltsmodelle mit mechanistischem Ansatz finden sich u.a. bei C. BELMANS u.a. (1983; SWATRE), J. L. HUTSON & R. J. WAGENET (1987; LEACHM), E.-W. REICHE (1991; WASMOD), B. DIEKKRÜGER (1992; DESIM), H. BRADEN (1992; AMWAS).

Mechanistische Modelle stellen im Vergleich zu funktionalen Modellansätzen hohe Anforderungen an Umfang und Qualität der Eingangsparameter. Aus diesem Grunde ist die Anwendbarkeit komplexer mechanistischer Modelle (z.B. Wasser- und Stofftransportmodelle) außerhalb des Forschungsbereichs stark eingeschränkt (s. H. LESER, 1997). Entscheidend für eine breite Einsetzbarkeit solcher Modelle ist deshalb die Entwicklung von Methoden zur Ableitung von Parametern und Randbedingungen aus vergleichsweise leicht verfügbaren Daten (s. B. DIEKKRÜGER, 1992). Hierbei tritt allerdings wieder das bekannte Problem der räumlichen Variabilität und damit zusammenhängend das Dimensionsproblem in den Vordergrund. So liegen nach wie vor keine hinreichenden Erkenntnisse über die Übertragbarkeit der für Einzelstandorte ermittelten Größen auf die Fläche und die Möglichkeiten einer Maßstabstransformation vor (K. BOHNE, 1996). Dementsprechend besitzen die Simulationsergebnisse bei unzureichender Kenntnis der flächenhaften Variabilität der Modellparameter nur eine punktuelle Gültigkeit. Dies trifft natürlich auch auf eindimensionale Wasserhaushaltsmodelle mit funktionalem Ansatz zu.

Physikalisch begründete Bodenerosionsmodelle

Die mit dem Einsatz des empirischen USLE-Modells verbundenen Einschränkungen führten seit Ende der 70er Jahre zur Entwicklung komplexerer physikalisch begründeter und prozeßorientierter Erosionsmodelle. Diese sind aus einer mehr oder weniger großen Anzahl an Teilmodellen aufgebaut, mit denen einzelne am Abtragsgeschehen beteiligte Prozeßgrößen berechnet und dem nachfolgenden Teilmodell übergeben werden. So gliedert sich beispielsweise das für die ereignisbezogene Berechnung des Bodenabtrages einsetzbare Modell CREAMS (A Field Scale Model for Chemicals, Runoff, and Erosion from Agricultural Management Systems; W. G. KNISEL [Ed.], 1980) in ein Hydrologiemodell, ein Erosionsmodell (bestehend aus einem Submodell für die Partikelablösung und einem für den Partikeltransport) sowie in ein Nährstoff- und Pestizidmodell. Andere Modelle weisen darüber hinaus Module zur Simulation des Pflanzenwachstums, des Abbaus von Pflanzenrückständen, des Bodenwärmehaushaltes usw. auf. Auf die Darstellung der einzelnen Modellentwicklungen und der ihnen zugrunde liegenden Prozeßbeschreibungen wird hier verzichtet. Ausgezeichnete Zusammenstellungen und Modellvergleiche finden sich u.a. bei H.-R. BORK (1988, 1991) und H.-R. BORK & A. SCHRÖDER (1996). Eine Auswahl derzeit verfügbarer Erosionsmodelle zeigt Abb. 4. Umfassende Modellbeschreibungen lassen sich den dort aufgelisteten Quellen entnehmen.

In Abhängigkeit von der Prozeßbeschreibung werden die Modelle in deterministisch-analytische und deterministisch-numerische untergliedert. Der zuletzt genannte Modelltyp gestattet eine vergleichsweise exakte Wiedergabe des untersuchten Prozesses. Im Unterschied zu den analytischen Modellen mit physikalisch stark vereinfachter Prozeßbeschreibung zeichnen sich die deterministisch-numerischen Modelle dadurch aus, daß sie nach einer entsprechenden Validierung für

Modell	Referenz/Entwickler	empirisch	physikalisch begründet	ungegliedert	gegliedert	Feld	Hangprofil	Einzugsgebiet	Einzelereignis	Wassererosion	Deposition/Akkumulation	Oberflächenabfluß	Nährstoffaustrag	Pestizidaustrag	Pflanzenwachstum
USLE	W.H. WISCHMEIER & D.D. SMITH (1978)	▨		▨		▨				▨					
MUSLE87	H. HENSEL & H.-R. BORK (1988)	▨			▨				▨			▨	▨		
RUSLE	K.G. RENARD u.a. (1991, 1997)	▨		▨		▨				▨					
dABAG	K. AUERSWALD u.a. (1988)	▨				▨	▨			▨					
AGNPS	R.A. YOUNG u.a. (1987)	▨			▨			▨		▨	▨	▨	▨	▨	
ANSWERS	D.B. BEASLEY & L.F. HUGGINS (1982)	■		■				■		■	■	■	■		
CREAMS	W.G. KNISEL [Hrsg.] (1980)	■	■		■	■				■	■	■	■	■	
EPIC	J.R. WILLIAMS (1985)	■	■		■	■				■	■	■	■		■
OPUS	V.A. FERREIRA & R.E. SMITH (1992)	■			■	■				■	■	■	■	■	
WEPP	L.J. LANE & M.A. NEARING [Hrsg.] (1989)		■		■			■		■	■	■			■
KINEROS	D.A. WOOLHISER u.a. (1990)		■		■				■	■	■	■			
EROSION-2D	J. SCHMIDT (1991)		■	■			■		■	■	■	■			
EUROSEM	R.P.C. MORGAN u.a. (1992)		■		■		■	■		■	■	■			
PEPP	M. SCHRAMM (1994)		■	■		■			■	■	■	■			
LISEM	A.P.J. DE ROO (1994)		■		■			■		■	■	■			
EROSION-3D	M. v. WERNER (1995)		■		■			■		■	■	■			

Abb. 4 Ausgewählte Erosionsmodelle und ihre Eigenschaften in der Übersicht
(zusammengestellt nach: H.-R. BORK & A. SCHRÖDER, 1996; A. P. J. DE ROO, 1993; M. v. WERNER 1995; H. KRYSIAK, 1995)

eine Vielzahl von Standort- und Prozeßbedingungen ohne weitere Überprüfung im Prinzip in anderen Gebieten einsetzbar sind. Da aber viele am Bodenabtragsgeschehen beteiligte Teilprozesse nicht ausreichend bekannt sind oder mathematisch nicht exakt formuliert werden können, enthalten die deterministisch-numerischen Modelle ebenfalls eine Reihe empirischer Einzelbausteine, so daß auch sie nicht uneingeschränkt übertragbar sind. Angesichts des hohen feld- und meßtechnischen Aufwandes bei der flächendifferenzierten Bereitstellung der erforderlichen Modelleingangsgrößen, der zeitaufwendigen Modellvalidierung und des hohen Rechenzeitbedarfs, scheidet die Anwendung komplexer deterministisch-numerischer Modelle in der Praxis aus. Für die dynamische Simulation des Bodenerosionsgeschehens und die Berechnung von Abtragsmengen im Rahmen anwendungsorientierter Fragestellungen wird deshalb in der Regel auf deterministisch-analytische Modelle zurückgegriffen, denen eine vereinfachte physikalische Prozeßbeschreibung zugrunde liegt. Zeichnen sich die ersten Vertreter dieses Typs dadurch aus, daß sie in ihrem Erosionsteil noch USLE-Faktoren enthalten (z.B. ANSWERS, CREAMS), verwenden neuere Entwicklungen wie das WEPP-Modell oder das Europäische Bodenerosionsmodell (EUROSEM) keine Elemente der USLE mehr. Allerdings wird auch deren Praktikabilität durch eine große

Anzahl an Eingangsgrößen limitiert. So benötigt das Modell EUROSEM 38 zum Teil schwer bereitzustellende Eingangsparameter (M. v. WERNER, 1995).

Mit dem von J. SCHMIDT (1991, 1996) für Hangprofile entwickelten Modell EROSION-2D (E-2D) existiert seit Anfang der 90er Jahre ein prozeßorientiertes, überwiegend physikalisch begründetes Erosionsmodell, das auf eine überschaubare Zahl an Eingabegrößen zurückgreift. Es ermöglicht die Simulation des Erosionsgeschehens sowohl für einzelne als auch für eine Sequenz mehrerer Niederschlagsereignisse. Bei ereignisbezogenem Einsatz berechnet das Modell neben der pro Flächeneinheit abgetragenen und akkumulierten Feinbodenmenge auch die Abflußmenge, die Sedimentkonzentration und die Korngrößenverteilung im transportierten Boden für jeden Meter eines bis zu 1000 Meter langen Hanges. Das Modell besteht aus zwei Teilmodellen: dem Infiltrationsmodell und dem eigentlichen Erosionsmodell, welches die Ablösung, den Transport und die Deposition der Bodenpartikel beschreibt. Die Loslösung der Partikel von der Bodenoberfläche wird in diesem Modellansatz in Abhängigkeit von Impulsströmen erfaßt, die in der bodenparallelen Strömung und in den aufprallenden Regentropfen enthalten sind. Diese werden nach J. SCHMIDT (1991) mit einem „kritischen" Impulsstrom verglichen, der die spezifische Erodierbarkeit des überströmten Bodens charakterisiert. Ist die Summe der Impulsströme aus den Regentropfen und dem Abfluß größer als der „kritische" Impulsstrom, setzt Erosion ein. Die Beschreibung von Transportkapazität und Sedimentation erfolgt ebenfalls auf der Grundlage von Impulsströmen (s. J. SCHMIDT, 1996).

Auf dem oben erwähnten „Impulsansatz" zur Beschreibung der Partikelablösung beruht auch die Berechnung der potentiellen Erosionsrate mit dem von M. SCHRAMM (1994) entwickelten „Prozeßorientierten Erosionsprognose-Programm" (PEPP). Dieses Hangmodell simuliert die Partikelablösung in Rillen- und Zwischenrillenbereichen, den Partikeltransport und die Akkumulation des abgetragenen Bodenmaterials. Es ist darüber hinaus in der Lage, räumliche und zeitliche Veränderungen der Rillengeometrie zu berechnen (M. SCHRAMM, 1994; K. GERLINGER, 1994). Im Unterschied zum vorher beschriebenen Erosionsmodell E-2D, bei dem die Abflußsimulation stark vereinfacht ist, wird der Oberflächenabfluß im Hydrologieteil des PEPP-Modells auf der Basis der kinematischen Wellengleichung für Schicht- und Rillenabfluß berechnet. Ähnlich wie beim Erosionsmodell E-2D wird auch von diesem Modell eine vergleichsweise geringe Anzahl an Modelleingangsgrößen benötigt.

Aufbauend auf den von J. SCHMIDT (1991, 1994) in der Hangprofilversion EROSION-2D realisierten Ansätzen zur Simulation von Erosion und Infiltration, entwickelte M. v. WERNER (1995) die Einzugsgebietsversion „EROSION-3D". Hierbei handelt es sich um ein quasi-dreidimensionales Modell, bei dem die zweidimensionale Oberfläche mit eindimensionalen Komponenten verknüpft ist. Es dient der ereignisbezogenen Simulation von Feststofftransporten in kleinen Einzugsgebieten auf der Basis eines gleichmäßigen Quadratrasters und ermöglicht die flächendifferenzierte Berechnung von Bodenabtrag, Deposition und Oberflächenabfluß. Anders als bei Modellen wie CREAMS oder WEPP ist die Simulation der Rillenerosion mit dem Modell EROSION-3D nicht möglich (M. v. WERNER, 1995).

1.4.3 Kurzfazit

Aus den vorangegangenen Ausführungen wird klar, daß ein Simulationsmodell, das der Forderung nach flächenbezogener Aussage und guter Praktikabilität bei gleichzeitig hohem Exaktheitsgrad von Prozeßbeschreibung und Modellergebnis Rechnung trägt, nicht existiert und wohl auch in absehbarer Zeit nicht existieren wird. Abgesehen davon, daß

- zahlreiche der in Umweltsystemen ablaufenden Prozesse noch der Klärung bedürfen (z.B. Interflow, Makroporenfluß, Entstehungsbedingungen und Vorhersage von Erosionsrillen),
- einzelne dynamische Modelleingangsgrößen auch weiterhin nur mit höherem experimentellem und meßtechnischem Aufwand zu erfassen sind,
- zahlreiche Modelle nicht oder nicht ausreichend validiert sind und
- die Rechenzeiten mit zunehmender Komplexität der Modelle steigen,

bleibt die Zuverlässigkeit der Simulationsergebnisse letztlich untrennbar mit der Güte der flächenhaft zu erfassenden und bereitzustellenden Modelleingangsgrößen verbunden. Zu Recht sieht H.-R. BORK (1991, S. 65) deshalb weniger Forschungsbedarf in der „Generierung neuer Modellgenerationen als vielmehr

– in der Verbesserung vorhandener Modelle,

– in einer umfassenden Überprüfung existierender Modelle und

– in der Erhebung und Aufbereitung der benötigten Meßdaten".

In diesem Sinne greift die vorliegende Arbeit auf vorhandene Modelle und Ansätze zurück. Einen Schwerpunkt bilden dabei

- die Überprüfung und Anwendung des Erosionsmodells EROSION-3D und die Entwicklung eines daran zu koppelnden empirisch-statistischen Teilmodells zur Abschätzung des bei Einzelereignissen partikulär verlagerten Phosphats und
- die Überprüfung und Anwendung des Agrarmeteorologischen Bodenwassermodells AMWAS und die Entwicklung eines Extrapolationsverfahrens zur flächendifferenzierten Abbildung der standörtlich mit diesem Modell berechneten Prozeßgröße „Anfangswassergehalt".

2 Methodisches Vorgehen

2.1 Grundprinzipien landschaftsökologischer Untersuchungen

Das klassische Forschungsprinzip der Geo- bzw. Landschaftsökologie ist die *Landschaftsökologische Komplexanalyse* (G. HAASE, 1967; Th. MOSIMANN, 1984 a, b; H. LESER, 1997). Dieses Methodenpaket dient der Analyse von Strukturen und Funktionsmechanismen landschaftlicher Ökosysteme und der Erfassung des zeitlich und räumlich veränderlichen Prozeßgeschehens. Es umfaßt sowohl die methodischen Grundprinzipien landschaftsökologischer Untersuchungen als auch die Techniken zur Kartierung, Messung, Analyse und Auswertung. Im einzelnen gelten für landschaftsökologische Untersuchungen nach Th. MOSIMANN (1984) die folgenden Grundsätze:

1. Landschaftsökologischen Untersuchungen liegt ein explizit formulierter Systemzusammenhang zugrunde. Dieser wird üblicherweise in Form von Regelkreisschemata oder Prozeß-Korrelations-Systemen abgebildet (s. Kap. 2.2).

2. Umsatz- und Bilanzuntersuchungen wasser- und stoffhaushaltlicher Größen erfolgen auf der Ebene von Einzelstandorten, einzelnen Flächen, Catenen und Einzugsgebieten.

3. Landschaftsökologische Untersuchungen integrieren horizontale und vertikale Funktionsbeziehungen und Prozeßrichtungen.

4. Landschaftsökologische Untersuchungen zielen immer auf eine flächenhafte Aussage ab. Dies macht es erforderlich, zentrale strukturelle und prozessuale Größen in einem dem jeweiligen Maßstab entsprechenden, dichten Flächenraster zu erfassen.

5. Im Rahmen landschaftsökologischer Untersuchungen werden vor allem Systemgrößen mit Steuerungs-, Kennwert-, Bilanz- und Summencharakter erfaßt und analysiert.

6. Bezugsgrundlage für die Extrapolation der an Einzelstandorten gewonnenen Meßdaten sind „Einheitsflächen" mit gleichen strukturellen Ausstattungsmerkmalen und ähnlichen ökologischen Prozeßbedingungen (vgl. H. LESER, 1997).

Aus diesen Prinzipien leitet sich ab, daß im Rahmen landschaftsökologischer Untersuchungen eine Vielzahl an strukturellen und zeitlich variablen prozessualen standort- und raumbezogenen Daten zu erfassen und miteinander in Beziehung zu setzen sind. Ein wesentliches Problem bei der Übertragung punktuell gemessener Größen auf die Fläche resultiert aus der ungeheuren Heterogenität der in der landschaftlichen Realität auftretenden Ökosystembedingungen. Diese Vielfalt läßt sich mit Messungen nicht oder nur ausschnittweise erfassen. Aus diesem Grunde ist der Einsatz rechnergestützter Modelle für eine flächendeckende Kennzeichnung und Abbildung landschaftshaushaltlicher Prozesse und Prozeßzustände unverzichtbar.

2.2 Das Konzeptmodell des Betrachtungsgegenstandes

Ökologische Prozesse und Wirkungszusammenhänge zeichnen sich durch eine hochgradige Komplexität aus. Da die landschaftsökologische Realität in ihrer Gesamtheit weder theoretisch noch experimentell erfaßbar ist, wird sie als Modell abstrahiert. Mit diesem läßt sich der Betrachtungsgegenstand abgrenzen, in einzelne Teilsysteme sowie in einzelne Elemente auflösen und in die formale Struktur eines Konzeptmodells überführen (siehe z.B. R. J. CHORLEY & B. A. KENNEDY, 1971; H. KLUG & R. LANG, 1983, und Th. MOSIMANN, 1978, 1997). Ein solches Modell bildet die Realität als System ab. Neben einer Kompartimentierung des zu untersuchenden Systems in einzelne Teilsysteme stellt es Wirkungszusammenhänge zwischen den am Prozeß beteiligten Faktoren dar. Für die Analyse und Modellierung komplexer landschaftsökologischer Systeme und Prozesse haben derartige Abbildungen folgende methodische Funktionen:

- Darstellung der Grenzen und Randbedingungen für die feld- und modelltechnisch zu untersuchenden Prozesse,
- Festlegung des Umfanges der bei der Feldarbeit zu erfassenden und bei der Modellierung zu berücksichtigenden Struktur- und Prozeßgrößen,
- Strukturierung des Aufnahme-, Meß- und Analysekonzeptes,
- Hilfsmittel zur Strukturierung der Datenbanken fachbezogener Informationssysteme,
- Hilfe bei der Auswahl geeigneter Modelle zur Simulation des Prozeßgeschehens und
- Grundlage für die Strukturierung von Programmen.

Systemabbildungen lassen sich zweckbezogen abgrenzen. Sie orientieren sich allerdings immer an den für die „Raumwissenschaft" Landschaftsökologie geltenden Leitlinien (s. Th. MOSIMANN, 1991):

1. Prozesse sind immer in raumrelevanter Größenordnung zu erfassen,
2. Systemzusammenhänge und Prozesse sind an eine Raumeinheit zu koppeln,
3. die Systemelemente sollten flächenhaft erfaßbar und/oder aus flächenhaft erfaßbaren Basisgrößen ableitbar sein,
4. die Systemabbildung soll die im Gesamtprozeß wirksamen „Schlüsselgrößen" berücksichtigen und
5. die Systemabbildung soll Nachbarschaftswirkungen (z.B. laterale Transportprozesse von Wasser und Stoffen) mit erfassen.

Der Umfang der in ihnen enthaltenen Parameter ist sowohl vom Untersuchungsziel als auch von der Betrachtungsdimension abhängig. Ein Übergang vom kleineren zum größeren Maßstab ist nicht nur mit einer Zunahme der in der Systemabbildung und einer späteren Modellierung zu berücksichtigenden Struktur- und Prozeßvariablen und mit einer größeren Komplexität der Wirkungszusammenhänge verbunden (s. Abb. 5 und 6). Zugleich steigen auch die Anforderungen an die räumliche und zeitliche Auflösung der Prozeßbetrachtung. Mit Blick auf die angestrebte flä-

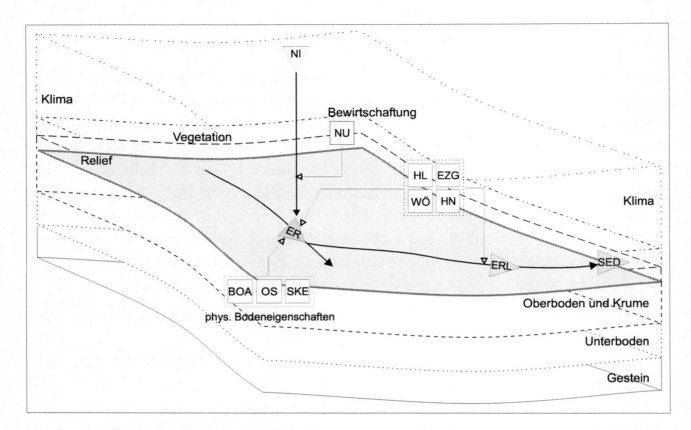

Abb. 5 Konzeptmodell für die kleinmaßstäbige Prognose der Bodenabtrags- und Stoffeintragsgefährdung (Symbole und Abkürzungen s. Abb. 6)

chenbezogene Aussage sind einer beliebig feinen Prozeßauflösung allerdings aus methodischen und praktischen Gründen Grenzen gesetzt. Die untere Grenze der Prozeßauflösung ist bei landschaftsökologischen Untersuchungen überschritten, wenn zwischen den flächenhaft kartierbaren Strukturvariablen und berechneten Prozeßvariablen kein Zusammenhang mehr zu beobachten ist. Abb. 5 und 6 stellen die bei der Untersuchung des Wasser- und Stofftransportes im Rahmen dieser Arbeit auf unterschiedlichen maßstäblichen Ebenen betrachteten Systemausschnitte und Prozesse als Prozeß-Korrelations-Systeme zusammenfassend dar.

2.3 Kriterien für die Auswahl der eingesetzten Schätz- und Simulationsmodelle

Aus der Zielsetzung dieser Arbeit und den zuvor genannten Prinzipien landschaftsökologischer Untersuchungen leiten sich für die Auswahl der hier einzusetzenden Modelle folgende Konsequenzen ab:

- Die benötigten Eingangsgrößen müssen sich mit vertretbarem Aufwand bereitstellen lassen.
- Die Parametrisierungsverfahren zur Ableitung von Modellparametern müssen auf Größen abgestimmt sein, die sich durch Kartierung gut erfassen lassen oder vorhandenen Datenquellen

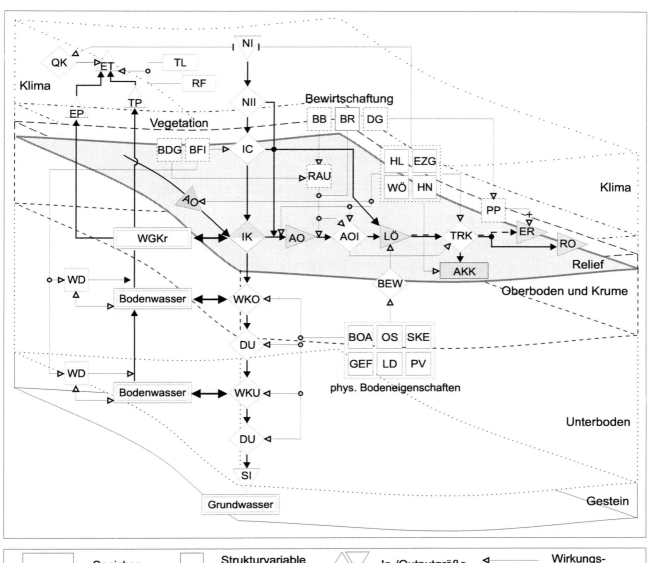

Abb. 6 Bei der großmaßstäbigen Simulation des oberirdischen Stofftransportgeschehens betrachteter Systemausschnitt - dargestellt als Prozeß-Korrelations-System

entnommen werden können.

- Die Auswahl des Modells bzw. des Modellansatzes soll an die für den jeweiligen Maßstabsbereich verfügbare oder an eine mit überschaubarem Aufwand aufzubauende Datenbasis angepaßt sein.

- Das Modell muß in Abhängigkeit von der Maßstabsebene die jeweils zentralen Steuergrößen und Prozeßzusammenhänge berücksichtigen.

Für die Modellierung der im Rahmen dieser Arbeit betrachteten Prozesse bedeutet dies:

– Anwendung einfacher empirischer Modellansätze im **kleinen** Maßstabsbereich. Die eingesetzten Verfahren beruhen auf flächenhaft leicht erfaßbaren Strukturgrößen, die in einer statistisch gesicherten Beziehung zum betrachteten Phänomen stehen. Wegen der auf dieser Maßstabsebene nicht sinnvoll faßbaren Variabilität der Boden-, Nutzungs-, Bearbeitungs- und Klimabedingungen erfolgt hier keine zeitlich differenzierte Prozeßbetrachtung.

– Anwendung prozeßorientierter, physikalisch begründeter Modelle im **großen** Maßstabsbereich, d.h. auf topischer und chorischer Ebene. Vor dem Hintergrund einer raumbezogenen Prozeßaussage orientiert sich die Auswahl der hier eingesetzten dynamischen Modelle maßgeblich an der feld- und meßpraktischen Realisierbarkeit der Parameterbereitstellung. Diese Anforderungen erfüllen die dynamischen Modellsysteme wie das Erosionsmodell EROSION-3D (M. v. WERNER, 1995; J. SCHMIDT, 1996) und das Agrarmeteorologische Bodenwassermodell des Deutschen Wetterdienstes (AMWAS; H. BRADEN, 1992). Sie wurden deshalb im Rahmen dieser Arbeit verwendet und unter Einsatz eines Geographischen Informationssystems miteinander gekoppelt. Dabei dient das eindimensionale Bodenwassermodell AMWAS der Berechnung des zeit- und tiefendifferenzierten Verlaufes der Bodenfeuchte und der Bestimmung der Anfangswassergehalte, die als Eingabeparameter für das Modell EROSION-3D erforderlich sind. Letzteres wurde zur Berechnung des Feststoff- und Phosphatabtrages auf landwirtschaftlich genutzten Flächen herangezogen. Eine genauere Beschreibung beider Modellsysteme und ihrer Grenzen findet sich in den Kap. 5.1 und 6.1.

2.4 Vorgehen bei den Felduntersuchungen

Der flächenbezogenen Untersuchung der wasser- und stoffhaushaltlichen Prozesse liegt, wie bereits erwähnt, ein integrativer Ansatz zugrunde. Er berücksichtigt neben den natürlichen Ausstattungsfaktoren der Landschaft auch die Einflüsse von Landbewirtschaftung und Bodenbearbeitung. Die Vorgehensweise bei der Kartierung, Messung und Analyse der zur flächendifferenzierten Abbildung und Quantifizierung von Wasser- und Feststofftransporten erforderlichen strukturellen und prozessualen Größen orientiert sich methodisch an den Prinzipien der „landschaftsökologischen Komplexanalyse" (Th. MOSIMANN, 1984 a, b) und an dem von R.-G. SCHMIDT (1979) konzipierten, später von D. SCHAUB (1989) und V. PRASUHN (1991) ergänzten Verfahren der „mehrstufigen Meßmethodik zur Erfassung der Bodenerosion". Dieses Konzept ist in mehrere Meßebenen gegliedert, auf denen Wasser- und Feststofftransporte sowie die daran beteiligten Faktoren und Teilprozesse in unterschiedlicher Auflösung beobachtet und analysiert werden können. Es unterscheidet

- flächenhafte Untersuchungen/Messungen in Einzugsgebieten,
- quasiflächenhafte Feldmessungen, die auf repräsentativen Flächen unter realen Nutzungsbedingungen durchgeführt werden, und
- punktuelle (Standort-)Messungen.

Da die verschiedenen Meßebenen und Messungen miteinander in Verbindung stehen, ermöglicht diese Methodik eine quantitativ-flächenhafte Aussage (R.-G. SCHMIDT, 1992; vgl. G. GEROLD u.a., 1992). Die im Rahmen dieser Arbeit auf unterschiedlichen räumlichen Skalen eingesetzten Verfahren sollen im folgenden kurz dargestellt werden. Abb. 7 stellt die allgemeine Vorgehensweise von der Erfassung prozeßrelevanter Einzelgrößen bis zur GIS-gestützen Simulation des Wasser- und Stoffhaushaltsgeschehens zusammenfassend dar.

2.4.1 Flächenhafte Messungen, Kartierungen und Erhebungen

Flächenhafte Kartierungen von Boden, Landnutzung und raumstrukturellen Ausstattungselementen und Erhebungen zur Landbewirtschaftung wurden in einem ca. 3×3 km großen Untersuchungsgebiet im Raum Groß Ilde durchgeführt. Sie dienten dem Aufbau der für großmaßstäbige Bodenwasserhaushalts- und Erosionsmodellierung benötigten Flächendatenbasis des GIS-basierten Prognosesystems (s. Kap. 2.5). Die ebenfalls in diesem Raum durchgeführten Erosionsschadenkartierungen wurden zur Überprüfung der auf großer Maßstabsebene eingesetzten Erosionsmodelle verwendet. Der kleinmaßstäbigen Modellierung des wasserbedingten Bodenabtrages und des Stoffeintrages in Oberflächengewässer liegen dagegen ausschließlich digital verfügbare Daten öffentlicher Institutionen zugrunde (s. Kap. 3.2).

- **Bodenkartierung**

  Die flächenhafte Aufnahme der Boden- und Substratverhältnisse erfolgte unter Anwendung der in der Bodenkundlichen Kartieranleitung (AG BODEN, 1994) und in der Kartieranleitung Geoökologische Karte 25 (H. LESER & H.-J. KLINK, 1988) beschriebenen Techniken. Die für das Arbeitsgebiet „Ilde" verwendete Bodenkarte basiert auf mehr als 1200 Bohrstockprofilen, die im Rahmen von Diplomarbeiten (D. FISCHER, 1996; U. KNIGGE, 1996) und in mehreren landschaftsökologischen Hauptpraktika aufgenommen wurden.

- **Erosionsschadenkartierung**

  Der Kartierung der Erosionsschäden liegt die „Kartieranleitung zur Bodenerosion" des DVWK

```
┌─────────────────────────────────────────────────────────────┐
│  Auswahl des Untersuchungsgebietes für die großmaßstäbige   │  = 1. Schritt im
│  Untersuchung und Simulation oberirdischer Stofftransporte  │  "downscaling"-
└─────────────────────────────────────────────────────────────┘  Verfahren
                              ↓
              ┌─────────────────────────────────┐
              │   Flächenhafte Untersuchungen   │
              │   Kartierung von:               │
              │   - Bodeneinheiten              │
              │   - Flächennutzung              │
              │   - Fruchtfolgen                │
              │   - Gewässernetz/-struktur      │
              │   - Erosionsschäden             │
              │   Reliefanalyse                 │
              └─────────────────────────────────┘
                              ↓
         ┌──────────────────────────────────────────────┐
         │ Auswahl repräsentativer Standorte und Meßflächen │
         └──────────────────────────────────────────────┘
```

Quasiflächenhafte Untersuchungen auf repräsentativen Flächen	Punktuelle (standörtliche) Untersuchungen
- Rasteruntersuchungen zur Erfassung der flächenhaften Variabilität von Einzelfaktoren - Einsatz von Feldkästen und Feinerdeauffangzylindern zur Analyse des erodierten Feinbodens - Messung von Wuchshöhen und Bodenbedeckungsgraden unterschiedlicher Kulturpflanzen auf Testparzellen	- Landschaftsökologische Standortaufnahme - Bodenkundliche Laboranalysen - Bodenfeuchtemessungen - Messung von Klimaelementen - Untersuchung von Stoffanreicherungen in Akkumulationsbereichen (ereignisbezogen) - Feldberegnungsversuche

Einrichtung des Geoökologischen Informationssystems

Aufbau der Flächen- und Standortdatenbank	Einbindung von Simulationsmodellen und Parametrisierungsverfahren

Statistische Analyse und Entwicklung von Modellbausteinen zur	Modellsimulationen
- flächenhaften Extrapolation des Prozeßfaktors "Bodenfeuchte" - Prognose des partikelgebundenen Phosphattransportes	- Standortmodell Wasser - Gebietsmodell Erosion
	Modellanpassungen
	- Sensitivitätsanalysen - Modellkalibrierung - Modellvalidierung - Plausibilitätstests

Koppelung von Modellen und Modellbausteinen

- Abbildung räumlich und zeitlich variabler Prozeßzustände
- Quantifizierung von Prozeß- und Bilanzgrößen
- Durchführung von Szenaranalysen

Abb. 7   Arbeitsgang zur Erfassung und flächenhaften Abbildung wasser- und stoffhaushaltlicher Prozesse und Prozeßzustände

(1995) zugrunde, die auf die Arbeiten von W. ROHR u.a. (1990) zurückgeht. Mit Hilfe dieses Kartierverfahrens wurden alle in den Testgebieten zwischen 1995 und 1997 auftretenden Erosionssysteme dokumentiert. Die Kartierungen ermöglichen nicht nur eine Abschätzung des durch oberflächliche Transportprozesse ausgeräumten und akkumulierten Bodenvolumens. Sie geben auch Aufschluß über oberirdische Stofftransportpfade und Stoffübertritte in Gewässersysteme.

- **Kartierung von Landnutzung und Raumstrukturelementen**

  In den Jahren 1994 bis 1997 wurden parzellenbezogene Landnutzungskartierungen durchgeführt. Die an mehreren Terminen innerhalb eines Jahres vorgenommenen Kartierungen beinhalten neben den angebauten Kulturarten auch die Art der Bodenbearbeitung, Bearbeitungszustände und Bearbeitungsrichtungen. Darüber hinaus erfolgte die Aufnahme der für das Stoffabtrags- und -austragsgeschehen relevanten Raumstrukturelemente, wie z.B. Gräben, Gewässerränder, Wege und Gebüsche.

- **Erfassung von Landbearbeitung und Bewirtschaftungsmaßnahmen**

  Fruchtfolgen, Düngetermine und Termine von Pflanzenschutzmittel-Applikationen wurden parzellenbezogen aus den Schlagkarteien und durch Befragung der Landwirte ermittelt.

2.4.2 Quasiflächenhafte Messungen, Kartierungen und Analysen

Quasiflächenhafte Untersuchungen bilden die Brücke zwischen den flächenhaften Untersuchungen im Einzugsgebiet und den punktuellen Standortmessungen. Sie werden auf gebietstypischen Flächen unter realen Nutzungs- und Bewirtschaftungsbedingungen durchgeführt. Auf diese Weise lassen sich strukturelle und prozessuale Zusammenhänge kleinerer Flächeneinheiten (z.B. einzelne Ackerparzellen) mit ausgewählten Boden-, Nutzungs- und Reliefbedingungen gewissermaßen flächenhaft erfassen und beschreiben.

- **Rasteruntersuchungen**
  - <u>Bodenwassergehalt.</u> Zur Erfassung der räumlichen Variabilität der Bodenfeuchte wurden Rasterbeprobungen auf vier unterschiedlich exponierten Ackerparzellen mit ansonsten ähnlichen bodenstrukturellen Eigenschaften, vergleichbaren Reliefbedingungen und gleicher Nutzung durchgeführt. Die Beprobung erfolgte in 2- bis 4-wöchigem Rhythmus. Die Wassergehalte wurden gravimetrisch und ergänzend mit Hilfe einer TDR (Time Domain Reflectometry)-Sonde gemessen. Die Ergebnisse der Rasteruntersuchungen wurden zur Entwicklung des empirisch-statistischen Modellbausteins für die flächenhafte Extrapolation der einzelstandörtlich berechneten Bodenwassergehalte verwendet (s. Kap. 5.2.1).
  - <u>Phosphatgehalt, Korngrößenverteilung, organische Substanz.</u> Die aus den Rasterbeprobungen bestimmten „Stoffverteilungsmuster" bilden die Grundlage für die statistische Analyse

von Zusammenhängen zwischen der Phosphatverteilung und den Eigenschaften des Mineralbodens sowie des Reliefs.

- **Feldkastenmessungen** nach M. RÜTTIMANN & V. PRASUHN (1993). Die Feldkästen dienten der ereignisbezogenen Erfassung von Feinmaterial- und Phosphatanreicherungen im erodierten Boden. Sie wurden an 25 Standorten unter realen Bewirtschaftungsbedingungen eingesetzt (s. Kap. 6.3.4).

- **Feinerdeauffangzylinder** für linearen Abtrag (FAZLA). Da die Feldkastenmethode nur bei stärkeren Niederschlagsereignissen analysierbare Bodenmengen lieferte, wurde an der Abteilung Physische Geographie und Landschaftsökologie ein neues Materialauffangsystem entwickelt (s. Kap. 6.3.4). Es ermöglicht neben der Erfassung von Feinsediment- und Nährstoffanreicherungen im Abtragsboden auch die stoffliche Untersuchung des aufgefangenen Wassers.

- **Messung von Wuchshöhen und Bodenbedeckungsgraden** der im Gebiet vorkommenden Nutzpflanzen auf ausgewählten Testparzellen mit ca. 10 Parallelmessungen für jede Kulturart. Die Aufnahmeintervalle betrugen in der Vegetationszeit eine bis zwei Wochen, im Winter zwei bis vier Wochen.

2.4.3 Standortuntersuchungen und punktuelle Messungen

- **Untersuchungen an Einzelstandorten**

Die an repräsentativen Standorten im Untersuchungsgebiet durchgeführten punktuellen Messungen erfüllen mehrere wichtige Funktionen. Ihre Meßwerte sind nicht nur Eingangsgrößen für die eingesetzten Standortmodelle oder Grundlage für die Ableitung von Modellparametern. Die kontinuierlich an Repräsentativstandorten gemessenen Daten dienen auch der Kalibrierung und Validierung der Modelle. Im einzelnen wurden folgende Standortuntersuchungen durchgeführt:

– <u>Bodenkundliche Untersuchung</u>. Analyse struktureller Bodeneigenschaften mit zentraler Bedeutung für den Standortwasserhaushalt und das Erosionsgeschehen (z.B. Korngrößenzusammensetzung, Lagerungsdichte, Gefüge, Aggregatgröße, Bodenskelett, organischer Kohlenstoffgehalt und Wurzeldichte). Die einzelnen Größen wurden horizontbezogen für mehr als 20 Bodenprofile gebietstypischer Standorte ermittelt. Die Laboranalysen erfolgten nach den bei E. SCHLICHTING u.a. (1995) und VDLUFA (1991) beschriebenen Standardmethoden sowie nach den Verfahren gemäß DIN. Einen Überblick über die eingesetzten Labormethoden gibt Tab. 1.

– <u>Klimatologische Messungen</u>. Die Erfassung von Niederschlag, Lufttemperatur, Luftfeuchtigkeit, Bodentemperatur, Globalstrahlung, Strahlungsbilanz, Windgeschwindigkeit und Windrichtung

Parameter	Methode	Einheit
Boden		
Korngrößenverteilung des Feinbodens	Kombiniertes Siebungs- und Sedimentationsverfahren; Naßsiebung: Fraktionen 0,063-2 mm; Pipettanalyse nach KÖHN: Fraktionen < 0,063 mm (s. K. H. HARTGE & R. HORN, 1989, S. 29-46; DIN 19683, Bl. 2)	Gew.-%
Organischer Kohlenstoffgehalt	Trockene Verbrennung im Sauerstoffstrom, CARMHOGRAPH, Fa. Wösthoff	Gew.-%
Gesamtstickstoff	KJELDAHL-Aufschluß, Aufschluß und Destillation mit GERHARD-Apparatur (s. E. SCHLICHTING u.a., 1995, S. 165 ff.)	mg/100 g Bd.
Potentielle Kationenaustauschkapazität	n. MEHLICH: Eintausch von Ba^{2+} im Perkolationsverfahren bei pH 8,1 (Pufferung mit Triäthanolamin), Rücktausch des Ba^{2+} mit Mg^{2+}; flammenphotometrische Messung von Ca^{2+}, Ba^{2+}, K^+ und Na^+; Messung von Mg^{2+} mit AAS (s. E. SCHLICHTING u.a., 1995 S. 119; DIN 19684, Teil 8)	$mmol_c$/100 g Bd.
Carbonat	n. SCHEIBLER; gasvolumetrische Bestimmung (s. E. SCHLICHTING u.a., 1995, S. 144 ff.)	Gew.-%
pH-Wert	n. DIN 19684 in H_2O und 0,01m $CaCl_2$, Messung mit ORION 8192 Ross Combination Elektrode	pH
Lagerungsdichte	Horizontweise Entnahme von 3-5 Stechzylinderproben (100 cm^3) und anschließende Trocknung 24 h bei 105 °C	g/cm^3
gesättigte Wasserleitfähigkeit	Horizontweise Entnahme von 4 Stechzylinderproben, Berechnung der gesättigten Wasserleitfähigkeit für den eindimensionalen stationären Fluß (s. K. H. HARTGE & R. HORN, 1989, S. 114 ff.; DIN 19683, Bl. 9)	cm/d
Phosphor	Calcium-Acetat-Lactat-Auszug n. VDLUFA (1991), spektralphotometrische Bestimmung des P als Molybdat-Phosphatkomplex	mg/100 g Bd.
Gesamtphosphor	Bestimmung im Aufschluß mit Schwefelsäure, Perchlorsäure und Salpetersäure n. VDLUFA (1991); spektralphotometrische Bestimmung des P als Molybdänblau	mg/100 g Bd.
Wassergehalt	Gravimetrische Bestimmung, Trocknung 24 h bei 105 °C (s. K. H. HARTGE & R. HORN, 1989, S. 21-28) TDR (Time Domain Reflectometry)-Sonde, 2-Stabsonde, Fa. IMCO	Vol.-%
Klima		
Lufttemperatur	Temperaturgeber, Meßhöhe 2 m, alle Stationen	°C
Bodentemperatur	Temperaturgeber, Meßtiefe 10 cm, alle Stationen	°C
Relative Luftfeuchte	Feuchtegeber, Meßhöhe 2 m, alle Stationen	%
Niederschlag	Niederschlagsgeber n. Hellmann, Meßhöhe 1 m, alle Stationen	mm
Windgeschwindigkeit	Windweggeber, Meßhöhe 2 m, alle Stationen	m/s
Windgeschwindigkeit und Windrichtung	kombinierter Windgeber, Meßhöhe 4 m, Hauptstation	m/s °
Globalstrahlung	Pyranometer, Meßhöhe 2 m, Hauptstation	W/m^2
Strahlungsbilanz	Strahlungsbilanzgeber, Meßhöhe 2 m, Hauptstation	W/m^2

Tab. 1 Feldmeß- und Laboranalysemethoden zur standörtlichen Erfassung wasser- und stoffhaushaltlicher Größen

erfolgte kontinuierlich in 5-Minuten-Intervallen an drei digital aufzeichnenden Meßstationen.

- Bodenwassergehaltsmessung. Der Zeit-Tiefenverlauf der Bodenfeuchte wurde von 1995 bis 1997 in einwöchigem Rhythmus an 20 Repräsentativstandorten erfaßt. Die Bestimmung des Bodenwassergehaltes für die Tiefen 1, 30, 60 und 100 cm erfolgte gravimetrisch. Die Bodenfeuchtemessungen dienten der Kalibrierung und Validierung des Bodenwassermodells.

- **Feldberegnungsversuche**

  Mit Hilfe eines Schwenkdüsenregners (Bauart: „Weihenstephan", s. M. KAINZ & A. EICHER, 1990), der über eine Projektzusammenarbeit mit der Biologischen Bundesanstalt zur Verfügung stand, konnten insgesamt 10 Feldberegnungen unter realen Landnutzungs- und Bearbeitungsbedingungen durchgeführt werden (s. Kap. 6.3.5). Die hierbei gewonnenen Daten sollen Aufschluß über Funktionsmechanismen beim partikelgebundenen Phosphattransport und über den Zusammenhang zwischen dem Transport fester Bodenbestandteile und dem partikelgebunden verlagerten Phosphat geben.

- **Ereignisbezogene Beprobung von Feinsedimentzusammensetzung und Phosphatgehalt in Erosions- und Akkumulationsbereichen** zur Erfassung von Stoffanreicherungsverhältnissen im deponierten Bodenmaterial.

2.5 Aufbau des Informationssystems

2.5.1 Allgemeines

Geographische Informationssysteme (GIS) sind mittlerweile selbstverständliche Werkzeuge bei der Bearbeitung raumbezogener Fragestellungen in Forschung und Praxis. Besonders für die Analyse landschaftshaushaltlicher Prozesse und Prozeßzustände erweist sich der Einsatz Geographischer Informationssysteme heute als unverzichtbar, da hier eine große Zahl raumbezogener Daten verfügbar zu halten und „horizontal" sowie „vertikal" miteinander zu verknüpfen ist. Im Rahmen von Landschaftshaushaltsanalysen dienen Geographische Informationssysteme

– der modellgestützten Abschätzung oder Simulation von Teilprozessen des Landschaftshaushaltes,

– der flächenhaften Abbildung landschaftshaushaltlicher Prozesse und Prozeßzustände und

– der Bewertung landschaftshaushaltlicher Zustände und Belastungen.

Beispiele für die Vielfalt von GIS-Anwendungen geben u.a. die Arbeiten von R. BILL (1996), G. BUZIEK [Hrsg.] (1995), O. GÜNTHER u.a. [Hrsg.] (1992) und R. BILL & D. FRITSCH (1991). Aus Sicht der Landschaftsökologie ist eine jüngere Arbeit von T. BLASCHKE (1997) hervorzuheben.

Darin wird u.a. ein Überblick über den Stand der Geographischen Informationsverarbeitung gegeben und die Umsetzung landschaftsökologischer Konzepte mit GIS diskutiert. Angesichts einer nicht mehr zu überschauenden Zahl möglicher Ansätze und Vorgehensweisen bei der Modellierung von Landschaftshaushaltsprozessen mit GIS muß hier auf eine ausführliche Diskussion verzichtet werden. Es sei deshalb auf die zusammenfassenden Darstellungen und Aufsatzsammlungen von R. HAINES-YOUNG u.a. [Hrsg.] (1993), M. F. GOODCHILD u.a. [Hrsg.] (1993 und 1996), W. MICHENER u.a. [Hrsg.] (1994) und D. A. QUATTROCHI & M. F. GOODCHILD [Hrsg.] (1997) verwiesen. Ihnen läßt sich eine aktuelle Übersicht über Entwicklungen und Anwendungen aus dem weiten Feld des "environmental modeling within GIS" entnehmen. Zahlreiche der in den genannten Publikationen enthaltenen Beiträge befassen sich mit der Integration prozeßorientierter Modelle in Geographische Informationssysteme und mit Fragen des Modelleinsatzes in unterschiedlichen Raum- und Zeitskalen.

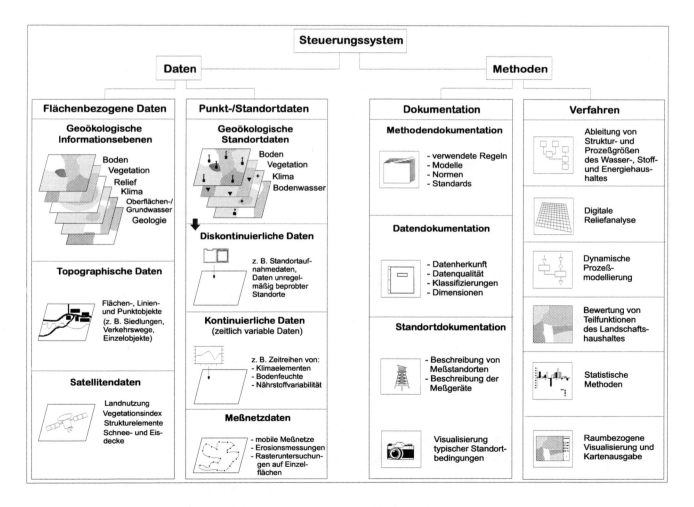

Abb. 8 Struktur des Geoökologischen Informationssystems

2.5.2 Die Struktur des Informationssystems

Der Aufbau des hier eingesetzten Prognosesystems orientiert sich an der Struktur des Geoökologischen Informationssystems (R. DUTTMANN, 1993). Die Ablage der raumbezogenen Daten erfolgt nach dem üblichen „Layerkonzept" oder Schichtenkonzept. Die thematische Gliederung der einzelnen Informationsebenen ergibt sich dabei aus dem in Abb. 7 dargestellten Konzeptmodell. Den strukturellen Aufbau des Geoökologischen Informationssystems zeigt Abb. 8. Ihm liegt als Software das Informationssystem PC-ARC/INFO (Vers. 3.5) und ARC VIEW (Vers. 3.0) der Fa. ESRI zugrunde.

Datenbasis

Im Datenbereich des Geoökologischen Informationssystems wird zwischen flächenbezogen erfaßten Daten (Flächendaten) und punktuell ermittelten Standortdaten (Punktdaten) unterschieden. Zu den erstgenannten zählen neben den geoökologisch relevanten Flächendaten der Informationsebenen Boden, Bodenwasser, Relief, Klima, Vegetation, Gestein auch flächen- und linienhafte topographische Inhalte (Abb. 9). Mit Ausnahme der reliefbezogenen Daten, die in Rasterform abgelegt sind, werden die anderen Informationsebenen der Flächendatenbank in Vektorform, d.h. als ARC/INFO-Coverages organisiert. Sie werden bei Bedarf ins Rasterformat überführt. Im Bereich der Standortdaten werden dagegen ausschließlich punktuell erfaßte Daten vorgehalten (z.B. Daten „komplexer Standortanalysen" und landschaftsökologischer Standortaufnahmen (Leitprofildaten)). Die Standortdaten lassen sich untergliedern in:

- diskontinuierlich erfaßte Standortdaten (einmalig oder unregelmäßig erfaßte Standortdaten, z.B. Korngrößenverteilungen, Lagerungsdichte im Unterboden, gesättigte Wasserleitfähigkeit, Kohlenstoffgehalt),

- kontinuierlich erfaßte, zeitvariable Standortdaten (z.B. Daten aus Bodenfeuchtemeßreihen, Klimameßreihen, Wuchshöhen, Bedeckungsgrade) und

- Daten aus Sondermessungen (z.B. Daten ereignisbezogener Bodenerosionsuntersuchungen (Feldkastenmessungen, Erosionskartierungen), Rasteruntersuchungen zur Bodenfeuchteverteilung und zur Phosphatverteilung in ausgewählten Parzellen).

Methoden

Neben den üblichen GIS-internen Standardmethoden, wie den Reliefanalyseverfahren, umfaßt der Methodenbereich u.a. folgende Verfahren:

- Methoden zur Ableitung/Schätzung von Struktur- und Prozeßgrößen (z.B. Bestimmung von nutzbarer Feldkapazität, Feldkapazität, Retentionsfunktion, gesättigter hydraulischer Leitfähigkeit, potentieller Evapotranspiration, USLE-Faktoren). Die Berechnung der genannten Größen erfolgt mit Hilfe von Datenbankprogrammen.

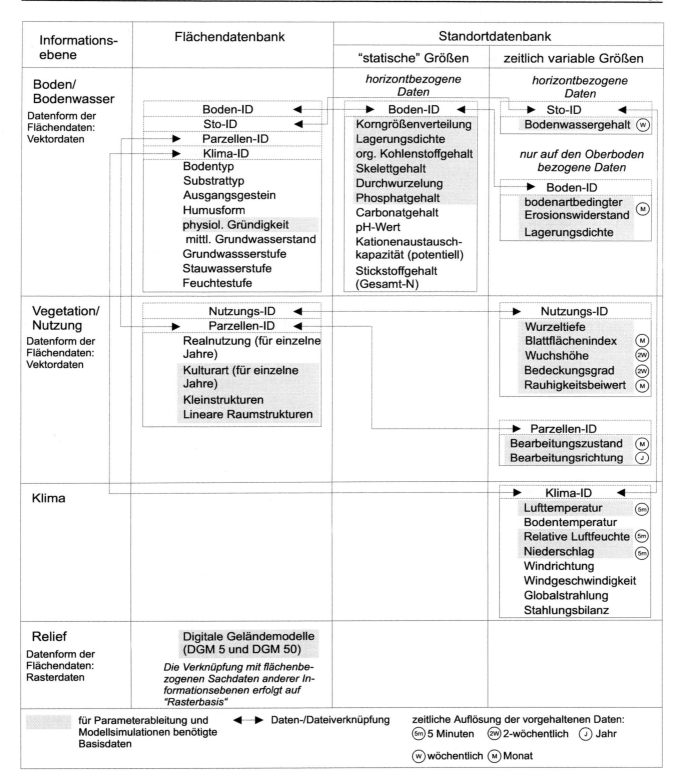

Abb. 9 Dateninhalte und Datenorganisation im Geoökologischen Informationssystem (schematisch)

Verknüpfungsmöglichkeiten zwischen den Daten der einzelnen Informationsebenen sowie zwischen der Flächen- und Punktdatenbank sind durch Pfeile kenntlich gemacht. Hier nicht dargestellt sind die Verbindungen zwischen den originär in Rasterform gespeicherten Reliefdaten und den in Vektorform abgelegten Flächendaten der Informationsebenen „Boden", „Nutzung" und „Hydrologie" sowie zwischen den Reliefdaten und den punktuell erfaßten Daten der Standortdatenbank. Die flächenbezogene Verknüpfung von Reliefparametern mit den flächenhaft vorgehaltenen Boden- und Nutzungsdaten erfolgt nach Rasterisierung der entsprechenden Coverages bzw. der darin enthaltenen Einzelattribute über eindeutige Lagebezüge (z.B. Koordinaten, Rasterzellennummern).

– empirische Verfahren zur Abschätzung der Erosionsgefährdung und Bestimmung der Eintragspotentiale von Sediment und Phosphat für unterschiedliche Betrachtungsmaßstäbe, Berechnung des Oberflächenabflusses nach SCS-Curve-Number-Verfahren.

– Dynamische Simulationsmodelle: Bei den für die Simulation von Bodenwasserhaushalt und Bodenerosion verwendeten Modellen AMWAS (H. BRADEN, 1992), EROSION-2D (J. SCHMIDT, 1991, 1996) und EROSION-3D (M. v. WERNER, 1995) handelt es sich um GIS-unabhängige Modelle. Die hierfür benötigten Eingangsgrößen werden mittels Datenbankroutinen in der entsprechenden Form bereitgestellt.

– Verfahren zur Datenerfassung, Datenaufbereitung und zum Datentransfer (z.B. Übernahme und Homogenitätsprüfung digital erfaßter Daten aus Fremdarchiven und aus automatisch aufzeichnenden Meßstationen, Aufbereitung von Eingangsgrößen für dynamische Simulationsmodelle, Transfer von Daten aus dem Geoökologischen Informationssystem in externe Simulationsmodelle und zurück).

Modellintegration in GIS

Bei der Integration von Modellen in GIS lassen sich prinzipiell zwei Vorgehensweisen unterscheiden:

1. "loose coupling" oder "low-level coupling" (s. M. F. GOODCHILD, 1993, P. A. BURROUGH u.a., 1996). Hierbei handelt es sich um die einfachste Form der Modellanbindung. Das GIS fungiert hier lediglich als Datenlieferant und als „Präprozessor" für die Aufbereitung und Ableitung der benötigten Modelleingangsgrößen aus den in der Datenbank vorgehaltenen Daten. Es dient zudem der Speicherung und Präsentation der Modellergebnisse ("postprocessing"). Die Simulation findet außerhalb der eigentlichen GIS-Umgebung in einem „externen" Modell statt (vgl. P. A. BURROUGH u.a., 1996). GIS und Modell kommunizieren dabei nur über den Austausch von Daten und Dateien. Die Verarbeitung der Daten erfolgt somit in getrennten, d.h. voneinander unabhängigen Systemen. Diese Form der Anbindung ist zumeist dann erforderlich, wenn

    – Modelle eingesetzt werden, die GIS-unabhängig entwickelt worden sind,

    – eine direkte GIS- oder Datenbankanbindung modellseitig nicht vorgesehen ist,

    – der Quellcode des einzusetzenden Anwendungsmodells nicht zur Verfügung steht und

    – eine Ansteuerung des externen Simulationsmodells über die GIS-eigene Kommando- oder Programmiersprache nicht möglich ist.

2. "tight coupling" oder "high(er)-level coupling" (s. K. FEDRA, 1993, 1996, M. F. GOODCHILD, 1993). Bei dieser engeren Form der Modellintegration stehen das GIS bzw. die GIS-Datenbank und das eingesetzte Modell direkt miteinander in Verbindung. Der Datentransfer zwischen der

Datenbank und dem Modell erfolgt automatisiert. Modellauf und Interaktion zwischen GIS und Modell werden dabei über eine gemeinsame Benutzerschnittstelle gesteuert. Die Koppelung beider Systeme durch eine gemeinsame Benutzerschnittstelle läßt sich auf unterschiedliche Weise realisieren (s. dazu K. FEDRA, 1996). Die einfachste Möglichkeit hierbei ist die Schnittstellenprogrammierung mit Hilfe der GIS-eigenen Programmiersprache.

Im Rahmen der hier zu bearbeitenden Fragestellungen wurden beide Formen der Modellintegration angewendet. So kamen neben eigenen, über das GIS steuerbaren Programmen (z.B. Verfahren zur Bestimmung der oberirdischen Transportpfade und Übertritte, Abschätzung des Erosionswiderstandes nach R.-G. SCHMIDT, 1988) „Fremdmodelle" wie EROSION-3D (M. v. WERNER, 1995) und AMWAS (H. BRADEN, 1992) zum Einsatz. Diese wurden durch den Transfer von Modellinput- und -outputdateien an das GIS angebunden; die Modellsimulationen selbst erfolgten unabhängig vom GIS in der jeweiligen Modellumgebung.

3 Abschätzung der Bodenerosionsgefährdung und Vorhersage potentieller Stoffübertritte im mittleren Maßstabsbereich - Gebietsauswahl für die Detailanalyse des oberirdischen Stofftransportgeschehens

3.1 Gebietsübersicht

Das Untersuchungsgebiet für die großräumige Bodenerosionsabschätzung liegt ca. 20 km südlich von Hildesheim im Niedersächsischen Berg- und Hügelland (Karte 1). Es entspricht in seiner Ausdehnung dem Blattgebiet der TK25 Bad Salzdetfurth. Naturräumlich gehört das Gebiet zum

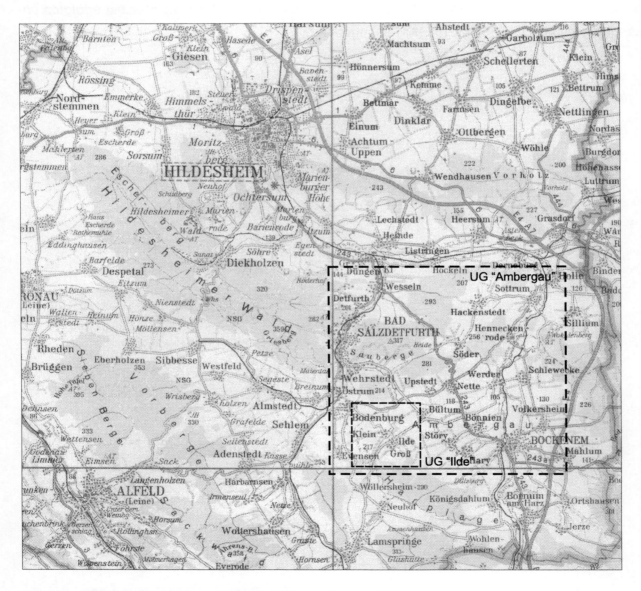

Karte 1 Gebietsübersicht und Lage der Untersuchungsgebiete
Kartengrundlage: Kreiskarte 1: 200.000, Blatt Braunschweig (1978), Niedersächsisches Landesverwaltungsamt - Landesvermessung -, Hannover

südlichen Innerste-Bergland (S. MEISEL, 1960; J. HÖVERMANN, 1963). Kennzeichnend für seine Oberflächenformen sind Schichtstufen und Schichtkämme, langgestreckte Täler und mehr oder weniger ausgedehnte Beckenlandschaften. Das Landschaftsbild im nördlichen Blattgebiet wird von den Ausläufern des Hildesheimer Waldes geprägt. Infolge stärkerer Hangneigungen und flachgründiger Böden sind ihre Höhenzüge geschlossen bewaldet. Lediglich in den dazwischen liegenden Talbereichen um Hackenstedt, Söder und Wesseln wird Ackerbau betrieben.

Dagegen wird die südliche Hälfte des Blattgebietes fast ausnahmslos ackerbaulich genutzt. Sie setzt sich im wesentlichen aus dem Bodenburg-Östrumer Becken und dem ausgedehnteren Ambergaubecken zusammen. Im westlichen Teil des Ambergaubeckens befindet sich das Schwerpunktgebiet für die später beschriebene großmaßstäbige Erosionsmodellierung. Kennzeichnend für diese Beckenbereiche sind fruchtbare Böden aus Lößlehm. Als dominierende Bodentypen treten dort Parabraunerden, Pseudogley-Parabraunerden und Braunerden auf.

Die südliche Grenze des Untersuchungsraumes bildet der Höhenzug der Harplage. Im Westen wird das Gebiet vom Lammetal, im Osten vom Tal der Nette begrenzt. Beide Flußsysteme münden in die parallel zur nördlichen Blattgrenze verlaufende Innerste.

Das Untersuchungsgebiet liegt im Übergangsbereich vom ozeanisch geprägten Klima Nord- und Nordwestniedersachsens zum kontinentaleren Klima Ost- und Südostniedersachsens. Die hier noch vorherrschenden ozeanischen Einflüsse drücken sich in geringen mittleren Jahresschwankungen von Lufttemperatur und Luftfeuchtigkeit aus und sind mit ganzjährigen Niederschlägen verbunden (W. EVERS, 1964). Je nach Höhenlage variiert die durchschnittliche jährliche Niederschlagsmenge zwischen 700 mm im Ambergau-Becken und 800 mm im Bereich der größeren Erhebungen (z.B. Harplage).

3.2 Schritt 1: Flächenhafte Abschätzung der potentiellen Erosionsgefährdung

Wegen der geringen Differenziertheit der im kleinen und mittleren Maßstabsbereich verfügbaren Flächendaten scheidet die Anwendung komplexer numerischer Modelle zur Bestimmung der Erosionsgefährdung in der Regel aus. Zur Abschätzung von Bodenabtragsrisiken größerer Räume wird deshalb auf einfachere empirische Schätzmodelle zurückgegriffen, die nur wenige den Bodenabtrag wesentlich beeinflussende Parameter berücksichtigen. Beispiele für kleinmaßstäbig einsetzbare Verfahren sind:

— Das Verfahren zur „Ermittlung der potentiellen Erosionsgefährdung durch Wasser nach bodenkundlichen Bedingungen („bodenspezifische Erosionsgefährdung", „Bodenerodierbarkeit") (s. V. HENNINGS [Koord.], 1994, S. 41). Hierbei wird die „bodenspezifische Erosionsgefährdung" bzw. die „Bodenerodierbarkeit" nach U. SCHWERTMANN (1990) aus der Bodenart und dem Skelettgehalt abgeleitet.

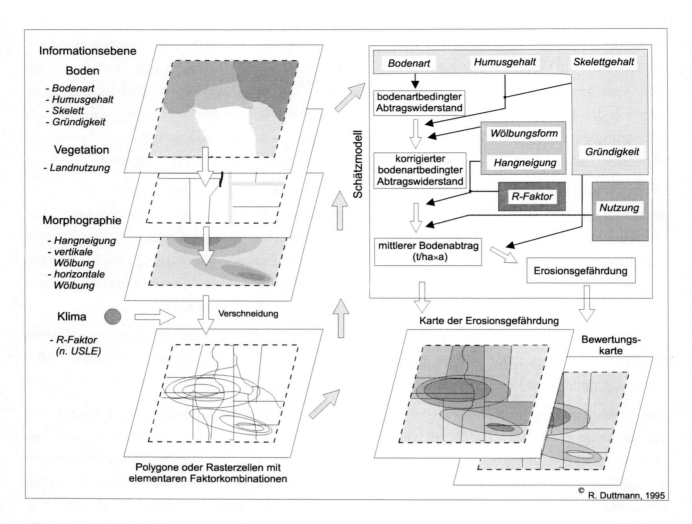

Abb. 10   GIS-Methode zur Abschätzung der potentiellen Erosionsgefährdung im mittleren Maßstabsbereich (Verfahren nach R.-G. SCHMIDT, 1988)

– Das Verfahren zur „Ermittlung der potentiellen Erosionsgefährdung durch Wasser nach bodenkundlichen und morphologischen Bedingungen" (s. V. HENNINGS [Koord.], 1994, S. 42). Als Eingangsgrößen dieser Methode, die von A. CAPELLE & R. LÜDERS (1985) zur Ermittlung der Erosionsgefährdung niedersächsischer Böden auf der Grundlage der Bodenkundlichen Standortkarte 1:200.000 (BSK 200) entwickelt wurde, dienen die Bodenart und die Hangneigung.

– Das Verfahren zur „Ermittlung der potentiellen Erosionsgefährdung durch Wasser nach bodenkundlichen, morphologischen und klimatischen Bedingungen („Erosionsempfindlichkeit", „natürliche Gefahrendisposition") (V. HENNINGS [Koord.], 1994, S. 43). Zur Bestimmung der „Erosionsempfindlichkeit" von Böden werden als Eingangsparameter Bodenart, Skelettgehalt, Hangneigung, Jahresniederschlag oder Niederschlag im Sommerhalbjahr benötigt. Der als Ergebnis dieses Schätzverfahrens resultierende Kennwert kann nach V. HENNINGS [Koord.] (1994) als Maß für die Standortempfindlichkeit gegenüber der Bodenerosion durch Wasser herangezogen werden.

Eine differenziertere Aussage gestattet das hier eingesetzte und von R.-G. SCHMIDT (1988) auf der Grundlage der Universal Soil Loss Equation (USLE) (W. H. WISCHMEIER & D. D. SMITH 1978) entwickelte Verfahren zur Ableitung der „Widerstandsfunktion von Landschaftseinheiten gegenüber Wassererosion". Die Erosionswiderstandsfunktion läßt sich als Maß für die Erosionsanfälligkeit oder -gefährdung heranziehen. Sie wird wesentlich von den Boden- und Reliefeigenschaften gesteuert und durch Nutzungseinflüsse modifiziert. Da das Verfahren auch die Wölbungsformen des Reliefs mitberücksichtigt, lassen sich indirekt Bereiche mit möglicher Tiefenlinienerosion abbilden.

Als Eingangsgrößen benötigt das Schätzverfahren neben Bodendaten (Bodenart, Humusgehalt, Skelettgehalt und Gründigkeit) Landnutzungs- (Nutzungsformen) und Reliefdaten (Hangneigung, horizontale und vertikale Wölbung). Die für die Ermittlung der Bodenerosionsgefährdung erforderlichen Basisdaten können sowohl aus Bodenkarten und Topographischen Karten verfügbar gemacht oder bereits gänzlich in digitaler Form von den entsprechenden Institutionen übernommen und in Geographische Informationssysteme überführt werden (z.B. Bodenübersichtskarte (BÜK50), Digitale Geländemodelle (DGM50), ATKIS-DLM25- und LANDSAT-TM-Daten). Die Verknüpfung der einzelnen Parameter innerhalb des Schätzmodells und den Ablauf des Verfahrens zur Bewertung der Erosionsgefährdung im Geoökologischen Informationssystem stellt Abb. 10 schematisch dar.

Die potentiell erosionsgefährdeten Flächen in der großräumigen Übersicht - Modellergebnisse

Die Ergebnisse der GIS-gestützten Bewertung des Abtragsrisikos in einem 100 km^2 großen Gebietsausschnitt aus dem Innerste-Bergland zeigt Karte 2. Bereiche mit den höchsten Bodenabträgen treten unter ackerbaulicher Nutzung erwartungsgemäß an den stärker geneigten Hängen des Hildesheimer Waldes im nördlichen Blattgebiet und den Ausläufern des Lamspringer Sattels im Süden auf. Wie Abb. 11 verdeutlicht, wurden für fast 30 % der Ackerfläche Bodenabträge von mehr als 15 t/(ha×a) ermittelt. Dieser Anteil entspricht in etwa der Landwirtschaftsfläche mit Hangneigungen zwischen 4° und 15°. Für weitere 40 % der ackerbaulich genutzten Fläche wurden jährliche Abtragsmengen zwischen 5 und 10 t/(ha×a) bestimmt. Keine oder nur geringe Erosionsdisposition weisen große Bereiche des Ambergau-Beckens und die flacheren Talabschnitte von Nette und Büntebach auf, die etwa ein Drittel der Ackerfläche ausmachen. Gleiches gilt für die waldbedeckten Areale des Hildesheimer Waldes und der Harplage. Die für die steileren Waldlagen (z.B. Sauberge östlich von Salzdetfurth) rechnerisch ermittelten, in der Realität aber nicht auftretenden hohen Bodenabträge deuten an, daß die eingesetzte Methode die Erosionsanfälligkeit hier erheblich überschätzt. So weist R.-G. SCHMIDT (1989) darauf hin, daß das Verfahren insbesondere auf stärker geneigten Hängen (> 15° Gefälle) ebenso seine Grenzen findet, wie bei höheren Niederschlagsmengen. Wie Beobachtungen im Gebiet zeigten, erlaubt diese Schätz-

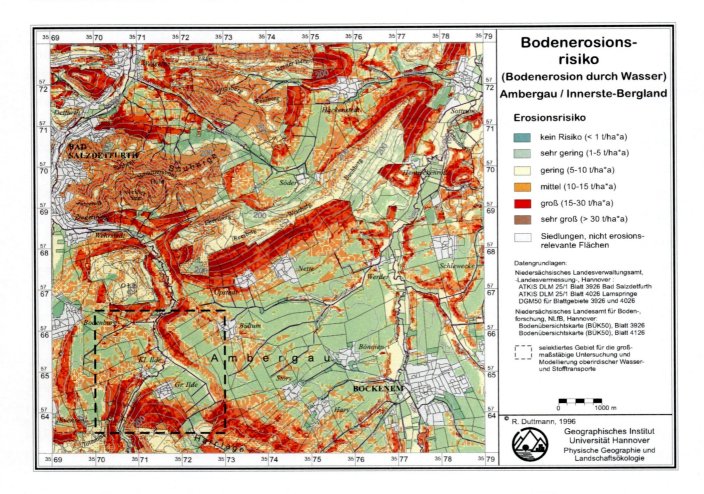

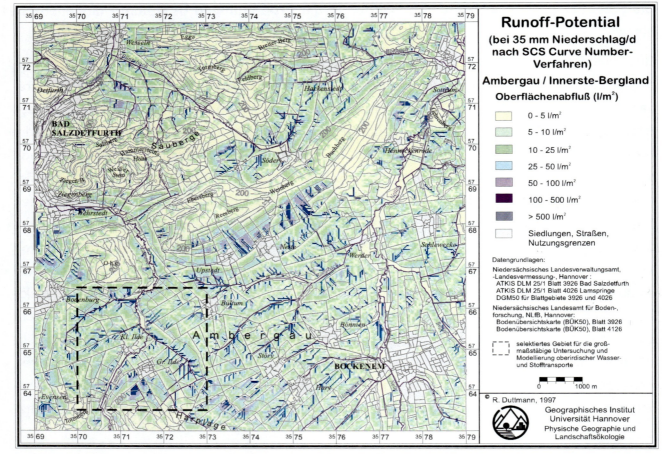

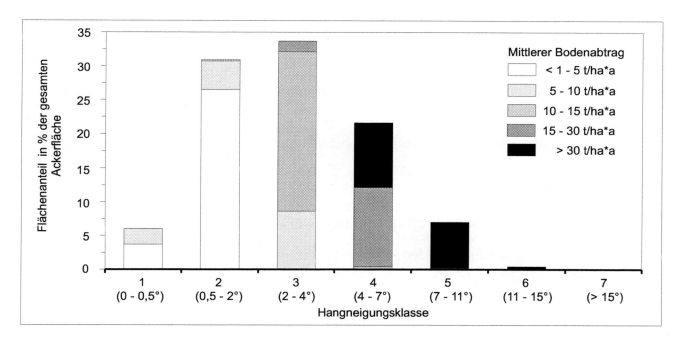

Abb. 11 Bodenerosionsgefährdung der ackerbaulich genutzten Fläche im Raum Bockenem - Bad Salzdetfurth, differenziert nach Hangneigungsstufen

methode ansonsten trotz zahlreicher Vereinfachungen (z.B. keine Differenzierung der Kulturart, Annahme einer einheitlichen Hanglänge von 100 m) eine durchaus realistische Wiedergabe des in Relativstufen ausgedrückten Erosionsrisikos.

3.3 Schritt 2: Bestimmung von oberirdischen Transportpfaden und Sedimentübertrittstellen am Gewässerrand

Zu den ökologisch bedeutsamsten "off-site"-Effekten der Bodenerosion zählt der Eintrag von erodiertem Feinbodenmaterial, Nährstoffen und Pflanzenschutzmitteln aus landwirtschaftlich genutzten Flächen in Oberflächengewässer. Zur Abschätzung von Stoffeintragspotentialen sowie zur Vorhersage eintragsgefährdeter Gewässerbereiche sind auf höherer Dimensionsebene Verfahren einzusetzen, die

- die Erfassung potentieller Transportpfade des gebündelten Oberflächenabflusses und erodierten Feinbodens ermöglichen,

---

⇐ Karte 2 Abschätzung des Bodenabtrages durch Wasser im mittleren Maßstabsbereich (Raum Bockenem - Bad Salzdetfurth) (oben)

Als Grundlage für die Berechnung des Bodenabtrags wurden ausschließlich digital verfügbare Daten der Landesbehörden verwendet (BÜK 50, ATKIS-DLM25 und DGM50). Die großräumige Abbildung des Erosionsrisikos ermöglicht die Auswahl solcher Bereiche, die einer detaillierteren Analyse mit höher aufgelösten Daten zu unterziehen sind.

⇐ Karte 3 Oberflächenabflußpotentiale und Leitbahnen des Oberflächenabflusses (Raum Bockenem - Bad Salzdetfurth) (unten)

- eine quantifizierte Abbildung des oberirdischen Abflußpotentials und die Ausweisung von Liefergebieten für Oberflächenabfluß ermöglichen,

- der Vorhersage potentieller Übertritte des Oberflächenabflusses und des mitgeführten Bodenfeinmaterials in Oberflächengewässer dienen und

- eine Ersteinschätzung des Risikos von erosionsbedingten Stoffeinträgen in Oberflächengewässer gestatten.

3.3.1 Schritt 2.1: Oberflächenabfluß und oberirdische Transportpfade

Besonders hohe Bodenabträge werden in den vom Relief vorgegebenen Leitbahnen des Oberflächenabflusses verzeichnet (s. Th. MOSIMANN u.a., 1991). Als Transportwege des gebündelten Wasserabflusses besitzen sie nicht selten Anschluß an Fließgewässer oder Gräben. Sie werden mit dem oben beschriebenen Verfahren zur flächenhaften Abschätzung der Bodenerosion nicht erfaßt. Um Bereiche mit konzentriertem Wasserabfluß und Tiefenlinienerosion flächendifferenziert abbilden zu können, sind neben den Abflußpotentialen auch die reliefbedingten Transportpfade zu bestimmen und in eine Gefährdungsabschätzung mit einzubeziehen (s. B. LUDWIG u.a., 1995).

Eine zur Berechnung des oberflächlichen Abflusses einsetzbare Methode, die der Datenverfügbarkeit auf dieser Maßstabsebene Rechnung trägt, ist das vom Soil Conservation Service entwickelte Curve-Number-Verfahren. Es wird auch vom DVWK (1984) zur Berechnung des abflußwirksamen Niederschlages vorgeschlagen. Der Oberflächenabfluß von Einzelereignissen errechnet sich nach diesem Verfahren aus der Niederschlagsmenge und der Gebietsgröße „CN". Diese Kenngröße läßt sich aus der Bodenart, der Bodennutzung und einem Vorregenwert, aus dem eine Bodenfeuchteklasse bestimmt wird, ableiten.

Der Bestimmung des oberflächlichen Abflusses nach dem Curve-Number-Verfahren (SCS-USDA, 1972) liegt folgende Gleichung zugrunde (s. J. YOON & L. A. DISRUD, 1993; C. F. VORHAUER & J. M. HAMLETT, 1996):

$$Q = \frac{(P - 0{,}2S)^2}{P + 0{,}8S}$$

mit

    Q   Oberflächenabfluß (inch)
    CN SCS Curve-Number-Wert (für Bodenfeuchteklasse II)
    S   "retention parameter"

$$S = \left(\frac{1000}{CN} - 10\right)$$

    P   Niederschlag (inch)

Die flächenbezogene Berechnung der Abflußmengen für die Kleineinzugsgebiete im untersuchten Gebietsausschnitt erfolgte mit Hilfe einer Kaskadierung im GRID-Modul von ARC/INFO. Hierbei wird der nach dem Curve-Number-Verfahren für jede Rasterzelle ermittelte abflußwirksame Niederschlag der nächsten in Fließrichtung gelegenen Zelle zugeführt. Den in Karte 3 dargestellten Abflußmengen liegt die Annahme einer Niederschlagsmenge von 35 mm/d und einer Bodenfeuchteklasse II nach SCS-USDA ($\approx$15-30 mm Niederschlag in den vorangegangenen 5 Tagen für einen Zeitraum außerhalb der Vegetationsperiode) zugrunde. Diese Annahmen spiegeln in etwa die im Gebiet bei stärkeren Abtragsereignissen beobachteten Verhältnisse wider. Unabhängig davon, daß das eingesetzte Curve-Number-Verfahren bei Niederschlagsmengen von weniger als 50 mm zu geringe absolute Abflußwerte errechnet (s. DVWK, 1984; W. LUTZ, 1984), lassen sich mit der beschriebenen Vorgehensweise neben der räumlichen Abschätzung von Oberflächenabflußpotentialen auch die reliefbedingten Leitbahnen des gebündelten Wassertransportes abbilden (Karte 3). Im Unterschied zu einer rein auf morphologische Parameter gestützten Abflußwegeberechnung zeichnet sie sich auch dadurch aus, daß hier die Einflüsse unterschiedlicher Boden- und Nutzungsbedingungen mitberücksichtigt werden, wodurch eine differenziertere Wiedergabe der oberirdischen Abflußverhältnisse und -wege möglich ist.

3.3.2 Schritt 2.2: Bestimmung von Übertrittstellen und Sedimenteinträgen

Einen Ansatz für eine GIS-gestützte Prognose der erosionsbedingten Gewässerverschmutzung beschreiben L. NEUFANG u.a. (1989 b) unter Anwendung der „differenzierenden Allgemeinen Bodenabtragsgleichung" (dABAG) (K. AUERSWALD u.a., 1988; W. FLACKE u.a., 1990; L. NEUFANG u.a., 1989 a). Der Prognose des Sedimenteintrages liegt dabei eine empirische Gleichung zugrunde, in die neben der Einzugsgebietsgröße und dem Bodenabtrag das sog. Sedimenteintrags- bzw. -anlieferungsverhältnis ("Sediment Delivery Ratio" (SDR)) eingehen (s. L. NEUFANG u.a., 1989):

$$E_s = SDR \times A \times G \times 100$$

mit

E_s Sediment-Eintrag (t/a)
SDR   Sedimenteintragsverhältnis (dimensionslos)
A   Abtrag (t/ha$\times$a)
G   Einzugsgebietsgröße (km^2)

Das SDR geht von der Annahme aus, daß nur ein Teil des auf der Landoberfläche abgetragenen Feinbodens auch tatsächlich in Oberflächengewässer gelangt. So nimmt der Anteil des erodierten Bodens, der das Einzugsgebiet verläßt, mit zunehmender Einzugsgebietsgröße ab. Als Ursachen hierfür gelten nach K. AUERSWALD (1989) u.a.:

- die Zunahme potentieller Depositionsflächen mit wachsender Entfernung des Abtragsbereichs zum Gewässer,
- die abnehmende Gewässernetzdichte und
- die zunehmende Breite der Flußauen als potentielle Retentionsfläche.

Diesem Sachverhalt trägt die nachstehende Gleichung zur Ableitung des Sedimenteintragsverhältnisses Rechnung:

$$SDR = 0{,}385 \times G^{-0{,}2}$$

mit

SDR Sedimenteintragsverhältnis
G   Einzugsgebietsgröße (km^2)

Der Eintrag von Sediment in Fließgewässer erfolgt jedoch in zahlreichen Fällen nicht in flächenhafter Form, sondern mehr oder weniger punkthaft an den Endpunkten relief- und/oder bewirtschaftungsbedingter Leitbahnen des Oberflächenabflusses. So weisen R. SPATZ u.a. (1996) darauf hin, daß es aufgrund der sich auf Ackerschlägen bildenden Erosionsrinnen zu einer Abflußkonzentrierung kommt, die zu einem punktuell gebündelten Eintrag führt. Für die Vorhersage des Sedimenteintragsrisikos sind deshalb vor allem solche Gewässerbereiche von Bedeutung, die einerseits (direkten) Anschluß an abflußwirksame Leitbahnen des Reliefs aufweisen und andererseits eine Anbindung an Oberflächenfluß und Sedimenteintrag liefernde Flächen besitzen.

Im Unterschied zu der bei L. NEUFANG u.a. (1989 b) beschriebenen Vorgehensweise, nach der die Sedimentfracht für jeden Punkt eines Gewässers ermittelt wird, erfolgt die Prognose des erosionsbedingten Sedimenteintragsrisikos für das in Karte 4 dargestellte Gebiet nicht für jeden einzelnen Gewässerabschnitt (Rasterzelle). Vielmehr werden hier nur die „Schnittpunkte" der durch das Relief vorgegebenen Abflußbahnen mit Flüssen, Bächen und wasserführenden Gräben betrachtet und als potentielle Übergangsstellen des Feinmaterialtransportes in Gewässer aufgefaßt. Mit Hilfe von GIS-Standardanalysefunktionen lassen sich für jeden Übertrittspunkt, der gleichzeitig „Auslaßpunkt" eines dahinter liegenden Einzugsgebietes ist, anschließend die zur Bestimmung der Sedimentanlieferung benötigten Parameter (Einzugsgebietsgröße, Abtragsmenge im Einzugsgebiet) ermitteln und die angelieferte Sedimentmenge bestimmen (s. Abb. 12).

3.3.2.1 Modellgestützte Ermittlung von Übertritten und Abschätzung von Sedimenteintragspotentialen

Der GIS-gestützten Bestimmung von Übertritten des erosionsbedingten Feinbodentransportes aus landwirtschaftlich genutzten Flächen in Oberflächengewässer und der Ermittlung von Eintragspotentialen an Übertritten liegt eine rasterbasierte Vorgehensweise zugrunde. Eine solche

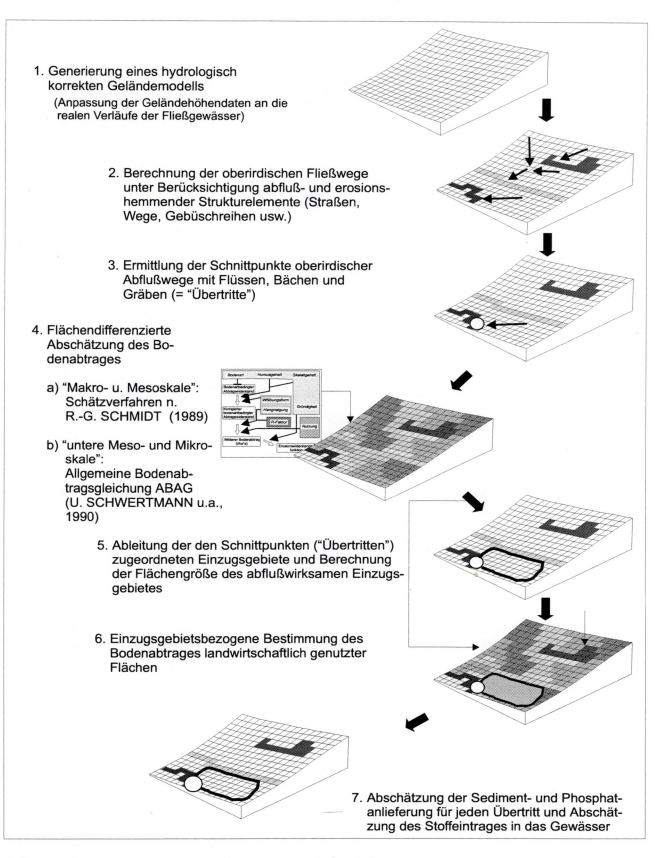

Abb. 12 Vorgehensweise bei der Bestimmung von Übertrittstellen und der Abschätzung von Sedimenteintragspotentialen mit GIS

erweist sich vor allem bei umfangreicheren raumbezogenen Analysen und Bewertungen wie den hier beschriebenen aufgrund einer gut handhabbaren Datenbankstruktur, der Möglichkeit des direkten geometrischen Zugriffes auf die Daten, einer vergleichsweise einfachen Datenverknüpfung und Berechnung von Nachbarschaftsbeziehungen als besonders effektiv (W. GÖPFERT, 1991). Für die Ermittlung von Übertrittstellen und die Abschätzung ihres Sedimenteintragspotentials für ein Teilgebiet des Innerste-Berglandes wurden die benötigten Flächendaten in ein 25×25-m Raster überführt, so daß jede der Basisdaten-Dateien aus 160.000 Rasterzellen besteht. Im einzelnen sind für die Berechnung des Sedimenteintragspotentials im kleinen und mittleren Maßstab folgende Daten bereitzustellen:

- Morphometrische Daten (Datengrundlage: DGM50 der niedersächsischen Landesvermessung): *Hangneigungen, vertikale und horizontale Wölbungen, Einzugsgebiete, Einzugsgebietsgrößen, Abflußrichtungen, linienhafte Abflußwege,*

- Gewässernetz (Datengrundlage: ATKIS DLM25/1 der niedersächsischen Landesvermessung, ergänzt um wasserführende Gräben),

- Bodendaten (Datengrundlage: Bodenübersichtskarte 50 (BÜK50) des Niedersächsischen Landesamtes für Bodenforschung): *Bodenart, Humusgehalt, Skelettgehalt, Lagerungsdichte,*

- Landnutzungsdaten (Datengrundlage: ATKIS DLM25/1 der niedersächsischen Landesvermessung; LANDSAT-TM-Szenen zur Berücksichtigung von aktuellen Landnutzungszuständen und ihren Veränderungen),

- Daten mit erosionsbeeinflussenden linien- und flächenhaften Raumstrukturelementen (Datengrundlage: ATKIS DLM25/1 der niedersächsischen Landesvermessung).

Die rechnergestützte Umsetzung des Verfahrens zur Abschätzung des Sedimenteintragsrisikos an Übertrittstellen des Feinbodentransportes in Oberflächengewässer unter Einsatz eines Geographischen Informationssystems (ARC/INFO) zeigt Abb. 12. Da die zur Abschätzung des Sedimenteintrages herangezogenen und nach dem Verfahren von R.-G. SCHMIDT (1988) ermittelten Bodenabtragswerte nicht als Absolutbeträge anzusehen sind, sondern lediglich Größenordnungen des Bodenabtrages darstellen, verstehen sich die in Karte 4 abgebildeten Risikoklassen des Sedimenteintrages als Relativstufen.

3.3.2.2 Potentielle Übertritte und Sedimenteintragsrisiken als Modellergebnisse

Die Ergebnisse der GIS-basierten Prognose potentieller Übertritte von Feinbodentransporten in Oberflächengewässer zeigt Karte 4. Aus Gründen der Übersichtlichkeit sind dort nur solche Übertritte dargestellt, für die Sedimenteinträge von mehr als 1 t/a und Einzugsgebietsgrößen von über 0,5 ha berechnet worden sind. Insgesamt konnten für den hier betrachteten 100 km² großen Gebietsausschnitt aus dem Leine-Innerste-Bergland 785 potentielle Sedimenteintragsstellen lokalisiert werden (Tab. 2). Vergleiche zwischen den modellgestützt vorhergesagten und den im Rah-

Übertritt oberirdischer Sedimenttransportpfade in:	Anzahl modellgestützt prognostizierter Übertritte	Mittlere Einzugsgebietsgröße der Übertritte (ha)	Mittlerer Bodenabtrag im Einzugsgebiet der Übertritte (t/ha×a)	Mittleres Sedimenteintragspotential der Übertritte (t/a)	Anteil am Gesamteintrag im Gebietsausschnitt (%)
Flüsse	177	4,9	23	49	39,4
Bäche	175	4,0	14	23	18,6
Gräben	433	3,5	11	21	42,0

Tab. 2   Sedimenteintragspotentiale an modellgestützt prognostizierten Übertritten des Feinbodentransportes in Flüsse, Bäche und Gräben in Einzugsgebieten von Lamme und Nette (Innerste-Bergland)

men von Erosionsschadenkartierungen im Raum Bodenburg, Bültum und Ilde erfaßten Übertritten ergaben zumindest für Eintragsbereiche mit hohem Sedimentanlieferungspotential gute Lageübereinstimmungen. Diese Eintragsstellen finden sich bevorzugt an den Endpunkten von in Gefällerichtung verlaufenden Hohlformen und an den Auslässen größerer oberirdischer Einzugsgebiete. Natürlich kann mit diesem Prognoseverfahren nur ein Teil aller real auftretenden Übertritte vorhergesagt werden, da zahlreiche kleinsträumig wirksame Einflußfaktoren des linienhaften Abfluß- und Abtragsgeschehens (z.B. gebündelter Wasserzufluß von Straßen und Wegen, künstlich geschaffene Entwässerungsfurchen, kleinflächige Wasseraustritte) auf dieser Maßstabsebene nicht erfaßbar sind.

Geht man davon aus, daß für Planungszwecke in der näheren Zukunft keine wesentlich differenziertere Datengrundlage als die hier verwendete zur Verfügung steht, stellt das beschriebene Verfahren eine praktikable Möglichkeit dar, um auf der Grundlage derzeit vorhandener digitaler Daten

- einen großräumigen Überblick über die Lage und räumliche Verteilung potentieller Sedimenteintragsstellen zu gewinnen,
- potentielle Sedimenteintragsbereiche und Übertrittstellen punkthaft zu lokalisieren und
- Übertrittsbereiche nach ihrem Sedimenteintragspotential zu unterscheiden.

Abb. 13 stellt die prozentualen Anteile der für verschiedene Gewässertypen modellbasiert abgeschätzten Eintragsmengen am Gesamtsedimenteintrag und die Sedimenteintragspotentiale an den Übertrittstellen dar. Im Vergleich mit Tab. 2 ergibt sich für den untersuchten Gebietsausschnitt folgendes Bild:

1. Die größte Anzahl potentieller Eintragsstellen läßt sich im Bereich der **wasserführenden Gräben** lokalisieren. Ursache hierfür ist ein dichtes Grabennetz in Arealen mit höheren Bodenabträgen. Obwohl die Übertritte durch vergleichsweise geringe Sedimenteintragspotentiale gekennzeichnet sind (Tab. 2), nehmen die Gräben wegen der hohen Zahl an Übertrittstellen

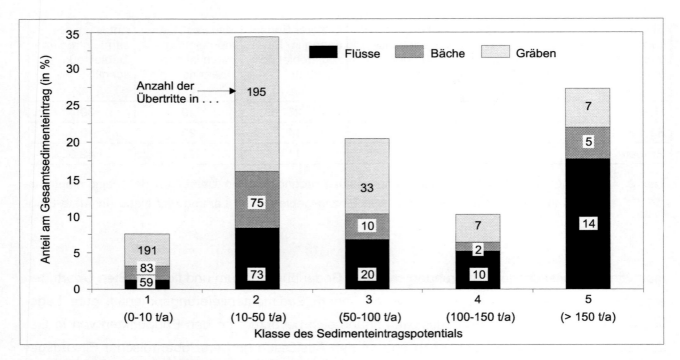

Abb. 13 Prognostizierte Sedimenteinträge an Übertrittstellen des Feinbodentransportes ins Gewässer für Teileinzugsgebiete von Lamme und Nette, differenziert nach Gewässertypen und dem Eintragspotential der Übertritte

42 % des für alle Gewässer im Gebiet ermittelten gesamten Sedimenteintrages auf. Hierbei entfallen ca. 18 % des Gesamteintrages auf Übertritte mit Eintragspotentialen von 10-50 t/a (Sedimenteintragsklasse 2) (vgl. Abb. 13).

2. Ca. 39 % des Gesamteintrages erfolgt über die an die **größeren Fließgewässer** des Gebietes (Lamme und Nette) angebundenen oberirdischen Abflußbahnen. Aufgrund der im Durchschnitt größeren abflußwirksamen Fläche und einer höheren Bodenabtragsmenge, besonders in den direkt an die Lamme angeschlossenen Einzugsgebieten, ergibt sich trotz einer verhältnismäßig kleinen Anzahl an Übertritten ein in der Größenordnung dem Sedimenteintrag in Gräben vergleichbarer Anteil am Gesamteintrag (Tab. 2). Allein 14 im Bereich der Flüsse gelegene Übertrittstellen mit Eintragspotentialen von mehr als 150 t/a (Sedimenteintragsklasse 5) nehmen dabei einen Anteil von fast einem Fünftel des für das Gesamtgebiet abgeschätzten Sedimenteintrages ein. Da diese Eintragsbereiche punkthaft lokalisiert werden können, lassen gezielte Ero-

---

Karte 4 Prognostizierte Übertrittstellen und Sedimenteintragspotentiale (Raum Bockenem - Bad Salzdetfurth) (oben) ⇨

Karte 5 Prognosekarte für potentielle Bodenerosions- und Sedimenteintragsrisiken (unten) ⇨

Die Karte faßt die Ergebnisse der Einzelbewertungen zusammen. Durch das Einbeziehen oberirdischer Fließwege, bei deren Bestimmung neben Relief-, Boden- und Nutzungseigenschaften auch lineare Raumstrukturelemente berücksichtigt wurden, erfolgt die Verknüpfung zwischen Abtragsflächen und potentiellen Eintragsorten an Gewässerrändern.

53

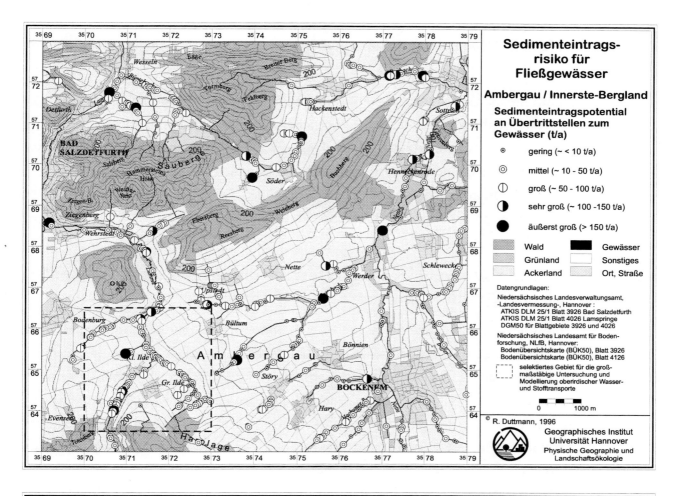

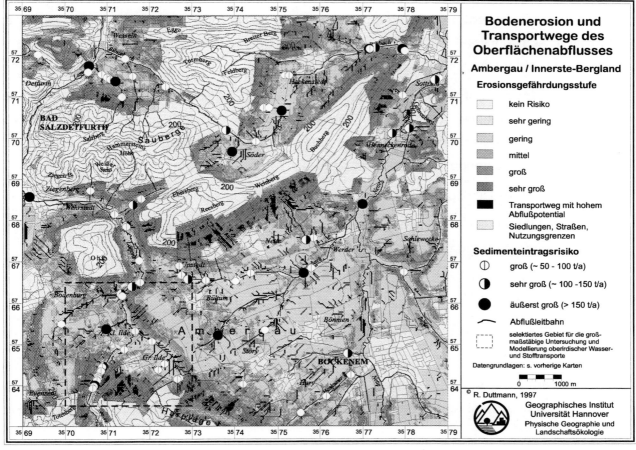

sionsbekämpfungsmaßnahmen hier eine erhebliche Reduzierung des Sedimenteintrages erwarten.

3. **Kleinere Bäche** nehmen etwa 19 % des für das Gebiet ermittelten Gesamteintrages auf. Dieser niedrige Wert erklärt sich aus den Besonderheiten des dargestellten Gebietsausschnittes. So zeichnet sich das Gewässernetz der Bäche durch große Fließlängen und durch eine höhere Dichte in Bereichen mit geringer oder sehr geringer Bodenabtragsneigung aus. Dies gilt für weite Teile des Ambergaubeckens im südlichen und südöstlichen Blattgebiet ebenso wie für die flacheren Talbereiche entlang dem Büntebach im Nordwesten.

3.4 Schritt 3: Die Auswahl des Gebietes für die großmaßstäbige Analyse oberirdischer Stofftransporte

Grundlage für die Auswahl von Gebieten, deren Bodenabtrags- und Stofftransportgeschehen auf der nächstfolgenden Maßstabsebene detaillierter zu untersuchen ist, bildet die aus der Kombination der zuvor dargestellten Einzelkarten hervorgehende „mittelmaßstäbige Prognosekarte des Bodenerosions- und Sedimenteintragsrisikos" (Karte 5). Diese stellt nicht nur die potentiell abtragsgefährdeten Flächen und Übertrittstellen dar. Durch den Einbezug oberirdischer Abflußleitbahnen gibt sie auch die räumlichen Verknüpfungen zwischen Flächen mit höherer Abtragsgefährdung (Liefergebiete) und potentiellen Übertrittstellen zum Gewässer wieder. Auf diese Weise ist eine an Wirkungsketten orientierte Betrachtung des oberirdischen Stofftransportgeschehens auf kleinerer Maßstabsebene ebenso möglich wie die an räumlichen Prozeßzusammenhängen ausgerichtete Auswahl von Flächen, für die sowohl aus Sicht des Boden- als auch des Gewässerschutzes vorrangiger Handlungsbedarf besteht.

Anhand der in Karte 4 dargestellten Prognoseergebnisse erfolgte auch die Vorauswahl des Gebietes, in dem in der Folgezeit die von der Abteilung Physische Geographie und Landschaftsökologie durchgeführten Forschungsarbeiten zum partikulären Stofftransport stattfanden. Bei der Gebietsauswahl waren folgende Vorgaben zu berücksichtigen:

- hohe potentielle Erosionsgefährdung auf mehr als $^1/_3$ der Fläche eines Teileinzugsgebietes,

- ein großer Flächenanteil direkt an Fließgewässer angebundener Ackerflächen mit hoher potentieller Erosionsgefährdung,

- das Auftreten von Eintragsstellen mit hohem Sedimenteintragspotential im Bereich von Flüssen und Bächen und

- eine hohe Fluß- bzw. Gewässernetzdichte, die als Hinweis auf eine erhöhte Abflußbereitschaft gedeutet werden kann (B. WOHLRAB u.a., 1992).

Während höhere Erosionsgefährdungen auch für andere Gebietsausschnitte prognostiziert wurden (z.B. nördlich Upstedt und Nette, westlich Sottrum), tritt eine größere Anzahl möglicher Eintragsstellen mit hohem Sedimentanlieferungspotential vor allem entlang dem südlichen Lammeabschnitt im Raum Ilde auf. Ebenso sind hier Flächen mit hoher Bodenabtragsgefährdung eng mit einem dichten Graben- und Gewässernetz verzahnt, so daß das Gebiet Ilde am besten den zuvor definierten Auswahlkriterien entsprach.

4 Das Auswahlgebiet für die Quantifizierung von Wasser- und Stofftransporten im großen Maßstabsbereich - Strukturelle Rahmenbedingungen

4.1 Geologische Verhältnisse und Reliefbedingungen

Das Untersuchungsgebiet für die großmaßstäbige Analyse des Wasser- und Stofftransportgeschehens liegt im Ilder Becken, das den westlichen Teil des Ambergaus bildet (Photo 1 und 2). Es wird von den Ausläufern des Hildesheimer Waldes (Ohe und Reesberg) im Norden und der Harplage im Süden begrenzt. Nach Osten hin ist das Ilder Becken durch eine flache, östlich der Lamme verlaufende Geländeschwelle vom eigentlichen Ambergau-Becken getrennt (W. EVERS, 1964). Als Firstbildner der das Untersuchungsgebiet umrahmenden Schichtkämme treten Gesteine des Oberen Muschelkalks (Trochiten- und Ceratitenkalk) auf. Diese stehen in den Kuppen- und Steilhanglagen von Harplage, Ohe, Reesberg und Totenberg oberflächennah an.

Den Untergrund des als tektonische Senke angelegten Ambergau-Beckens bilden Gesteine des Unteren und Mittleren Keuper. Tertiäre Gesteine finden sich lediglich an der westlichen Begrenzung des Untersuchungsraumes, wo sie den zwischen Evensen und Bodenburg verlaufenden Rücken aufbauen. Der Festgesteinsuntergrund der Beckenbereiche und der daran anschließenden Erhebungen wird nahezu geschlossen von kaltzeitlichen Lockermaterialien überlagert. In der

Photo 1   Blick über das Untersuchungsgebiet „Ilde"
Die Aufnahme zeigt den östlichen Teil des Untersuchungsgebietes. In der Bildmitte befindet sich das intensiv landwirtschaftlich genutzte Ilder Becken mit den Ortschaften Klein Ilde und Groß Ilde.

Photo 2   Der Südwestteil des Untersuchungsgebietes

Kennzeichnend für den südwestlichen Gebietsausschnitt sind an das Lammetal angrenzende steile Hänge mit Neigungswinkeln von mehr als 7°. Unter ackerbaulicher Nutzung zählen diese Hänge zu den am stärksten durch Bodenerosion gefährdeten Flächen im Untersuchungsgebiet. (Blickrichtung WNW auf den Schieferkamp)

Elster- und Saaleeiszeit waren der Ambergau und die umliegenden Höhenzüge nahezu vollständig vom Inlandeis bedeckt. Infolge intensiver Abtragungsvorgänge in den Warmzeiten finden sich heute Reste der ehemals zusammenhängenden Grundmoräne inselhaft über die gesamte Fläche des untersuchten Gebietes verteilt. Die Grundmoränenreste werden ebenso wie die tertiären und triassischen Gesteine von einer weichselzeitlichen Lößdecke überzogen. Diese weist im Durchschnitt eine Mächtigkeit von mehr als einem bis drei Meter auf. An den leewärts gerichteten Hängen des Ilder und des Ambergau-Beckens können stellenweise Lößmächtigkeiten von bis zu 6 m erreicht werden (s. M. KLAUBE, 1984). Holozäne Ablagerungen in Form von Auelehmen finden sich im Auenbereich der Lamme und in den Talungen der kleineren Bachläufe.

4.2   Hangneigung und Hanglängen

Fast ein Viertel der Fläche des Untersuchungsgebietes weist Hangneigungen von mehr als 5° auf, wobei die zur Lamme hin gerichteten Hänge von Harplage und Totenberg mit bis zu 26° das größte Gefälle besitzen (Karte 6). Ackerbauliche Nutzung findet bei Hangneigungen von 10° ihre Begrenzung. So weisen nur etwa 0,5 % der Ackerfläche ein Gefälle von 10-15° auf (vgl. Abb. 14). Eine Übersicht über die Hanglängenverhältnisse der Ackerschläge im Gebiet gibt Abb. 14. Da-

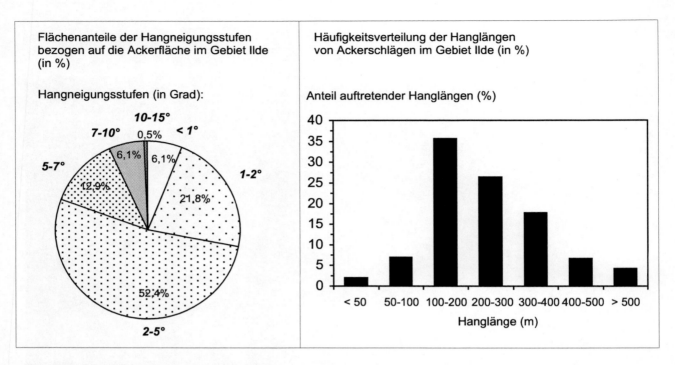

Abb. 14 Kennzeichnung der Hangneigungs- und Hanglängenverhältnisse der Ackerfläche im Untersuchungsgebiet

nach besitzen ca. 55 % der ackerbaulich genutzten Schläge Hanglängen von mehr als 200 m. Die größten Hanglängen treten mit 600 bis 900 m im zentralen Teil des Ilder Beckens auf. In den Parzellen an stärker geneigten Hängen dominieren dagegen Hanglängen von 150 bis 300 m.

4.3 Substrate und Böden

Die flächenhafte Verteilung von Böden und Substraten im Untersuchungsgebiet zeigt Karte 7. In Abhängigkeit von ihrer Genese, der Mächtigkeit der Deckschicht und der vertikalen Differenzierung lassen sich die folgenden für das Untersuchungsgebiet charakteristischen Substrattypen unterscheiden:

Karte 6 Hangneigungsverhältnisse im Raum Ilde (oben) ⇨

Kennzeichnend für das Untersuchungsgebiet sind gering bis schwach geneigte Flächen im zentralen Teil des Ilder Beckens. Bereiche mit stärkerer Hangneigung finden sich im Südwesten (zwischen Harplage und Totenberg) und im Norden des Lammetales sowie an der nördlichen Abdachung der Harplage.

Karte 7 Boden- und Substrattypen im Raum Ilde (unten) ⇨

Die zentralen Bereiche des Ilder Beckens werden von mächtigen Lößablagerungen bedeckt. Auf ihnen sind tiefgründige Braunerden und Parabraunerden entwickelt. Flachgründige Braunerden und Rendzinen sind kennzeichnend für die steileren Hanglagen im südlichen Blattgebiet.

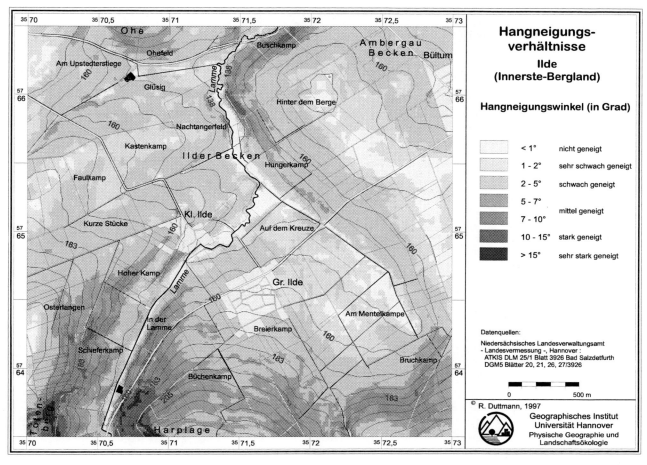

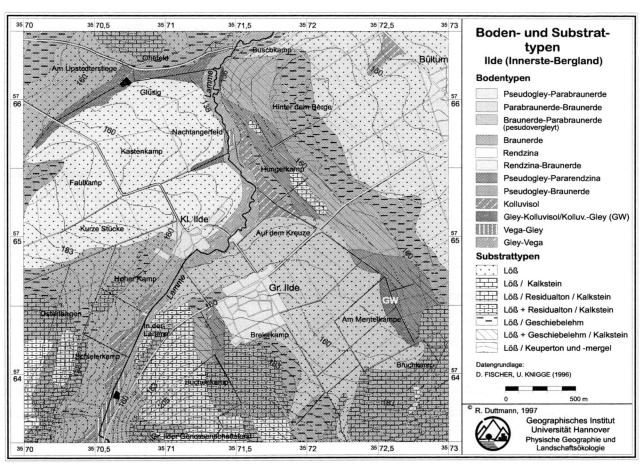

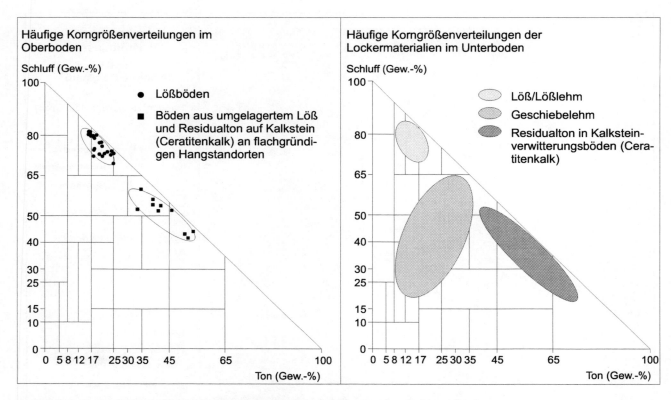

Abb. 15 Körnungsspektrum häufig auftretender Substrate im Raum Ilde

Lößlehm

Einschichtige Lößlehmprofile mit Mächtigkeiten von mehr als zwei Metern sind kennzeichnend für die zentralen Beckenbereiche nordwestlich und südöstlich der Ilder Ortschaften. Gleiches gilt auch für die im Nordwesten der Lamme zwischen dem Totenberg und Klein Ilde verlaufenden Hangabschnitte. Bodentypologisch treten auf den meist tiefgründig entkalkten Lößstandorten neben pseudovergleyten Parabraunerden alle Übergangsformen zwischen Parabraunerden und Braunerden auf. Hinsichtlich ihrer Textur zeichnen sich diese Löß(lehm)böden sowohl in der Tiefendifferenzierung als auch im Vergleich untereinander durch eine vergleichsweise geringe Heterogenität aus (Abb. 15). Als Bodenarten dominieren hier mittel bis stark tonige Schluffe mit Tongehalten von 15 bis 25 Gew.-% und einem Schluffanteil zwischen 70 und 80 Gew.-%.

Lößlehm über Kalkstein und Kalksteinverwitterungsprodukten

Mit abnehmenden Lößlehmmächtigkeiten treten auf den aus Ceratitenkalken aufgebauten Rücken, Kuppen- und Oberhangbereichen der anstehende Ceratitenkalk und die aus der Kalksteinverwitterung hervorgehenden Residualtone näher an die Oberfläche heran (z.B. nordöstlicher Ausläufer des Totenberges, Nordhang der Harplage). Die Mächtigkeit der Lößlehmauflage variiert zwischen 25 und 85 cm. Infolge von Umlagerungsprozessen, bei denen oftmals eine Vermengung mit den im Untergrund befindlichen tonigen Lösungsrückständen der Kalksteinverwitterung stattgefunden hat, zeichnen sich die Oberböden dieser Standorte im Vergleich mit denen der Beckenbereiche durch höhere Tonanteile aus. Charakteristische Bodenarten des Oberbodens sind stark tonige Schluffe und schluffige Tone (Ut4-Tu3). Der Tongehalt der Residualtone liegt zwischen 40 und 70 Gew.-% (s. Abb. 15). In Verbindung mit einer flachen Lößdecke führen die gering wasserdurchlässigen Tonlagen bei einer entsprechenden Mächtigkeit (10-50 cm) zur Ausbildung von Stauwassermerkmalen, die bis in den Oberboden hineinreichen können. Dementsprechend treten unter diesen Bedingungen neben Pseudogley-Braunerden, pseudovergleyte Rendzina-Braunerden und Braunerde-Rendzinen auf. Bei mächtigerer Lößüberdeckung entstanden Braunerden, deren Unterböden in der Regel schwach pseudovergleyt sind.

Umgelagerter Lößlehm und Residualton über Kalkstein

Im Bereich der steileren Hanglagen südlich von Groß Ilde sind flach- bis mittelgründige Braunerden mit Solummächtigkeiten von 2 bis 7 cm, Rendzina-Braunerden und Rendzinen miteinander vergesellschaftet (z.B. südlich von Groß Ilde). Bedingt durch intensive Abtragungs- und Umlagerungsprozesse, die zur Durchmischung von weichselzeitlichem Löß mit dem Residualton des Ceratitenkalks führten, zeichnen sich ihre Oberböden durch hohe Tonanteile aus. Diese liegen mit 30 bis 50 Gew.-% deutlich über den Gehalten, die zuvor für die anderen Substrattypen beschrieben worden sind (s. Abb. 15). Als typische Bodenarten treten im Oberboden mittel bis schwach schluffiger Ton und toniger Lehm auf.

Lößlehm über Geschiebelehm

Die geogenetische Abfolge Lößlehm über Geschiebelehm erreicht entlang der Geländeschwelle zwischen dem Ilder Becken und dem eigentlichen Ambergaubecken größere flächenhafte Bedeutung. Kleinere Restvorkommen der Grundmoräne finden sich unregelmäßig über das gesamte Gebiet zerstreut. Das Grundmoränenmaterial zeichnet sich durch ein breites Körnungsspektrum aus. Dieses reicht von sandigen und tonigen Lehmen bis hin zu schluffigen Tonen (Abb. 15). In Abhängigkeit von der Zusammensetzung des Geschiebelehms, seiner Lagerungsdichte und der Mächtigkeit der darüberliegenden Lößdecke finden sich auf diesem Substrattyp vor allem Braunerden und Pseudogley-Braunerden. Nicht selten fehlt eine scharfe Trennung zwischen der Lößauflage und den darunter befindlichen Geschiebelehmen. So tritt insbesondere an den steileren Hangabschnitten entlang der Geländeschwelle östlich der Lamme Grundmoränenmaterial mit der ehemaligen Lößdecke vermischt an der Bodenoberfläche zutage.

Lößlehm über Ton- und Mergelsteinen des Unteren Keuper

In örtlich eng begrenzten Bereichen am Westhang des zwischen dem Ambergau- und Ilder Becken verlaufenden Rückens treten tonig-mergelige Gesteine des Unteren Keupers im oberflächennahen Untergrund auf. Sie werden von 40 bis 70 cm mächtigem Lößlehm (Ut3) überlagert.

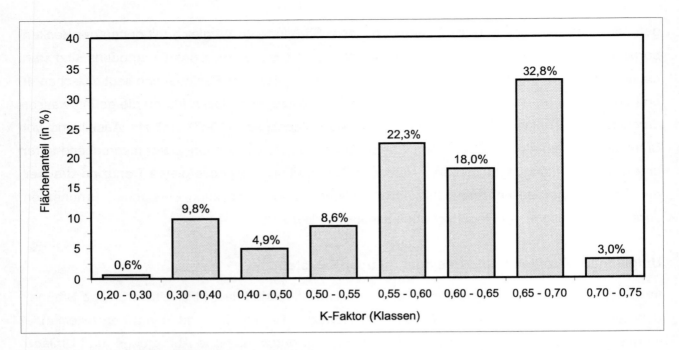

Abb. 16 Flächenanteile der K-Faktoren ackerbaulich genutzter Böden im Untersuchungsgebiet Ilde

Vorherrschende Bodenarten im Unterboden sind tonige Lehme und mittel bis schwach schluffige Tone. Hervorgerufen durch die geringe Wasserleitfähigkeit der tonreichen Keuper-Verwitterungsprodukte (Tongehalt > 42 Gew.-%), weisen die auf diesem Substrattyp entstandenen Böden ausgeprägte Staunässemerkmale auf. Als Bodentypen treten hier Pseudogley-Braunerden und in geringem Umfange Braunerde-Pseudogleye auf.

Auenablagerungen

Kennzeichnend für die Lammeniederung sind mächtige Auenablagerungen. Hierbei handelt es sich um schwach bis mittel tonige Schluffe, deren Korngrößenzusammensetzung derjenigen des im Einzugsgebiet der Lamme auftretenden Lösses ähnelt. Als typische Böden sind je nach Grundwassereinfluß Vega-Gleye und Gley-Vegas ausgebildet, die Bodenzahlen bis zu 85 Punkten aufweisen. Fluviatile Ablagerungen unterschiedlicher Mächtigkeit finden sich auch in den Talbereichen ehemaliger Bachläufe. Im Unterschied zu den oben genannten Auenböden unterliegen die hier ausgebildeten Böden keiner Auendynamik. Ebenso wie bei den in Senken- und Hangfußbereichen fluviatil abgelagerten Sedimenten (Ut3-Ut4) sind hier Kolluvisole ausgebildet, die bei tieferer Geländelage in Gley-Kolluvisole und in Kolluvisol-Gleye übergehen.

4.4 Die Erosionsanfälligkeit der Böden

Als Maß für die Erosionsanfälligkeit der Böden wurde der nach U. SCHWERTMANN u.a. (1990) ermittelte K-Faktor verwendet. Einen Überblick über das Spektrum der für das Untersuchungsgebiet berechneten Bodenerodierbarkeitsfaktoren und ihre Flächenanteile gibt Abb. 16. Danach weisen etwa 75 % der Fläche K-Faktoren von 0,5 bis 0,7 auf. Diese Werte liegen deutlich über den von Th. MOSIMANN & M. RÜTTIMANN (1996) für das Lößhügelland Niedersachsens angegebenen K-Faktorwerten. Sie lassen sich auf den hohen Schluffanteil im Oberboden zurückführen. Mit Schluffanteilen von 70 Gew.-% und mehr werden die Gültigkeitsgrenzen der Gleichung zur Berechnung des K-Faktors erreicht. Besonders auf Standorten mit Schluffgehalten von mehr als 70 Gew.-%, die durchweg K-Faktoren von mehr als 0,75 aufweisen, ist von einer Überschätzung der Bodenerodierbarkeit auszugehen. Böden mit höheren Tonanteilen (z.B. Böden auf tonig verwitterndem Muschelkalk und umgelagerte Schluffböden mit Residualton-Beimischungen) liegen in einem K-Faktorbereich zwischen 0,3 und 0,5. Bei Steinbedeckung ergab sich für die flachgründigen tonreicheren Böden auf Muschelkalk ein K-Faktor von 0,23.

4.5 Landnutzung und Bewirtschaftung

Kennzeichend für den Ilder Raum ist seine intensive agrarische Nutzung. Etwa 80 % der Gebietsfläche werden als Ackerland genutzt (s. Abb. 17). Grünland findet sich vereinzelt in schmalen Streifen entlang der Lamme sowie in größerem Umfang auf den stärker geneigten Hang- und den flachgründigen Kuppenstandorten im Bereich des Totenberges und am Nordhang der Harplage. Diese Grenzertragsstandorte bilden auch die bevorzugten Standorte für Grün- und Dauerbrachen. Insgesamt beträgt der Flächenanteil von Grünland, Grünbrachen und Dauerbrachen etwa 10 %. Geschlossene Waldareale sind auf die steileren Hangbereiche und auf die Kammlagen von Harplage, Totenberg und Ohe beschränkt. Hierbei handelt es sich zumeist um Kalk-Buchenwälder.

Von der ackerbaulich genutzten Fläche entfallen ca. 60 % auf den Getreideanbau und ca. 25 % auf den Anbau von Zuckerrüben. Als typische Fruchtfolgen treten

– Winterweizen - Winterweizen-Folgen,

– Winterweizen - Winterweizen - Zuckerrüben-,

– Winterweizen - Wintergerste - Zuckerrüben- und

– Winterweizen - Winterweizen - Wintergerste - Zuckerrüben-Rotationen

auf, in die z.T. eine Gründüngungsphase (Klee, Erbsen) eingebettet ist. Da Viehwirtschaft in diesem Gebiet eine unbedeutende Rolle spielt, ist der Anbau von Mais auf eine Fläche von 1-2 % beschränkt. Von ebenfalls geringer Bedeutung sind auch Kulturarten wie Hafer, Roggen und Kartoffeln. Die Bodenbearbeitung erfolgt überwiegend konventionell. Mittlerweile kommen allerdings Verfahren der konservierenden Bodenbearbeitung vermehrt zur Anwendung. Ein Beispiel hierfür ist die Direktsaat von Zuckerrüben in abgefrorene Senf- oder Phazelia-Zwischenfrucht.

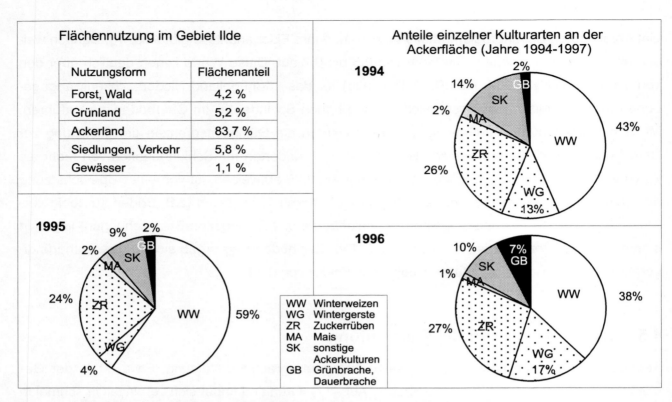

Abb. 17 Statistische Angaben zur Flächennutzung und Landbewirtschaftung im Raum Ilde

4.6 Klimatische Bedingungen und Erosivität der Niederschläge

Von der mittleren jährlichen Niederschlagsmenge (ca. 700 mm) entfallen etwa 60-65 % auf die von April bis Oktober dauernde Vegetationsperiode. Monate mit den höchsten Niederschlagsmengen sind die Sommermonate von Juni bis August (Abb. 18). Die Jahresmitteltemperatur liegt im Beckeninneren zwischen 8 °C bis 9 °C, während die Höhenlagen eine um etwa 1 °C tiefere Durchschnittstemperatur aufweisen.

Die Erosivität der Niederschläge läßt sich durch den R-Faktor (Niederschlagsfaktor) ausdrücken (s. dazu U. SCHWERTMANN, 1990). Nach P. SAUERBORN (1994) sind für das hier untersuchte Gebiet langjährige mittlere R-Faktorwerte um 45 N/h kennzeichnend.

In den Jahren 1995 und 1996 traten jeweils fünfzehn bzw. vierzehn, von Januar bis Juni 1997 sieben erosive Niederschlagsereignisse auf. Dies entspricht in etwa der Zahl, die sich mit der bei K. AUERSWALD (1993) beschriebenen – für Bayern ermittelten – Formel bestimmen läßt:

$$Z = 0,8 + 0,0197 \times N$$

$Z =$ langjähriges Mittel der Zahl der erosiven Niederschläge pro Jahr
$N =$ 30jähriges Mittel der jährlichen Niederschlagsmenge (mm)
(nach H. ROGLER, 1981, zit. in K. AUERSWALD, 1996)

Als erosive Niederschläge werden nach U. SCHWERTMANN u.a. (1990) solche Regenereignisse aufgefaßt, die eine Ergiebigkeit von wenigstens 10 mm besitzen oder bei geringerer Menge eine

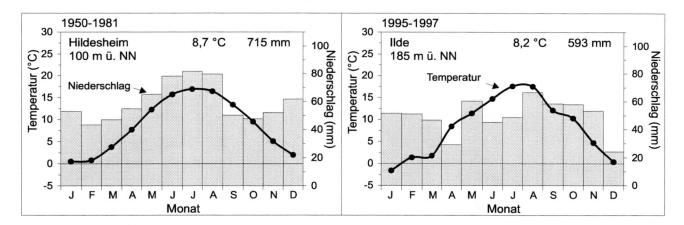

Abb. 18 Langjährige monatliche Mittelwerte von Lufttemperatur und Niederschlag an der DWD-Station Hildesheim (1951-1980) im Vergleich mit den Monatsmittelwerten der Klimameßstation Ilde für den Zeitraum von 1995 bis 1997

Datengrundlage: G. MÜLLER-WESTERMEIER (1990);
Geographisches Institut d. Universität Hannover: Meßdaten der Klimastation Klein Ilde

maximale 30-Minuten-Intensität (I_{30}-Intensität) von mehr als 10 mm/h aufweisen. Die höchsten bei Einzelereignissen gemessenen Niederschlagsmengen betrugen 34,5 mm (20.9.1995), 35,4 mm (16.10.1996) und 36,5 mm (17.5.1997). Mit Ausnahme des Extremereignisses vom 17.5.1997 (max. I_{30}-Intensität > 40 mm/h) wiesen die meisten anderen Niederschläge mit höherer Ergiebigkeit und längerer Dauer nur geringe maximale I_{30}-Intensitäten (∅ 5-6 mm/h) auf. Die höchsten 30-Minuten-Intensitäten wurden bei relativ kurzen Starkregengüssen (Dauer: 15 bis 60 min) beobachtet, die bis zu 15 mm Niederschlag brachten. Für diese Niederschlagsereignisse wurden maximale I_{30}-Werte von 15,4 mm/h (21.5.1996) bis 30,2 mm/h (19.8.1995) ermittelt.

4.7 Das konkrete Erosionsgeschehen im Gebiet Ilde: Ergebnisse der Erosionsschadenkartierungen 1995-1997

Niederschlagsmenge, -intensität und jahreszeitliche Verteilung zeigten während der dreijährigen Untersuchungsperiode starke Abweichungen vom langjährigen Mittelwert. So blieben die für die Monate Mai und Juni typischen Erosivniederschläge (3-5 Termine) in den Jahren 1995 und 1996 aus. Sichtbare Bodenerosionsschäden waren in beiden Jahren auf die Monate Februar bis Ende April beschränkt.

Ein extremes Abtragsereignis wurde Ende Februar 1996 durch rasches Abtauen einer bis zu 60 cm mächtigen Schneedecke und durch oberflächliches Auftauen des tiefgründig gefrorenen Bodens hervorgerufen. Für einzelne besonders erosionsanfällige Schläge wurden bei diesem Winterereignis Bodenabträge bis zu 60 t/ha bestimmt. Allein auf dieses Ereignis entfielen mehr als 90 % des 1996 im Raum Ilde beobachteten Bodenabtrages. Abweichend vom Schadensbild des Vorjahres, bei dem flächenhafte Abspülungen dominierten (s. Karte 8, Tab. 3), überwogen 1996 lini-

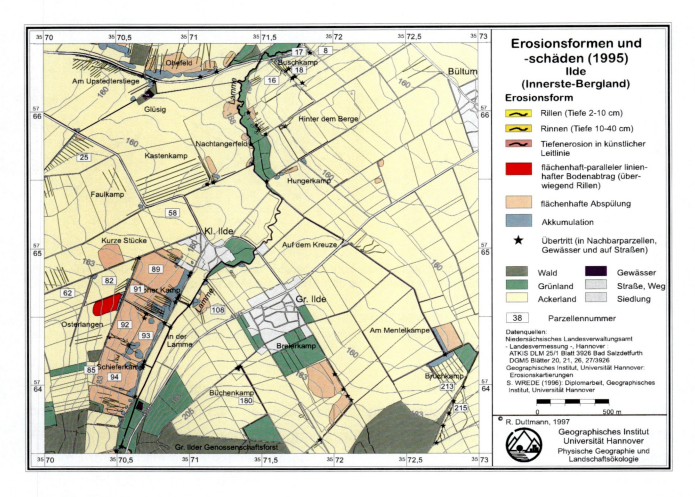
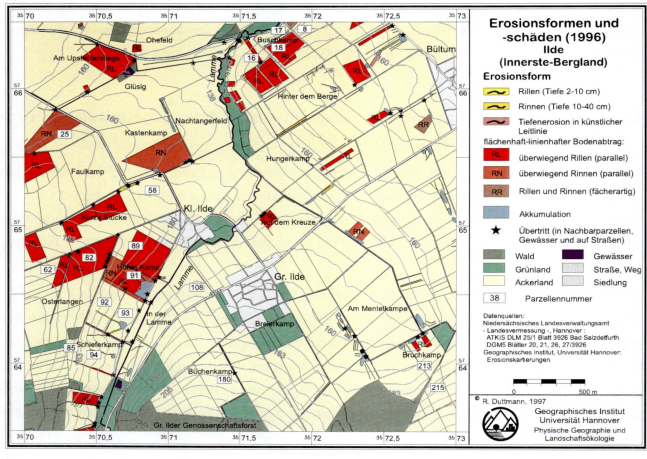

enhafte und flächenhaft-linienhafte Erosionsformen (Karte 9, Tab. 3). Das Auftreten flächenhaft-linearer Erosion mit parallelen Rillen (Tiefe 2-10 cm) war dabei in den meisten Fällen an die in Gefällerichtung verlaufenden Bearbeitungsspuren gebunden. Demgegenüber traten aus Rinnen (Tiefe 10-40 cm) bestehende, flächenhaft-lineare Formen in der Regel auf Parzellen mit größeren Fahrspurtiefen und in den verdichteten Vorgewenden auf. Lineare Einzelformen (Rillen, Rinnen) folgten den Verläufen von Ackerrand-, Anhaupt- und Entwässerungsfurchen sowie reliefbedingten Leitbahnen des oberirdischen Abflusses.

Die Schadenssitutation des Winterereignisses 1996 läßt sich wie folgt kennzeichnen:

- Mehr als 90 % des gesamten Bodenabtrages entfielen auf linienhafte und flächenhaft-linienhafte Bodenerosion (Rillen und Rinnen). Flächenhafte Abspülungen waren nur von untergeordneter Bedeutung (s. Tab. 3).

- Besonders stark durch linearen und flächenhaft-linienhaften Bodenabtrag geschädigt waren:
  - in Gefällerichtung konventionell bearbeitete Wintergetreideschläge und winterbrache Schläge mit Hangneigungen von mehr als 4°,
  - südwest- bis südostexponierte Schläge. Die mit der starken Erwärmung verbundenen Schneeschmelz- und Auftauvorgänge führten zu intensivem Oberflächenabfluß. Das auf dem oberflächlich aufgetauten und wassergesättigten Boden abfließende Wasser konzentrierte sich in hangabwärts verlaufenden Bearbeitungsspuren und in reliefbedingten Leitbahnen (Tiefenlinien).

- Keine oder nur geringe Erosionsschäden wiesen im Regelfall die quer zum Gefälle und konservierend bearbeiteten Schläge auf. Auch querbearbeitete Ackerflächen mit Pflugfurche zeichneten sich durch ein deutlich geringeres Schadensausmaß aus (s. Parzellen 92, 93, 94: Querbearbeitung; Parzellen 89, 91: Bearbeitung in Gefällerichtung). Die Erosionsrinne in der Parzelle 94 verläuft in einer Geländemulde. Die Entstehung dieser Erosionsform ist auf gebündelten Fremdwasserzufluß von dem am oberen Parzellenrand verlaufenden Weg zurückzuführen. Sie trat in unterschiedlicher Ausdehnung in allen Beobachtungsjahren auf.

Die im Jahr 1997 erfaßten Erosionsschäden gehen auf zwei Ereignisse zurück. Beim ersten Ereignis im Februar führten mehrere, auf den nur oberflächlich auftauenden Boden fallende Dauer-

---

⇐ Karte 8   Erosionsformen und -schäden im Jahr 1995

Die Karte gibt alle im Jahr 1995 im Raum Ilde aufgetretenen Erosionsschäden wieder. Als dominierende Erosionsformen traten flächenhafte Verspülungen und Abspülungen auf. Das größte Schadensausmaß war bereits im April erreicht.

⇐ Karte 9   Erosionsformen und -schäden im Jahr 1996

Das Ausmaß der Erosionsschäden im Jahr 1996 wurde wesentlich durch ein Schneeschmelzereignis im Februar 1996 bestimmt. Vorherrschend waren Bodenabträge durch flächenhaft-lineare und linienhafte Bodenerosion.

Jahr	geschädigte Fläche		Flächenanteile der Erosionsformen an der Gesamtschadensfläche (in %)							
	Fläche (ha)	Flächenanteil an der Ackerfläche (in %)	flächenhaft	linienhaft			flächenhaft-linienhaft			Akkumulation
			Verspülung, Abspülung	Rillen	Rinnen	Gräben	überw. Rillen	überw. Rinnen	Rillen u. Rinnen	
1995	201	27	82	1	3	-	-	1	-	13
1996	72	10	8	2	3	1	58	22	1	5

Tab. 3   Flächenanteile der Erosionsformen an der Gesamtschadensfläche in den Jahren 1995 und 1996

niederschläge mit geringer Intensität zur Ausbildung linienhafter und flächenhaft-linienhafter Bodenerosionsformen in Fahr- und Bearbeitungsspuren. Die entstandenen Schäden betrafen ausnahmslos Wintergetreideflächen. Für die am stärksten geschädigten Parzellen wurden Bodenabträge von 4 t/ha (Parzelle 17) bis etwa 10 t/ha (Parzelle 17/18) bestimmt.

Das zweite, im Mai 1997 beobachtete, Erosionsereignis zeigte hinsichtlich des Schadensausmaßes und des Auftretens der Schäden ein vollkommen anderes Bild. Bei diesem Extremereignis fielen innerhalb von zwei Stunden mehr als 35 mm Niederschlag mit einer Regenintensität bis zu 15 mm in 10 Minuten. Im Unterschied zu den Getreideflächen wiesen die Zuckerrüben- und Maisparzellen zu diesem Zeitpunkt noch eine geringe Bodenbedeckung zwischen 10 und 15 % auf, was sich entscheidend auf Ausmaß und Verteilung der Erosionsschäden auswirkte. Infolge der geringen Bodenabschirmung waren ausschließlich Zuckerrüben- und Maisschläge von Erosionsschäden betroffen. Erstaunlicherweise zeigten auch die im Mulchsaatverfahren (Strohmulch) bearbeiteten Zuckerrübenschläge mit Bodenbedeckungsgraden von max. 15 bis 20 % im Vergleich mit den konventionell bearbeiteten kein deutlich günstigeres Schadensbild. Infolge der hohen Intensität des Oberflächenabflusses wurde die Strohmulchdecke bereits in der ersten Phase des Niederschlagsereignisses zu großen Teilen abgeschwemmt (1. Stunde: 17,5 mm Niederschlag), so daß ein wirksamer Schutz in der Folgezeit (2. Stunde: 15,4 mm Niederschlag, 3. und 4. Stunde: 3,4 mm Niederschlag) nicht mehr gegeben war. Im Unterschied dazu erwies sich die Direktsaat von Zuckerrüben in Phazelia oder in Gelbsenf als äußerst effektiv. Bei Bodenbedeckungsgraden zwischen 30 und 40 % durch die abgestorbenen Phazelia- oder Gelbsenfreste traten keine nennenswerten Erosionsschäden auf. Einzelne kleinere Rillen konnten in der Regel nur in den Fahrspuren der Vorgewende festgestellt werden. In den Getreideflächen beobachtete Schäden resultierten fast ausschließlich aus "off-site"-Effekten benachbarter Parzellen und aus dem gebündelten Wasserzufluß von angrenzenden Straßen und Wegen. Das Schadensbild zeichnete sich durch einzelne lineare Abtragsformen, hauptsächlich aber durch flächenhaft-lineare Erosionsformen aus. Talwegeerosion ließ sich vor allem in Zuckerrübenschlägen mit muldenförmigen Geländeeinschnitten beobachten (Photo 3).

Aus diesen Schilderungen wird deutlich, daß sowohl das Auftreten als auch das quantitative Ausmaß der Erosionsschäden einer starken zeitlichen und räumlichen Variabilität unterliegt (s. V.

Parzelle	Fruchtfolge 1995-1997	ermittelter Bodenabtrag auf Grundlage der Erosionsschadenkartierungen t/(ha×a)				berechneter Bodenabtrag n. ABAG (t/ha×a)
		1995	1996	1997	⌀ 95-97	
8	WW-WG-ZR	0,3	13,3	18,1	10,6	13,9
18	ZR-WW-WG	1,8	58,9	10,4	23,7	23,4
25	ZR-WW-WW	0,2	24,0	4,3	9,5	7,7
58	WW-ZR-WW	-	0,7	0,5	0,4	5,6
62	WG-(ZR,WW,SW,WR)-WW	-	19,2	2,5	7,2	6,5
82	WG-WW-ZR	2,5	13,4	7,1	7,7	5,3
89	WW-WW-ZR	0,4	8,2	29,1	12,6	8,5
91	ZR-SW-WW	2,3	17,4	4,2	8,0	14,7
92	WW-WG-WG	0,4	1,1	-	0,5	5,8
93	WW-WG-ZR	16,0	0,9	1,6	6,2	5,4
94	WW-WG-WR	-	1,9	2,4	1,4	13,5
108	WW-WW-ZR	0,7	-	20,4	7,0	6,0
213	ZR-WW-SW	1,5	1,1	-	0,9	13,1
215	WW-ZR-WW	27,4	-	-	9,1	18,6

Tab. 4 Vergleich der jährlichen Bodenabtragsmengen (1995-1997) ausgewählter Ackerschläge

Die für die Jahre 1995 dargestellten Bodenabtragsmengen basieren auf den Ergebnissen ereignisbezogen durchgeführter Erosionsschadenkartierungen. Die Abschätzung des Bodenabtrages erfolgte nach den bei W. ROHR u.a. (1990) beschriebenen Verfahren.

PRASUHN, 1991). Schadensausmaß und -form werden neben dem Bodenbedeckungsgrad und Bearbeitungszustand wesentlich vom Feuchtezustand des Bodens beeinflußt. Hinzu kommen die Wirkungen von Fremdwasserzuflüssen, Hangvernässungen und Hangwasseraustritten. Je nach der Art, dem Zeitpunkt des Auftretens und der Häufigkeit erosiver Ereignisse zeigten sich in den einzelnen Jahren auf gleichen Schlägen unterschiedliche Schadensbilder und -formen (Karte 8 und Karte 9). So führte eine Reihe von Niederschlägen, die bei insgesamt geringer Ergiebigkeit regenabschnittsweise eine hohe kinetische Energie erreichten, in den Winter- und Frühjahrsmonaten 1995 zunächst zur Verschlämmung der Bodenoberfläche ("splash erosion") und später zu flächenhaften Bodenverspülungen. Demgegenüber dominierte sowohl bei den Winterereignissen der Jahre 1996 und 1997 als auch bei dem Extremereignis im Mai 1997 der linienhafte bzw. flächenhaft-linienhafte Bodenabtrag in Rillen und Rinnen.

In Tab. 4 sind die auf der Grundlage der Erosionskartierungen ermittelten jährlichen Bodenabtragsraten für ausgewählte Parzellen zusammengestellt. Daraus lassen sich für die dreijährige Untersuchungsperiode folgende Ergebnisse ableiten:

- Die Bodenabtragsmengen einzelner Schläge variieren in weiten Grenzen. Sie weisen sowohl innerhalb eines Jahres als auch im mehrjährigen Vergleich deutliche Unterschiede auf. Gleiches gilt für die Anteile des durch flächenhafte und (flächenhaft-)linienhafte Erosion ausgeräumten Bodens am Gesamtabtrag.

- Einzelne Schläge sind in allen Jahren stark von Bodenerosion betroffen (s. Parzellen 8, 18, 25, 82, 91). Hierbei handelt es sich vor allem um Schläge in steilerer Lage oder mit stärker geneigten Hangabschnitten,

- Nicht alle Schläge sind regelmäßig von Bodenabträgen betroffen. Schläge, die im einen Jahr höhere Abtragsmengen aufweisen, sind in anderen Jahren frei von Schäden. Entscheidend für das Auftreten der Schäden war der zum Zeitpunkt der Erosivniederschläge herrschende Bodenbedeckungsgrad.

Photo 3   Talwegeerosion in einer flachen hangabwärts verlaufenden Senke auf einem Zuckerrübenfeld mit Strohmulch (Starkregenereignis im Mai 1997, Lamspringe)

5 Simulation des Bodenwasserhaushaltes und flächendifferenzierte Abbildung von Bodenfeuchtefeldern als Grundlage für die ereignisbezogene Modellierung oberirdischer Stofftransporte im großen Maßstabsbereich (untere chorische und topische Dimension)

Für die dynamische Simulation oberirdischer Wasser- und Stofftransportprozesse ist eine Vielzahl zeitlich und räumlich variabler Modelleingangsgrößen bereitzustellen. Beispiele hierfür sind u.a. der Bodenbedeckungsgrad, die Lagerungsdichte, der Rauhigkeitsbeiwert, der bodenartbedingte Erosionswiderstand als Integral mehrerer zusammenwirkender Bodeneigenschaften, die Niederschlagsintensität und der Bodenwassergehalt. Einige dieser Eigenschaften lassen sich der Fachliteratur oder aus Modellhandbüchern entnehmen (z.B. kulturartspezifischer Bedeckungsgrad, Oberflächenrauhigkeit). Niederschlagsdaten können von den Wetterdienststellen bezogen oder mit registrierenden Meßgeräten ohne großen Aufwand erfaßt werden. Dagegen ist eine flächenhafte Messung der Bodenfeuchte praktisch nicht realisierbar. Als sinnvolle Alternative bietet sich deshalb der Einsatz eines hinreichend überprüften Bodenwasserhaushaltsmodells an.

Die Wirkungen der Ausgangsbodenfeuchte auf das Erosionsgeschehen sind nicht abschließend geklärt. Nach K. AUERSWALD (1993, S. 23) besteht „nicht einmal über die Richtung der Wirkung, ob erosionsfördernd oder erosionshemmend" Einigkeit. Bei dem zur Bodenerosionssimulation eingesetzten Modell EROSION-3D (M. v. WERNER, 1995) ist eine Zunahme des Anfangswassergehaltes mit einer Erhöhung des Bodenabtrages verbunden (H. KRYSIAK, 1995). Untersuchungen von J. SCHMIDT (1996) belegen, daß das Erosionsmodell EROSION-2D gegenüber dem Faktor „Anfangswassergehalt" die höchste Sensitivität aufweist. Da der Ansatz dieses Modells die Grundlage für das Einzugsgebietsmodell EROSION-3D bildet, kommt einer möglichst genauen und flächendifferenzierten Bestimmung der Anfangsbodenfeuchte somit größte Bedeutung zu. Das Modell selbst erlaubt keine zeitpunktbezogene Berechnung des Anfangswassergehaltes. Deshalb ist ihm ein Bodenwasserhaushaltsmodell „vorzuschalten", das die Anfangswassergehalte in der benötigten zeitlichen Auflösung (z.B. tageweise) bereitstellen kann (V. WICKENKAMP u.a., 1996). Hierzu wurde das agrarmeteorologische Bodenwassermodell AMWAS (H. BRADEN, 1992) verwendet. Mit diesem Modell wurde zunächst der zeitliche Verlauf der Bodenfeuchte für jeden im Untersuchungsgebiet auftretenden Standort, d.h. für jede aus der Verschneidung der Informationsebenen Boden und Nutzung resultierende Standorteinheit simuliert. Da das Standortmodell lateralen Wasserzu- und -abfluß nicht berücksichtigt, führt eine allein auf Boden- und Nutzungseigenschaften gestützte Übertragung der standörtlich berechneten Wassergehalte auf Flächeneinheiten mit gleicher Merkmalsausstattung allerdings nur zu einer stark vereinfachten Wiedergabe der Bodenfeuchteverhältnisse.

Um die in hohem Maße differenzierend auf die Bodenfeuchteverteilung wirkenden Reliefeinflüsse bei der flächenhaften Darstellung von Bodenfeuchtefeldern berücksichtigen zu können, war die

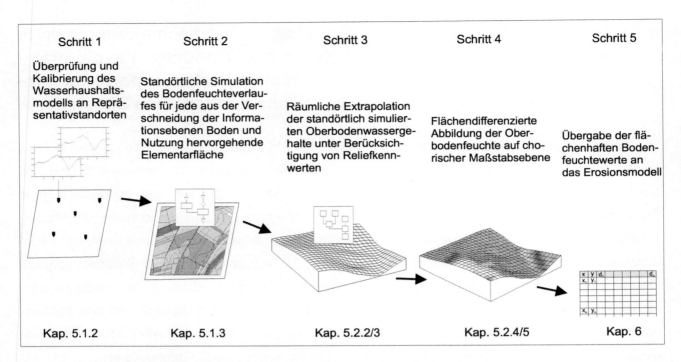

Abb. 19   Übersicht über das methodische Vorgehen bei der standörtlichen Simulation der Bodenfeuchte und der räumlichen Übertragung standörtlicher Bodenfeuchtewerte

Entwicklung eines Extrapolationsverfahrens erforderlich, das die standörtlich berechneten Bodenwassergehalte mit morphometrischen Flächenmerkmalen verknüpft. Eine Übersicht über den im folgenden beschriebenen Verfahrensablauf von der einzelstandörtlichen Simulation der Bodenfeuchte bis zur regionalisierten Abbildung der standörtlich berechneten Bodenfeuchtewerte skizziert Abb. 19.

5.1   Simulation des Standortwasserhaushaltes mit dem agrarmeteorologischen Bodenwassermodell AMWAS

Das agrarmeteorologische Bodenwassermodell AMWAS des Deutschen Wetterdienstes (DWD) wurde von H. BRADEN (1992) entwickelt. Es findet sowohl in der agrarmeteorologischen Beratung als auch bei verschiedenen ökologischen Fragestellungen Anwendung (s. N. LANFER, 1995). Dieses eindimensionale Bodenwassermodell berechnet den volumetrischen Wassergehalt für eine frei wählbare Anzahl beliebig mächtiger Bodenkompartimente und den vertikalen Bodenwasserstrom zwischen diesen Kompartimenten. Weitere Berechnungsergebnisse sind u.a. die aktuelle Verdunstung, Matrixpotentiale, Infiltration und der Wassergehalt in der gesamten Bodensäule. Die übliche Zeitschrittweite bei der Berechnung der Wasserhaushaltsgrößen beträgt einen Tag. Durch entsprechende Modellanpassungen lassen sich auch Tagesgänge der Bodenwasserbewegung simulieren. Im vorliegenden Fall erfolgte eine tageweise Berechnung der o.g. Größen.

Eine ausführliche Beschreibung dieses Modells findet sich bei H. BRADEN (1992), so daß hier nur kurz auf die wichtigsten Modellgrundlagen und -funktionen eingegangen werden soll.

5.1.1 Kurzbeschreibung der Modellgrundlagen

5.1.1.1 Allgemeines

Der Wassertransport im Boden wird von der hydraulischen Leitfähigkeit und dem Gefälle des hydraulischen Potentials als antreibender Kraft bestimmt. Dabei sind sowohl die Wasserleitfähigkeit als auch das hydraulische Potential nicht linear vom Wassergehalt abhängig. Die Beziehungen zwischen dem Wasserfluß im Boden und den Retentions- und Wasserleitfähigkeitseigenschaften des Bodens beschreibt die sog. Richards-Gleichung. Sie liegt dem hier verwendeten Bodenwassermodell zugrunde. Für den vertikalen, d.h. eindimensionalen Wassertransport formuliert H. BRADEN (1992) die Bewegungsgleichung wie folgt:

$$\frac{\partial \Theta}{\partial t} = \frac{\partial}{\partial z}\left[K(\Theta)\frac{\partial}{\partial z}\Psi_h\right]$$

mit

Θ = volumetrischer Wassergehalt (cm^3/cm^3)
Ψ_h = hydraulisches Potential (hPa)
K = Hydraulische Leitfähigkeit (cm/d)
t = Zeit
z = vertikale Ortskoordinate

Unter Berücksichtigung des Wasserdiffusionsvermögens (D) läßt sich die Gleichung umformen in:

$$\partial\Theta / \partial t = \partial\{D(\Theta,z) \cdot \partial\Theta / \partial z - K(\Theta,z)\} / \partial z$$

mit $\quad D = K \cdot \delta\Psi_h/\delta\Theta$

Die numerische Lösung der Gleichung erfolgt nach H. BRADEN (1992) nach dem bei D. MARSAL (1976) beschriebenen Verfahren von CRANK & NICOLSON für variable Kompartimentmächtigkeiten. Das aufgrund der Abhängigkeiten zwischen den Nachbarkompartimenten auftretende triagonale Gleichungssystem wird rekursiv unter Einschaltung entsprechender Iterationsschritte gelöst.

Zur Lösung der Differentialgleichung erfordert das Modell Startwerte und Randbedingungen für den oberen und unteren Rand. Als obere Randbedingungen gelten die dem obersten Bodenkompartiment mit dem Niederschlag zugeführten und durch Evapotranspiration entzogenen Wassermengen. Untere Randbedingungen sind entweder der Wasserfluß oder der Wassergehalt unterhalb der untersten berechneten Schicht (H. BRADEN, 1992).

Die bei Austrocknung des Bodens auftretende Verdunstungsreduktion wird vom Modell getrennt für Bodenevaporation und Transpiration vorgenommen. So wird die infolge von Wassermangel und bei fehlender kapillarer Nachlieferung stattfindende Evaporationsreduktion durch Berechnung einer Austrocknungszone berücksichtigt. Zur Bestimmung der Transpiration sind Wichtungsfaktoren anzugeben, mit denen der Wasserentzug durch die Pflanzenwurzeln auf die einzelnen Bodenkompartimente verteilt werden kann. Tritt Wassermangel auf, so stehen im Modell zwei Optionen für die Berechnung der Transpirationsreduktion zur Verfügung. Im ersten Fall findet bei Überschreitung des permanenten Welkepunktes (Wasserpotential Ψ_{Tmi} = -15.000 hPa) keine weitere Wurzelwasserentnahme aus dem entsprechenden Bodenkompartiment statt. Im anderen Fall, der nach H. BRADEN (1992) zu bevorzugen ist, wird zwar ebenfalls eine Entnahme aus der jeweiligen Bodenschicht mit Ψ_{Tmi} <= -15.000 hPa verhindert, gleichzeitig kann aber ein bevorzugter Wasserentzug aus Kompartimenten mit höherer Wasserverfügbarkeit (Ψ_{Tmi} > -15.000 hPa) erfolgen.

Hystereseeffekte werden von dem hier eingesetzten Modell ebensowenig berücksichtigt wie laterale Wasserzuflüsse und -abflüsse.

5.1.1.2 Bestimmung von Retentions- und Leitfähigkeitsfunktion

Voraussetzung für die Berechnung des Wassertransportes nach der o.g. Bewegungsgleichung ist die Kenntnis der Retentions- und Leitfähigkeitsfunktionen. Die mathematische Beschreibung der Retentionsbeziehungen im AMWAS basiert auf dem von M. T. van GENUCHTEN (1980) entwickelten Ansatz. Danach läßt sich der Verlauf der Wasserspannungskurve folgendermaßen bestimmen (s. H. BRADEN, 1992):

$$\Psi(\Theta_{rel}) = \frac{1}{\alpha(\Theta_{rel}^{-1/m} - 1)^{1/n}}$$

mit

$$\Theta_{rel} = \frac{\Theta - \Theta_r}{\Theta_s - \Theta_r}$$

Ψ = Matrixpotential (hPa)
Θ_{rel} = relativer Wassergehalt (cm^3/cm^3)
Θ_r = Restwassergehalt (cm^3/cm^3)
Θ_s = Wassergehalt bei Sättigung (cm^3/cm^3)

Parameter zur Beschreibung der Retentionskurve
α = Parameter (Lufteintrittspunkt)
n = Parameter (Porengrößenindex)
m = dimensionsloser Parameter

Wie die Wasserspannung, so ist auch die hydraulische Leitfähigkeit vom Wassergehalt des Bodens abhängig. Da die Bestimmung von Leitfähigkeitskurven im Labor einen sehr hohen Meßaufwand erfordert, wurden Verfahren entwickelt, mit denen die relative Wasserleitfähigkeit auf mathematischem Wege in Beziehung zur Retentionskurve gesetzt werden kann (vgl. B. DIEKKRÜGER, 1992). Nach Y. MUALEM (1976) gilt für die relative Leitfähigkeit die Beziehung

$$K_{rel}(\Theta) = \frac{K(\Theta)}{K_s}$$

mit

$K_{rel}(\Theta)$ = relative hydraulische Leitfähigkeit
$K(\Theta)$ = ungesättigte hydraulische Leitfähigkeit
K_s = gesättigte hydraulische Leitfähigkeit.

Die Integration nach M. T. van GENUCHTEN (1980) liefert für m = 1 - 1/n folgende relative Wasserleitfähigkeit:

$$K_{rel} = \frac{\left\{1 - (\alpha\Psi)^{n-1}\left[1 + (\alpha\Psi)^n\right]^{-m}\right\}^2}{\left[1 + (\alpha\Psi)^n\right]^{m/2}}$$

Die zur Ableitung von Retentions- und Wasserleitfähigkeitsfunktion erforderlichen Größen lassen sich entweder direkt durch Messung im Labor bereitstellen oder mit empirischen Schätzverfahren aus leicht bestimmbaren Bodeneigenschaften abschätzen. Beispiele für solche Parameterschätzverfahren beschreiben u.a. G. S. CAMPBELL (1985), W. J. RAWLS & D. L. BRAKENSIEK (1985), H. VEREECKEN u.a (1989) und K. BOHNE u.a. (1993). In der von H. BRADEN weiterentwickelten Version des AMWAS, welche hier verwendet wurde, erfolgte die Parameterabschätzung mit dem Verfahren von H. VEREECKEN u.a. (1989). Nach dieser Methode werden die Parameter Θ_s, Θ_r, α und n der „van-GENUCHTEN-Funktion" unter Berücksichtigung des Sand-, Ton- und organischen Kohlenstoffgehaltes sowie der Lagerungsdichte des Bodens wie folgt ermittelt:

Θ_s = 0,81 - 0,283×Ld + 0,001×Ton
Θ_r = 0,015 + 0,005×Ton + 0,014×C_{org}
log(a) = -2,486 + 0,025×Sand - 0,351×C_{org} - 2,617×Ld - 0,023×Ton
log(n) = 0,053 - 0,009×Sand - 0,013×Ton + 0,00015×(Sand)^2

mit Ld = Lagerungsdichte (g/cm^3)
Ton = Tongehalt (Gew.-%) (Korngröße < 2 μm)
Sand = Sandgehalt (Gew.-%) (Korngröße 50 - 2000 μm)
C_{org} = organischer Kohlenstoffgehalt (Gew.-%)

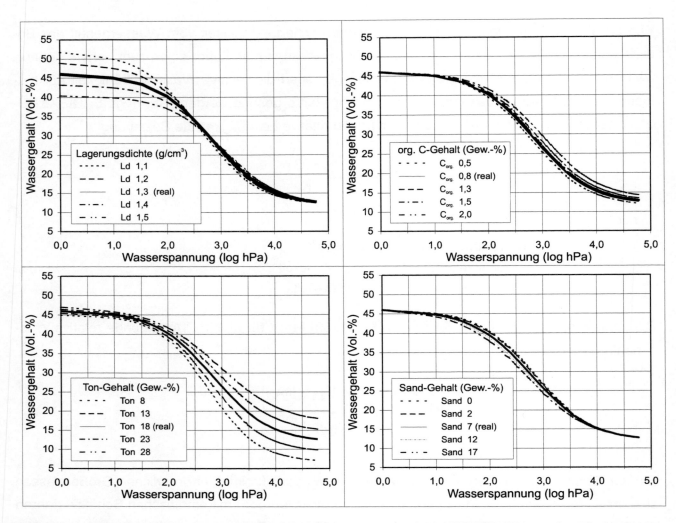

Abb. 20 Auf der Grundlage des Parameterschätzverfahrens nach H. VEREECKEN u.a. (1989) abgeleitete Retentionskurven und ihre Modifikationen bei Veränderung der Lagerungsdichte sowie der $C_{org.}$-, Sand- und Tongehalte (Bodenart des Ausgangsbodens: Ut4)

Beispiele für die nach der van-GENUCHTEN-Funktion berechneten Verläufe von Retentionskurven typischer Schluffböden (toniger Schluff) aus dem Gebiet Ilde zeigt Abb. 20. Zur Berechnung der Retentionsfunktion wurden die mit dem Regressionsverfahren von H. VEREECKEN u.a. (1989) abgeleiteten Parameter verwendet. Anhand der in Abb. 20 dargestellten Kurvenverläufe lassen sich Einflüsse verschiedener Eingangsgrößen auf die berechneten Retentionseigenschaften des betrachteten Bodens veranschaulichen. Dabei zeigt sich, daß die Lagerungsdichte und der Tongehalt die Berechnung der Retentionskurve am stärksten beeinflussen. So führt beispielsweise eine Veränderung der Lagerungsdichte um -0,2 bis +0,2 g/cm³ gegenüber dem Ausgangswert von 1,3 g/cm³ („real") im pF-Bereich zwischen 1 und 2 zu absoluten Wassergehaltsdifferenzen von mehr als 10 Vol.-%. Bei einer Änderung des Tongehaltes um ±10 % gegenüber dem Ausgangsgehalt von 18 Gew.-% Ton treten Wassergehaltsdifferenzen von etwa 15 Vol.-% auf. Demgegenüber bewirkt die Veränderung von $C_{org.}$-Gehalten (-0,3 bis +1,7 Gew.-%) und

Sandanteilen in diesem Schluffboden nur vergleichsweise geringe Veränderungen im Retentionsverhalten.

Wie die von O. TIETJE & M. TAPKENHINRICHS (1993) angestellten Vergleiche zwischen abgeleiteten Daten verschiedener Parameterschätzverfahren („Pedotransferfunktionen") mit Meßdaten ergaben, zeigten die nach H. VEREECKEN u.a. (1989) ermittelten Retentionskurven gegenüber den gemessenen die geringsten Abweichungen. Für diese Methode geben O. TIETJE & M. TAPKENHINRICHS (zit. in B. DIEKKRÜGER, 1992, S. 125) eine mittlere Abweichung des Wassergehaltes von etwa 4 Vol.-% an. Gute Übereinstimmungen zwischen simulierten und gemessenen Werten wies auch M. FRANKE (1996) nach. Nach O. TIETJE (1993) ist mit den zur Verfügung stehenden Pedotransferfunktionen eine recht zuverlässige Abschätzung der Retentionseigenschaften von Böden möglich. Die Untersuchungen von O. TIETJE (1993) ergaben allerdings auch, daß eine auf Parameterschätzverfahren gestützte Ableitung der gesättigten Leitfähigkeit nach wie vor mit Problemen behaftet ist. So zeigte der dort beschriebene Vergleich von gemessenen Werten der gesättigten Leitfähigkeit mit solchen, die mit verschiedenen Parameterschätzverfahren ermittelt wurden, daß die Standardabweichung des logarithmischen Fehlers bei mehreren Verfahren größer als 1 ist (ausgedrückt als $\log_{10}$ der Leitfähigkeit in cm/d). Für das Verfahren von H. VEREECKEN u.a. (1989) lag sie etwa zwischen 0,9 und 1,2.

5.1.1.3 Die Modelleingangsgrößen

Im Vergleich zu vielen anderen physikalisch begründeten Modellen benötigt das hier verwendete agrarmeteorologische Bodenwassermodell nur eine relativ geringe Anzahl an Eingangsparametern. Für die Simulation des Bodenfeuchteganges bzw. der zeit- und tiefendifferenzierten Bodenwassergehalte von Einzelstandorten sind folgende Eingangsgrößen bereitzustellen und in entsprechenden Parameterdateien vorzuhalten:

Meteorologische Parameter:

- potentielle Evapotranspiraton in mm (tageweise Auflösung)

    Für die Bestimmung der potentiellen Evaporation existieren zahlreiche Verfahren, die sich durch unterschiedlich hohe Datenanforderungen und Genauigkeiten auszeichnen. Zu den in Mitteleuropa häufig eingesetzten Verfahren zählen u.a. die Verdunstungsberechnungen nach H. PENMAN (1948), J. L. MONTEITH (1965) und W. HAUDE (1955) (zu Verdunstungsmodellen s. zusammenfassende Darstellung bei DVWK, 1996). Da aufgrund häufiger Zerstörungen von Strahlungsbilanz- und Globalstrahlungsgebern keine durchgängigen Meßreihen für die Strahlungsgrößen zur Verfügung standen, wurde die potentielle Evapotranspiration nach dem einfachen Modell von W. HAUDE (1955) in folgender Weise bestimmt:

$$ETP = (e_{s14} - e_{a14}) \times f_m$$

mit ETP = potentielle Evapotranspiration (mm/d)

  e_{s14} = Sättigungsdampfdruck um 14 Uhr (hPa)

  e_{a14} = aktueller Dampfdruck um 14 Uhr (hPa)

  f_m = monatlicher Korrekturfaktor (mm/mbar×d)

Die Berechnung des Sättigungsdampfdruckes und des aktuellen Dampfdruckes erfolgte nach DIN 19685 (1979) unter Verwendung der im Gebiet gemessenen Lufttemperaturen und relativen Feuchten. Die vegetationsspezifischen Proportionalitätsfaktoren, mit denen der Einfluß des zeitlich variablen Entwicklungszustandes auf die Evapotranspiration berücksichtigt wird, orientieren sich an den von M. FRANKE (1996, S. 52) aus verschiedenen Quellen zusammengetragenen Werten. Wie auch M. FRANKE (1996) feststellt, berechnet die HAUDE-Formel vor allem für einzelne Sommertage deutlich zu hohe Verdunstungsraten. Nach DVWK (1996) wird eine obere Grenze der potentiellen Evapotranspiration von 7 mm/d vorgeschlagen. Dieser Grenzwert wurde auch hier verwendet. Obwohl die Anwendung der HAUDE-Formel aufgrund ihrer Einfachheit verschiedentlich mit Kritik verbunden ist, belegen zahlreiche Untersuchungen, daß mit ihrem Einsatz befriedigende Ergebnisse zu erzielen sind (s. H. ERNSTBERGER, 1987, H. SPONAGEL, 1980, E.-W. REICHE, 1991).

- Niederschlagsmenge in mm (tageweise Auflösung)

Das verwendete Bodenwassermodell berücksichtigt den von der Vegetationsbedeckung und dem Bedeckungsgrad abhängigen Interzeptionsverlust nicht. Eine einfache Möglichkeit, den Interzeptionsverlust zu erfassen und in die Simulationsrechnungen einfließen zu lassen, bietet das von J. F. v. HOYNINGEN-HUENE (1983) beschriebene empirische Verfahren. Danach läßt sich der Interzeptionsverlust in Abhängigkeit vom Blattflächenindex ermitteln für:

1. Niederschlag N < Grenzflächenregen N_{Gr}:

$$IC = -0{,}42 + 0{,}245 \times N + 0{,}2 \times LAI - 0{,}0111 * N^2 + 0{,}0271 \times N \times LAI - 0{,}0109 \times LAI^2$$

2. Niederschlag N ≥ Grenzflächenregen N_{Gr}

$$IC = 0{,}935 + 0{,}498 \times LAI - 0{,}00575 \times LAI^2$$

mit IC = Interzeption (mm)

  N = Niederschlagsmenge (mm)

  LAI = Blattflächenindex (m^2/m^2)

Als Blattflächenindizes wurden die von E.-W. REICHE (1991) für verschiedene Kulturpflanzen aufgeführten Werte verwendet. Der sich aus der Differenz von gemessenem Tagesniederschlag und empirisch ermittelter Interzeption ergebende Bestandesniederschlag wurde als Eingangsgröße für das Modell verwendet.

Bodenparameter:

Für jedes Bodenkompartiment sind neben der Bodenart bzw. dem Ton- und Schluffgehalt Angaben zur Lagerungsdichte und dem organischen Kohlenstoffgehalt erforderlich.

Anfangswassergehalt:

Die Anfangswassergehalte sind in der Startwertdatei des Modells abzulegen. Dabei ist jedem Bodenkompartiment ein entsprechender Wassergehalt zuzuordnen. Bei den hier verwendeten Startwerten handelt es sich um standörtlich gemessene volumetrische Wassergehalte.

5.1.2 Modellanwendung und Simulationsergebnisse

Voraussetzung für einen erfolgversprechenden Modelleinsatz ist eine sorgfältige Überprüfung des Modells anhand von Meßdaten ausgewählter gebietstypischer Standorte. Bei der Kalibrierung wird das Modell durch Veränderung einzelner Modellparameter so eingestellt, daß das Modellergebnis den zuvor festgelegten Genauigkeitsanforderungen entspricht. In darauf folgenden Schritten werden die Modelleinstellungen an „unabhängigen", d.h. nicht zur Kalibrierung herangezogenen Meßdaten anderer Standorte auf ihre Validität hin überprüft.

Vor der eigentlichen Modellkalibrierung bietet sich die Durchführung von Sensitivitätsanalysen an. Sie geben Aufschluß über das Modellverhalten bei der Veränderung von Eingangsvariablen und Modellparametern und ermöglichen so ein rationelles Vorgehen beim späteren Einstellen des Modells.

5.1.2.1 Sensitivitätsanalyse

Die Ergebnisse der Sensitivitätsuntersuchen für das hier eingesetzte Bodenwassermodell lassen sich folgendermaßen zusammenfassen. Im Vergleich mit anderen bodenstrukturellen Eingangsgrößen reagiert das Modell besonders sensitiv auf Veränderungen der Lagerungsdichte und des Tongehaltes. Eine Variation dieser Größen im Bereich zwischen 0 und 30 cm Tiefe geht mit einer vergleichsweise stärkeren Wassergehaltsänderung im Oberboden einher (Abb. 21). Die Modifikation des Sand- und Schluffgehaltes sowie des C_{org}-Anteils ist dagegen nur mit einer geringfügigen Abweichung vom vorgegebenen Basiswert verbunden. Wie Abb. 21 verdeutlicht, kommt einer möglichst genauen Erfassung des Tongehaltes und der Lagerungsdichte in bezug auf das Modellergebnis deshalb größte Bedeutung zu. So wurden allein für die in der Bodenkundlichen Kartieranleitung (AG BODEN, 1994) definierten Klassengrenzen der Bodenart „Ut4" Wassergehaltsabweichungen bis 10 Vol.-% berechnet. Eine Veränderung der Lagerungsdichte zwischen 1,25 und 1,45 g/cm^3 (= Trockenrohdichte-Klasse „ρt2") äußerte sich in maximalen Wassergehaltsunterschieden von 5 Vol.-%.

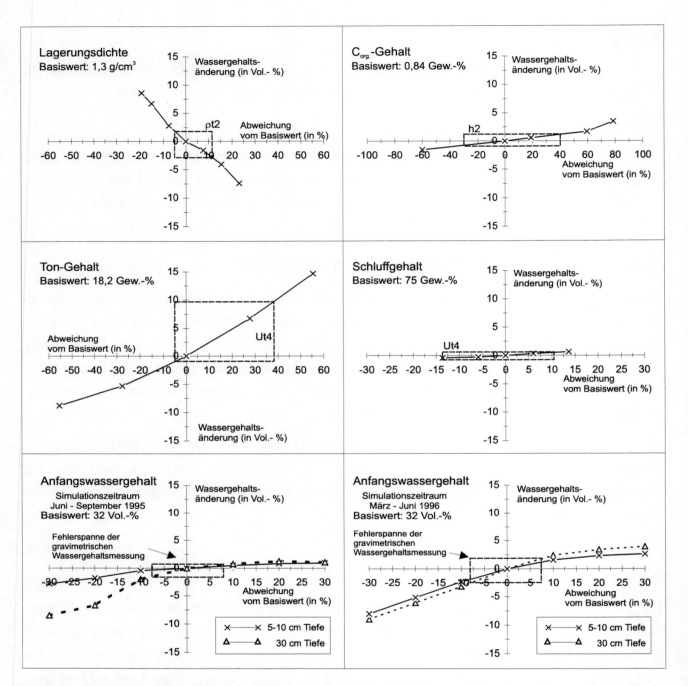

Abb. 21 Die Veränderung bodenstruktureller Modelleingangsgrößen und ihre Auswirkung auf das Simulationsergebnis (hier: Wassergehalt im Oberboden (0-30 cm))

Von erheblichem Einfluß auf das Simulationsergebnis sind neben dem Anfangswassergehalt auch der Starttermin und die Länge des Simulationszeitraums. So zeigt Abb. 22 einerseits, daß differierende Anfangswassergehalte im Oberboden (0-30 cm) sich je nach der Wahl des Startzeitpunktes in ganz unterschiedlicher Weise auf den Simulationsverlauf und somit auch auf das Simulationsergebnis auswirken können. Im einen Fall gleichen sich die Verläufe der für den Simulationszeitraum von Mai bis September 1995 dargestellten Feuchtekurven unterschiedlicher Anfangswassergehalte bereits nach etwas mehr als einem Monat an. Dies gilt sowohl für die obere Bodenzone im Bereich zwischen 0 und 10 cm als auch für die Bodentiefe zwischen 20 und 30 cm. Im Vergleich mit dem auf der rechten Seite der Abbildung dargestellten Simulationsverlauf (Zeitraum März bis Juni 1996) führt der fortgeschrittene Entwicklungszustand der Vegetation in Verbindung mit einer höheren Verdunstung zu einer starken Austrocknung in den obersten 10 cm des Bodens. Mit zeitlicher Verzögerung folgt die Austrocknung im tieferen Bodenkompartiment. Die anfänglichen Wassergehaltsunterschiede sind auch hier nach ca. 1½ Monaten ausgeglichen. Ein Simulationsbeginn zu einem anderen Termin führt bei ansonsten gleichen bodenstrukturellen Bedingungen und gleichen Anfangswassergehalten zu anderen Ergebnissen. So bleiben die auf der rechten Abbildungsseite für den Zeitraum von März bis Anfang Juni dargestellten Differenzen der Anfangswassergehalte über einen längeren Zeitraum erhalten. Ähnliche Beobachtungen beschreibt B. DIEKKRÜGER (1992). Anhand von Simulationen mit einem anderen Modell kam er zu dem Ergebnis, daß ein anfänglicher Schätzfehler des Anfangszustandes in Abhängigkeit von den Randbedingungen über den gesamten Simulationszeitraum bestehen bleiben kann (vgl. Abb. 22). Für die Modellierung ist deshalb eine genaue Bestimmung des Anfangswassergehaltes von großer Wichtigkeit.

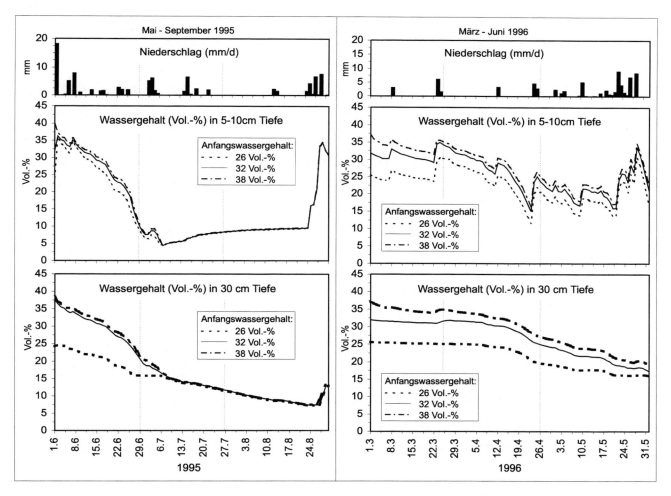

Abb. 22 Auswirkungen des Anfangswassergehaltes und des Simulationszeitraumes auf das Modellergebnis

Die im Rahmen dieser Arbeit durchgeführten Modellrechnungen und die Vergleiche mit Meßdaten ergaben, daß eine durchgängige Simulation des Bodenwasserhaushaltes über einen Zeitraum von einem Jahr, insbesondere über die sommerliche Austrocknungsphase hinweg, nicht unproblematisch ist. So treten vor allem zu Beginn der Wiederbefeuchtung in den einzelnen Bodenkompartimenten stärkere und unterschiedlich gerichtete Abweichungen der Modellergebnisse von den gemessenen Werten auf. Ursächlich hierfür könnten sowohl Makroporenflüsse als auch Hystereseeffekte sein, die vom eingesetzten Modell allerdings nicht nachvollzogen werden können.

Die Güte des Simulationsergebnisses hängt nicht nur von der Genauigkeit der bereitgestellten Modellparameter, Rand- und Anfangsbedingungen ab. Für eine realitätsnahe Simulation der Bodenwasserbewegung ist auch eine möglichst exakte Bestimmung der Wichtungsfaktoren für die Entnahmeterme Bodenevaporation und Transpiration erforderlich. Angaben zur Wichtung des Evaporations- und Transpirationsanteils lassen sich nur in der Startwertdatei vornehmen. Diese Einstellungen bleiben über die Simulationsperiode hinweg unverändert, so daß die vom Wachstumszustand der Pflanzen abhängigen Veränderungen der Verdunstungsanteile bei längeren Simulationszeiträumen nicht berücksichtigt werden.

Aus den Ergebnissen der Sensitivitätsanalysen ergeben sich für die späteren Standortsimulationen folgende Hinweise:

- Angesichts der Empfindlichkeit des Modells gegenüber den im zeitlichen Verlauf stark veränderlichen Modellgrößen (z.B. Lagerungsdichte, Evaporations-, Transpirationsanteil, Anfangswassergehalt) erweist sich ein durchgängiger Simulationszeitraum von einem Jahr als zu lang. Die Einstellungen in der Bodenparameterdatei und Startwertdatei berücksichtigen die zeitliche Variabiltät der genannten Größen nicht. Um eine stärker an die Realität angenäherte Wiedergabe des Feuchteverlaufs zu erhalten, wird die Bodenfeuchtesimulation in mehrere Teilabschnitte untergliedert. Zufriedenstellende Ergebnisse ergaben sich dabei mit folgender Einteilung:

Phase 1: Anfang November bis Ende März (geringe oder fehlende Transpiration, Auffüllung des Bodenwasserspeichers, keine Bodenbearbeitung),

Phase 2: Ende März bis Juni (zunehmender Transpirationsanteil, Beginn der Bodenbearbeitung, Einsaat von Sommergetreide, Zuckerrüben und Mais am Anfang der Phase),

Phase 3: Juni bis Anfang September (höchste Wasserentnahme durch Pflanzenbestände (z.B. Getreide und Raps), Getreideernte und anschließende Bodenbearbeitung und Saatbettbereitung für Wintergetreide und Zwischenfrüchte am Ende der Phase),

Phase 4: Anfang September bis Anfang November (höchste Bedeckungsgrade und Transpirationsanteile bei Zuckerrüben- und Maisbeständen, Bodenevaporation dominant auf abgeernteten Getreideflächen; Bodenbearbeitung nach Zuckerrüben- und Maisernte).

- Die bodenphysikalisch relevanten Modelleingangsgrößen Tongehalt und Lagerungsdichte nehmen erheblichen Einfluß auf das Simulationsergebnis. Bei der Simulation des Wasserhaushaltsgeschehens sollte deshalb Standortmeßdaten der Vorzug vor geschätzten Werten gegeben werden (s. Abb. 20 bis 22). Das Arbeiten mit Klassenmittelwerten (Bodenarten- und Lagerungsdichteklassen) kann aufgrund des nichtlinearen Modellverhaltens bei der Berechnung zu starken Abweichungen gegenüber den gemessenen Bodenwassergehalten führen (s.dazu T. M. ADDISCOTT & N. A. MIRZA, 1995; M. FRANKE, 1996).

5.1.2.2 Modellkalibrierung und -validierung

Für die Güte der Modellergebnisse ist nicht nur die Qualität der verwendeten Eingangsgrößen, sondern auch die Detailliertheit, mit der die einzelnen Teilprozesse beschrieben werden, ausschlaggebend. Deshalb ist der Vergleich einzelner Modellergebnisse (z.B. volumetrische Wassergehalte) mit gemessenen Werten für die Beurteilung eines Modells im allgemeinen nicht ausreichend (M. WEGEHENKEL, 1995). Die Erfassung anderer Wasserhaushaltsgrößen (z. B. Sickerwassermenge, aktuelle Verdunstung, Infiltration und Perkolation) erfordert allerdings nicht nur einen hohen Meßaufwand. Sie ist auch mit einer Reihe meßtechnischer Probleme verbunden. Aus diesem Grunde stehen für die Überprüfung der Simulationsergebnisse häufig nur die einfacher meßbaren Bodenwassergehalte zur Verfügung (s. M. WEGEHENKEL, 1995). Da die Anwendung des Bodenwassermodells im Rahmen dieser Arbeit auf eine möglichst genaue Wiedergabe des zeitlichen Verlaufs der Wassergehalte in den obersten Zentimetern des Bodens ausgerichtet war, erfolgte die Modellkalibrierung und -validierung auch hier über den Vergleich mit den an Repräsentativstandorten gemessenen Bodenwassergehalten.

Die Kalibrierung des Modells erfolgte im Rahmen mehrerer Diplomarbeiten für typische Boden- (Braunerden, Parabraun- und Pseudogley-Parabraunerden, Parabraunerde-Pseudogleye, Rendzinen) und Nutzungsvarianten in den Jahren 1995 bis 1997. Als Vergleichsdaten dienten die in wöchentlichem Rhythmus gemessenen Wassergehalte für die Bodentiefen 1-3 cm, 10 cm, 30 cm und 90 cm. Insgesamt standen Meßwerte von 19 Einzelstandorten zur Verfügung, von denen 5 zur Modellkalibrierung verwendet wurden. Die Kalibrierung des Modells wurde für einen maximal 1 m mächtigen Bodenkörper mit folgenden Kompartimentmächtigkeiten vorgenommen: bis 10 cm Tiefe: 0-1 cm, 1-3 cm, 3-5 cm, 5-10 cm; von 10 bis 100 cm Tiefe: 10-cm-Intervalle.

Die Ergebnisse der Modellkalibrierung sind in Tab. 5 zusammengestellt. Wie der Vergleich zeigt, liegt die Standardabweichung der Wassergehaltsdifferenzen von gemessenen und simulierten Werten bei allen untersuchten Bodenkompartimenten deutlich unter dem definierten Grenzwert von 5 Vol.-%. Für die obersten 5 cm des Bodens gilt dabei allerdings die Einschränkung, daß es

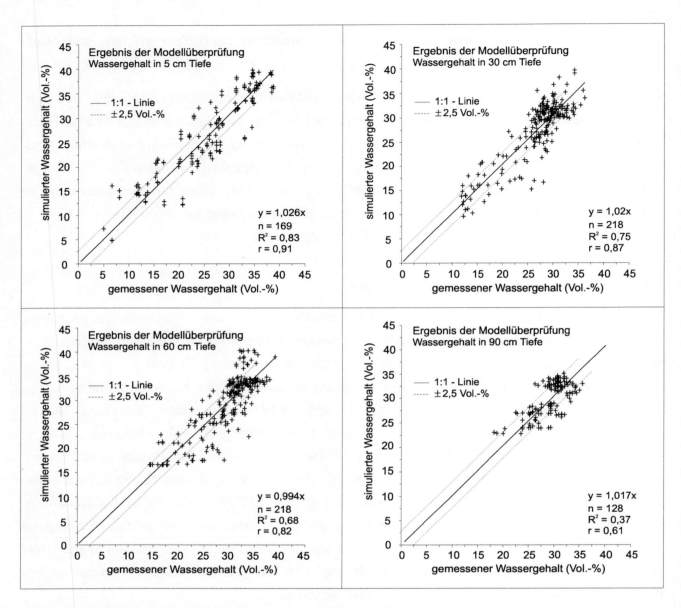

Abb. 23 Vergleich von gemessenen und simulierten Bodenwassergehalten in unterschiedlichen Bodentiefen

sich bei den Vergleichswerten um Mittelwerte der simulierten Wassergehalte aus den Kompartimenten „1-3 cm" und „3-5 cm" handelt. Die für das Kompartiment 0-1 cm simulierten Wassergehalte wurden wegen der extremen Wassergehaltsschwankungen bei Austrocknung und Befeuchtung nicht in die Mittelwertbildung einbezogen. Sie ließen keinen Zusammenhang mit den gemessenen Werten erkennen, was u.a. auf Probleme bei der Entnahme einer repräsentativen Mischprobe aus dem obersten Zentimeter des Bodens zurückzuführen ist. Vor allem im Sommer wurden hier unter einer nur wenige Millimeter messenden Austrocknungsschicht extreme Feuchtesprünge beobachtet.

Mit den im Zuge der Kalibrierung ermittelten Modelleinstellungen wurde anschließend der Feuchteverlauf der anderen Untersuchungsstandorte simuliert. Da sich die Böden des Untersuchungsgebietes in ihrer Struktur nur geringfügig voneinander unterscheiden, ergab sich eine gute Übereinstimmung zwischen den berechneten und gemessenen Wassergehalten. Die Zusammenhänge zwischen simulierten und gemessenen Werten unterschiedlicher Bodentiefen sind in Abb. 23 dargestellt. Betrachtet man die Korrelationskoeffizienten, so wird deutlich, daß der Feuchteverlauf mit den vorgenommenen Modellanpassungen zufriedenstellend wiedergegeben werden kann. Für die oberste Bodenzone (1-5 cm) ergab sich zwischen den Meß- und Modellwerten ein Korrelationskoeffizient von 0,91. Die für diese Schicht berechnete Standardabweichung der Differenzen von Meß- und Modellwerten betrug 3,5 Vol.-% (s. Tab. 5). Abb. 23 läßt auch erkennen, daß die Spannweite der gemessenen und simulierten Wassergehalte mit zunehmender Tiefe abnimmt. So ergibt sich aufgrund der stark ausgeprägten Feuchtewechsel in den obersten Zentimetern des Bodens sowohl bei den gemessenen als auch bei den simulierten Bodenwassergehalten die höchste Standardabweichung mit Werten von mehr als 8,5 Vol.-% (Tab. 5). Im untersten Kompartiment liegt sie wegen der geringen Amplitude der Wassergehaltsänderungen bei nicht vom Grundwasser beeinflußten Böden bei etwa 3,5 Vol.-%.

Vergleich gemessener und simulierter Wassergehalte	1-5 cm Bodentiefe		30 cm Bodentiefe		60 cm Bodentiefe		90 cm Bodentiefe	
	Ergebnis Kalibrier.	Ergebnis Validier.	Ergebnis Kalibrier.	Ergebnis Validier.	Ergebnis Kalibrier.	Ergebnis Validier.	Ergebnis Kalibrier.	Ergebnis Validier.
Standardabweichung (Differenz gemessen- simuliert in Vol.-%)	3,46	3,54	2,49	3,14	3,26	3,48	2,75	2,64
Spannweite (Differenz gemessen-simuliert in Vol.-%)	-8,25 bis +12,0	-9,5 bis +8,5	-6,7 bis +4,7	-11,5 bis +8,7	-5,6 bis +11,4	-8,2 bis +11,4	-6,7 bis +5,5	-5,2 bis +5,4
mittlere Abweichung (Differenz gemessen-simuliert in Vol.-%)	-1,12	0,96	-1,36	0,65	0,77	0,16	-0,6	-0,7
Standardabweichung der gemessenen Wassergehalte	8,49	8,59	5,47	5,59	4,81	5,27	3,3	2,4
Standardabweichung der simulierten Wassergehalte	8,69	8,68	5,96	6,32	5,55	5,16	3,5	3,3

Tab. 5   Vergleich von gemessenen und simulierten Bodenwassergehalten als Ergebnis der Modellkalibrierung und -validierung

Der Vergleich zeigt die Abweichungen zwischen gemessenen und berechneten Wassergehalten unterschiedlicher Tiefenbereiche. Bei den verwendeten Vergleichswerten handelt es sich um Meß- und Simulationswerte der Standorte, die bei der Kalibrierung und Validierung berücksichtigt worden sind.

5.1.3 Simulation des Feuchteganges gebietstypischer Standorte

Im folgenden sollen die Ergebnisse der Bodenfeuchtesimulation für vier gebietstypische Standorte vorgestellt und mit den gemessenen Feuchtewerten verglichen werden. Dem besseren Verständnis der Bodenfeuchtegänge und -regime der einzelnen Standorte dient die in Form eines Standortaufnahmebogens vorgenommene Kennzeichnung der Ausstattungsbedingungen.

5.1.3.1 Bodenfeuchteverhältnisse in einer Löß-Braunerde

Abb. 24 zeigt den Aufbau einer im Untersuchungsgebiet großflächig auftretenden Braunerde aus verwittertem weichselzeitlichem Löß. Der Profilaufbau weist nur geringe bodenstrukturelle Unterschiede auf. So zeichnen sich die aus mittel bis stark tonigem Schluff bestehenden Bodenhorizonte bis in eine Tiefe von 1,50 m durch eine gleichartige Korngrößenzusammensetzung aus. Dominante Fraktion ist der Grobschluff. Sein Gehalt variiert im Profil zwischen 51 und 53 Gew.-%. Der Tonanteil schwankt zwischen 17 und 19 Gew.-%. Infolge der geringen Substratdifferenzierung und des Fehlens größerer Dichteunterschiede zeigen die einzelnen Horizonte untereinander eine nahezu identische Porengrößenverteilung, die eine gleichmäßige Dränung ermöglicht. Die gesättigte Leitfähigkeit beträgt nach AG BODEN (1994) für diesen Standort zwischen 8 und 45 cm/d. Die nutzbare Feldkapazität ist mit 207 mm / 10 dm als hoch zu bewerten. Die Feldkapazität entspricht mit 368 mm / 10 dm einer mittleren Einstufung.

Abb. 24 stellt die im Zeitraum von Juni 1995 bis Juni 1996 für die Fruchtfolge Zuckerrüben-Winterweizen modellgestützt berechneten Wassergehalte ausgewählter Bodentiefen dar. Das dort ebenfalls dargestellte Bodenfeuchteregime (BFR) gibt einen Überblick über die Zeit-Tiefendifferenzierung des landschaftsökologischen Hauptmerkmals Bodenfeuchte (s. E. NEEF u.a., 1961).

Der Vergleich von Meßwerten und simulierten Bodenwassergehalten macht deutlich, daß die Bodenwasserdynamik vom Modell insgesamt gut wiedergegeben wird. Das zeigen nicht nur die mittleren absoluten Abweichungen von Modell- und Meßwerten (< 2 Vol.-%). Bereits der visuelle Vergleich von Niederschlags- und Verdunstungsgang einerseits und den Wassergehaltsänderungen im Boden andererseits läßt das Simulationsergebnis plausibel erscheinen. So wird der zeitliche Verlauf bei der Auffüllung (Ende Mai bis Mitte Juni 1995; Mitte August bis Dezember 1995) und der Entleerung des Bodenwasserspeichers (Mitte Juli bis Mitte August 1995) in guter Übereinstimmung mit den Geländebeobachtungen nachgezeichnet. Dies trifft in besonderem Maße auf die oberen Bodenabschnitte zu. Die in Abb. 24 für den Unterboden dargestellten Wassergehaltsverläufe lassen dagegen erkennen, daß die im Zuge der spätsommerlichen Wiederbefeuchtung stattfindende Auffüllung des Bodenwasserspeichers vom Modell mit einer größeren zeitlichen Verzögerung nachvollzogen wird, als dies unter den realen Bedingungen der Fall war (s. Wassergehaltsverläufe zwischen September und November 1995 in 60 und 90 cm Tiefe). Die Amplitude der Wassergehaltsschwankung weicht allerdings auch in diesen Bodentiefen nur geringfügig von der gemessenen ab. Die jährlichen Absolutbeträge der Wassergehaltsschwankung lagen im untersten Kompartiment (90-100 cm) bei etwa 10 Vol.-%, in 60 cm Tiefe bei 16 Vol.-%. Ein Wassergehalt von 25 Vol.-% (90-100 cm) bzw. 20 Vol.-% (60-70 cm Tiefe) wurde dabei jedoch nicht unterschritten. Demgegenüber traten im Oberboden (0-10 cm) gemessene und simulierte Wassergehaltsschwankungen von bis zu 36 Vol.-% auf. Ein Beispiel für die extreme Variabilität der Wassergehalte im Oberboden (1-5 cm) ist in Abb. 28 für den Zeitraum von April bis November 1996 dargestellt. Zwar ergibt sich auch hier eine enge Korrelation zwischen gemessenem und simuliertem Wassergehalt (r = 0,91). Die für die Differenz zwischen Meß- und Modellwerten berechnete Standardabweichung (s = 3,77) deutet jedoch an, daß die Vorhersagegenauigkeit des Feuchteverlaufs mit zunehmender Annäherung an den Grenzbereich Boden-Atmosphäre deutlich abnimmt (vgl. Tab. 5).

5.1.3.2 Bodenfeuchteverhältnisse in einer Löß-Pseudogley-Parabraunerde

Das in Abb. 25 dargestellte Profil gibt den Aufbau einer schwach pseudovergleyten Parabraunerde wieder. Wie bei der zuvor beschriebenen Braunerde, ist auch hier das Ausgangsmaterial weichselzeitlicher Löß, der zu tonigem Schluff verwittert ist. Die Ton- und Schluffgehalte des Ap- und Al-Horizontes variieren lediglich in einer Spanne von 1 %. So beträgt der Tonanteil hier 14 bzw. 15 Gew.-%, während der Schluffanteil etwa 81 Gew.-% ausmacht. Der Übergang zum Bt-Horizont drückt sich in einer Tongehaltszunahme von maximal 4 % aus. Die Tongehaltsdifferenz liegt damit zwar unterhalb des nach AG BODEN (1994) für die Ausweisung eines Bt-Horizontes erforderlichen Wertes von 5 %. Gut sichtbare Tonhäutchen an Aggregatoberflächen und Hohlraumwandungen lassen eine Ansprache als Illuvialhorizont jedoch sinnvoll erscheinen. Neben der Tonanreicherung treten in den oberen Horizontabschnitten vereinzelt Staunässemerkmale auf. Diese nehmen mit wachsender Tiefe und größerer Annäherung an den dicht gelagerten Staukörper zu. Aufgrund der großen Tiefenlage des Sd-Horizontes wird der Hauptwurzelraum nicht in größerem Umfange vom Stauwasser beeinflußt. Wie die ausgeglichene Porengrößenverteilung erwarten läßt, herrschen im Profilabschnitt bis 100 cm Tiefe Bedingungen für eine ungehinderte Sickerung vor. Dies zeigen auch die Meßwerte der gesättigten hydraulischen Leitfähigkeit. Im Unterschied zu den bei AG BODEN (1994) für die Bodenarten Ut3 und Ut4 angegebenen Wasserdurchlässigkeiten wurden hier im Wurzelraum Werte von mehr als 100 cm/d gemessen. Im Sd-Horizont beträgt die gemessene Wasserdurchlässigkeit weniger als 5 cm/d. Die nutzbare Feldkapazität ist mit 225 mm / 10 dm als hoch einzustufen. Für die Feldkapazität ergibt sich nach AG BODEN (1994) ein Wert von 365 mm / 10 dm.

Das in Abb. 25 dargestellte Isoplethen-Diagramm gibt eine für Sickerwasser-Bodenfeuchteregime typische Feuchteverteilung im Boden wieder. Unterhalb des Ap-Horziontes zeigt sich eine recht ausgeglichene Verteilung der Bodenfeuchte mit kontinuierlich nach unten hin abnehmenden Was-

Standort 1: Löß-Braunerde

Koordinaten: 3570500/5763975 Höhe: 166 m Reliefform: Hangverflachung
Nutzung: Acker (Winterweizen) Hangneigung: 2,5° Ausgangsgestein: Löß
Exposition: 112°

Profilbeschreibung

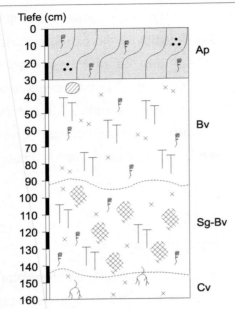

Ap: brown (10YR 4/6), stark toniger Schluff, schwach humos, Krümelgefüge, geringe bis mittlere Lagerungsdichte, skelettfrei, sehr stark durchwurzelt, zahlreiche Regenwürmer

Bv: yellowish brown (10YR 5/6), stark toniger Schluff, sehr schwach humos, Polyedergefüge, mittlere Lagerungsdichte, skelettfrei, mittlere Durchwurzelung, zahlreiche Fe- und Mn-Konkretionen, zahlreiche Regenwurmgänge

Sg-Bv: brown (10YR 4/6), stark toniger Schluff, sehr schwach humos, Polyedergefüge, mittlere Lagerungsdichte, skelettfrei, schwache Durchwurzelung, zahlreiche Fe- und Mn-Konkretionen, mehrere Regenwurmgänge

ICv: yellowish brown (10YR 5/8), mittel toniger Schluff, sehr schwach humos, Polyedergefüge, mittlere Lagerungsdichte, skelettfrei, zahlreiche Fe- und Mn-Konkretionen, sehr schwach durchwurzelt

Physikalische Bodeneigenschaften

Tiefe (cm)	Horiz.	LD (g/ccm)	Skelett (Gew.-%)	gS	mS	fS	gU	mU	fU	T	GP	GPe MP	FP	GPV	SV
				(Gew.-%)							(Vol.-%)				
30	Ap	1,32	0	0,1	0,4	6,3	52,5	17,0	5,5	18,2	6,0	21,0	17,5	44,5	55,5
90	Bv	1,67	0	0,2	0,5	5,9	52,9	17,4	5,8	17,4	5,5	20,5	15,5	41,5	58,5
145	Sg-Bv	1,52	0	0,1	0,2	2,5	51,1	20,4	7,4	18,4	5,5	20,5	15,5	41,5	58,5
170	ICv	n.b.	0	0,1	0,8	3,3	67,2	11,9	3,2	13,6	4,5	23,5	12,5	40,5	59,5

Chemische Bodeneigenschaften

Tiefe (cm)	Horiz.	CaCO$_3$ (Gew.-%)	org.Subst. (Gew.-%)	pH (H$_2$O)	pH (CaCl$_2$)	Ca	Mg	K	Na	KAKpot.	S-Wert	BS (%)	N$_{Ges}$ (mg/100g)	P$_2$O$_5$ (mg/100g)
						(mmol/z/100 g Boden)								
30	Ap	0	1,45	7,9	6,7	4,2	0,8	0,14	0,0	9,6	8,0	83	132,0	12,8
90	Bv	0	0,24	7,3	7,2	4,5	0,8	0,0	0,0	9,4	7,3	78	55,3	3,9
145	Sg-Bv	0	0,21	8,1	7,1	3,5	1,7	0,0	0,0	10,1	6,9	68	n.b.	4,5
170	ICv	0	0,04	8,1	7,1	0,7	2,0	0,0	0,0	6,6	3,3	50	n.b.	4,5

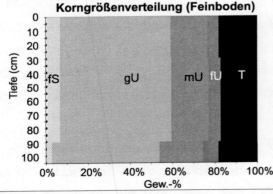

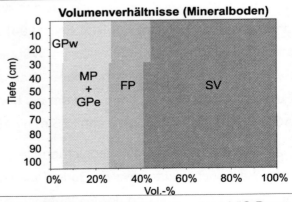

Abb. 24   Standortbedingungen, simulierte und gemessene Bodenfeuchteverhältnisse in einer Löß-Braunerde (Teil 1)

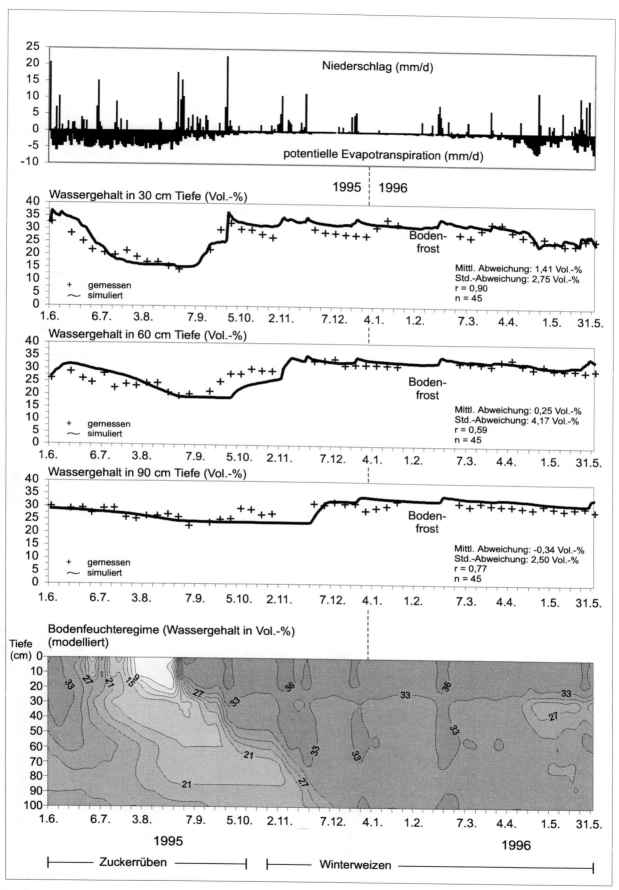

(Abb. 24, Teil 2)

Standort 2: Löß-Pseudogley-Parabraunerde

Koordinaten: 3572302/5764280 Höhe: 149 m Reliefform: Talebene
Nutzung: Acker (Zuckerrüben) Hangneigung: 1° Ausgangsgestein: Löß
Exposition: 120°

Profilbeschreibung

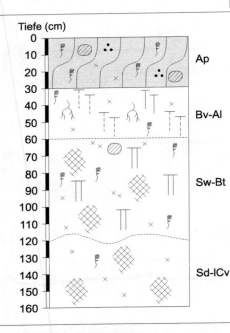

Ap: brown (10YR 4/4), mittel toniger Schluff, schwach humos, Krümel- bis Subpolyedergefüge, mittlere Lagerungsdichte, skelettfrei, sehr stark durchwurzelt, vereinzelte Fe- und Mn-konkretionen, Bodenwühlergänge

Bv-Al: yellowish brown (10YR 5/6), mittel toniger Schluff, sehr schwach humos, Subpolyedergefüge, mittlere Lagerungsdichte, skelettfrei, schwach durchwurzelt, vereinzelte Fe- und Mn-Konkretionen, zahlreiche Regenwürmer

Sw-Bt: brown (10YR 4/6), stark toniger Schluff, sehr schwach humos, Polyedergefüge, mittlere Lagerungsdichte, skelettfrei, nicht durchwurzelt, feinverteilte Fe- und Mn-Konkretionen, Rostfleckung, Bodenwühlergänge

Sd-ICv: dull yellow orange (10YR 6/3), stark toniger Schluff, Subpolyedergefüge, hohe Lagerungsdichte, skelettfrei, fein verteilte Fe- und Mn-Konkretionen, Rostfleckung

Physikalische Bodeneigenschaften

Tiefe (cm)	Horiz.	LD (g/ccm)	Skelett (Gew.-%)	gS	mS	fS	gU	mU	fU	T	GPw	GPe MP	FP	GPV	SV
				(Gew.-%)							(Vol.-%)				
30	Ap	1,37	0	0,5	0,8	2,5	58,2	19,1	4,1	14,8	5,0	24,0	13,5	42,5	57,5
60	Bv-Al	1,52	0	0,4	1,4	3,2	61,6	17,1	2,5	13,8	4,5	23,5	12,5	40,5	59,5
120	Sw-Bt	1,58	0	1,2	2,4	2,1	53,7	18,5	5,1	17,1	5,5	20,5	15,5	41,5	58,5
160	Sd-ICv	1,75	0	0,1	0,1	1,7	55,5	23,5	0,9	18,2	2,5	18,0	15,5	36,0	64,0

Chemische Bodeneigenschaften

Tiefe (cm)	Horiz.	CaCO$_3$ (Gew.-%)	org.Subst. (Gew.-%)	pH (H$_2$O)	pH (CaCl$_2$)	Ca	Mg	K	Na	KAKpot.	S-Wert	BS (%)	N$_{Ges}$ (mg/100g)	P$_2$O$_5$
						(mmol/z/100 g Boden)								
30	Ap	0,6	1,92	7,9	6,6	9,6	0,5	0,25	0,0	12,1	10,3	85	153,2	33,6
60	Bv-Al	0,0	0,66	7,6	6,3	4,7	0,4	0,0	0,0	6,2	5,1	82	46,0	1,8
120	Sw-Bt	0,0	0,62	8,1	7,0	6,6	0,4	0,0	0,0	9,1	7,2	78	n.b.	2,2
160	Sd-ICv	7,8	0,02	8,1	7,0	8,9	0,7	0,0	0,0	8,0	9,6	100	n.b.	2,3

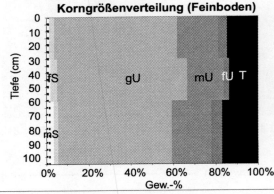

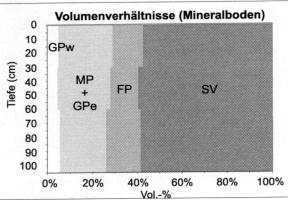

Abb. 25 Standortbedingungen, simulierte und gemessene Bodenfeuchteverhältnisse in einer Löß-Pseudogley-Parabraunerde

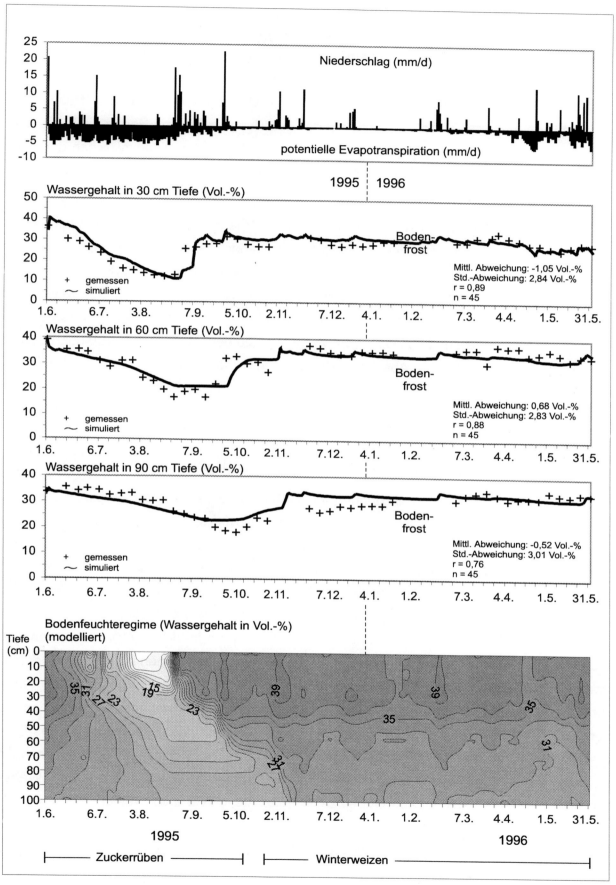

(Abb. 25, Teil 2)

sergehalten und relativ geringen Wassergehaltsunterschieden im Unterboden. Die aufgrund der einheitlichen Porenverteilung zu erwartende gleichmäßige Perkolation des Bodenwassers nach Niederschlägen drückt sich in den nach unten gerichteten, zapfenförmigen Ausbuchtungen der Isoplethen aus. Die im Sommer zwischen Ober- und Unterboden auftretenden Wassergehaltsdifferenzen von mehr als 20 Vol.-% werden in der Auffüllungsphase von Herbst bis Frühjahr nahezu wieder ausgeglichen. Ende März beträgt der Wassergehaltsunterschied zwischen der Untergrenze des Ap-Horizontes und dem untersten Bodenkompartiment in 90-100 cm Tiefe weniger als 5 Vol.-%.

Wie der Vergleich von simulierten und gemessenen Bodenwassergehalten veranschaulicht, geben die Modellergebnisse den Feuchtegang dieses Standortes in guter Annäherung an die realen Verhältnisse wieder. Im Unterschied zu dem zuvor beschriebenen Standort wird die Oberbodenfeuchte vom Modell geringfügig überschätzt. Die mittlere Abweichung von gemessenen und simulierten Wassergehalten beträgt in der Bodenzone von 1-5 cm ca. 2 Vol-% (Standardabweichung 3,8 Vol.-%; s. Abb. 28). In einer Tiefe von 30 cm liegt sie bei etwa 1 Vol.-% (Standardabweichung 2,8 Vol.-%). Für die untereren Abschnitte des Bodens gilt die an anderer Stelle geschilderte, zeitlich stärker verzögerte Änderung der simulierten Bodenwassergehalte bei Wiederbefeuchtung im Anschluß an ausgedehnte Trockenphasen.

5.1.3.3 Bodenfeuchteverhältnisse in einem Hanglöß-Kolluvisol

Kolluvisole sind typische Bodenbildungen im Fußbereich ackerbaulich genutzter Hangstandorte. Auffälligstes Merkmal des in Abb. 26 dargestellten Kolluvisols ist der im Unterboden auftretende fossile Ah-Horizont. Infolge intensiver Bodenabtragsprozesse im Einzugsgebiet dieses Standortes wird er von einer ca. 1 m mächtigen Akkumulationsdecke überlagert. Da seine Obergrenze noch in den 50er Jahren dieses Jahrhunderts die Geländeoberfläche bildete, kann aus der Mächtigkeit der Akkumulationsdecke auf die Intensität der Bodenerosionsvorgänge im Bereich dieses Standortes geschlossen werden. Danach ergibt sich hier ein jährlicher Akkumulationsbetrag von mehr als 2 cm Feinboden. Hinsichtlich der Korngrößenverteilung zeigen sich zwischen dem in jüngerer Zeit abgelagerten und dem „fossilen" Boden keine Unterschiede. Wie schon bei den anderen Standorten erwähnt, variieren Ton- und Schluffgehalte auch in diesem Profil nur im Bereich von 1,5 Gew.-%. Ein weiteres, vor allem aus wasserhaushaltlicher Sicht bedeutsames Standortmerkmal ist die starke und tiefreichende Bodenwühlertätigkeit. Der durch die zahlreichen Regenwurmröhren hervorgerufene hohe Sekundärporenanteil wirkt sich wesentlich auf die Wasserleitfähigkeit aus. Messungen ergaben für einzelne Horizonte kf-Werte von 169 cm/d.

Die Feldkapazität dieses Standortes beträgt 384 mm / 10 dm, während die nFK 255 mm / 10 dm erreicht. Einen Überblick über die durchschnittliche Verfügbarkeit des pflanzennutzbaren Wassers gibt Abb. 26.

Das in Abb. 26 für den Kolluvisol-Standort dargestellte Isoplethendiagramm zeigt die typischen Merkmale eines Sickerwasserregimes (vgl. E. NEEF u.a., 1961). Mit Ausnahme der sommerlichen Trockenphase (Ende Juli bis Mitte August 1995), die zur Ausbildung eines hohen vertikalen Feuchtegefälles führte, zeichnete sich der gesamte Bodenkörper im übrigen Zeitraum durch eine gleichmäßige Durchfeuchtung aus. Bereits Ende Dezember sind die durch den Wurzelwasserentzug in der Vegetationsperiode hervorgerufenen und bis weit in den Unterboden hineinreichenden Wassergehaltsunterschiede ausgeglichen. Die insbesondere bei längeren Niederschlagsperioden zu beobachtende senkrechte Anordnung der Isolinien gibt Hinweise auf eine ungehinderte Perkolation und auf ein verhältnismäßig rasches Vordringen des zugeführten Wassers in tiefer gelegene Bodenabschnitte.

Zieht man die in Abb. 26 und 28 aufgeführten Korrelationskoeffizienten und Streuungsmaße als Gütekriterien für das Simulationsergebnis heran, so zeigt sich auch für diesen Sickerwasserstandort, daß die Wassergehaltsdynamik mit vergleichsweise geringen Abweichungen von den Meßergebnissen nachvollzogen werden kann. Die engsten Zusammenhänge zwischen gemessenen und simulierten Werten lassen sich in den Tiefenstufen von 1 bis 60 cm beobachten. Deutlich geringere Korrelationskoeffizienten ergaben sich dagegen für die Bodenzone zwischen 90 und 100 cm Tiefe. Aufgrund einer vergleichsweise kleinen Amplitude der Wassergehaltsschwankungen im Jahresverlauf treten hier aber gleichzeitig die geringsten mittleren und absoluten Abweichungen zwischen gemessenem und berechnetem Wassergehalt auf.

5.1.3.4 Bodenfeuchteverhältnisse in einer schwach pseudovergleyten Braunerde aus umgelagertem Löß und Residualton über Kalkstein

Braunerden aus umgelagertem Löß mit Beimengungen residualer Tonanteile aus der Kalksteinverwitterung treten im Untersuchungsgebiet bevorzugt in steileren Oberhanglagen und in Kuppenbereichen über Ceratitenkalken auf. Im Unterschied zu den tiefgründigen Lößböden der ausgedehnten Becken- und schwächer geneigten Hangbereiche zeichnen sich die Böden dieser Standorte nicht nur durch einen deutlich höheren Tonanteil und das Vorhandensein mehr oder weniger hoher Skelettanteile aus. Sie weisen zudem erhebliche Tongehaltsunterschiede auf. So kommt es unterhalb des Bv-Horizontes zu einer sprunghaften Zunahme des Tonanteils von 20 auf 60 Gew.-% (Abb. 27). Die mit der Korngrößenzusammensetzung und der hohen Lagerungsdichte im BvT verbundene geringere Wasserdurchlässigkeit führt zumindest zeitweilig zur Ausbildung von Staunässe in den darüber liegenden Bodenhorizonten. Allerdings deuten die im ApBv und Bv-Horizont insgesamt nur schwach ausgebildeten hydromorphen Merkmale darauf hin, daß die Wasserleitfähigkeit im tonigen Unterboden aufgrund des hohen Skelettanteils deutlich größer sein muß als der bei AG BODEN (1994) genannte kf-Wert von 1 cm/d. Die nutzbare Feldkapazität im effektiven Wurzelraum ist mit 121 mm nur gering.

Standort 3: Hanglöß-Kolluvisol

Koordinaten: 3570630/5763960 Höhe: 152 m Reliefform: fast ebener Hangfuß
Nutzung: Acker (Winterweizen) Hangneigung: 1,5° Ausgangsgestein: umgelagerter Löß über Löß
Exposition: 90°

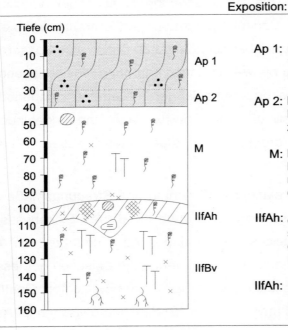

Profilbeschreibung

Ap 1: brown (10YR 4/4), mittel toniger Schluff, schwach humos, Krümel- bis Subpolyedergefüge, geringe Lagerungsdichte, skelettfrei, sehr stark durchwurzelt, zahlreiche Regenwürmer

Ap 2: brown (10YR 4/4), mittel toniger Schluff, schwach humos, Plattengefüge, mittlere Lagerungsdichte, stark durchwurzelt, zahlreiche Regenwürmer

M: brown (10YR 4/6), mittel toniger Schluff, sehr schwach humos, Subpolyedergefüge, mittlere Lagerungsdichte, mittel durchwurzelt, zahlreiche Regenwürmer, Humuseinschlüsse in Bodenwühlergängen

IIfAh: dull yellowish brown (10YR 5/4), mittel toniger Schluff, schwach humos, Subpolyedergefüge, hohe Lagerungsdichte, vereinzelte Kalksteine, Rostfleckung, einzelne Fe- und Mn-Konkretionen

IIfAh: brown (10YR 4/6), mittel toniger Schluff, sehr schwach humos, Subpolyedergefüge, mittlere Lagerungsdichte, mittel durchwurzelt vereinzelte Fe- und Mn-Konkretionen

Physikalische Bodeneigenschaften

Tiefe (cm)	Horiz.	LD (g/ccm)	Skelett (Gew.-%)	gS	mS	fS	gU	mU	fU	T	GPw	GPe MP	FP	GPV	SV
				(Gew.-%)							(Vol.-%)				
30	Ap 1	1,41	0	0,2	0,6	2,2	59,9	18,6	3,2	15,3	10,0	26,0	13,5	49,5	50,5
40	Ap 2	1,58	0	0,2	0,6	1,9	60,9	17,8	4,3	14,3	5,0	24,0	13,5	42,5	57,5
95	M	1,45	0	0,1	0,4	2,1	59,2	18,8	5,5	14,0	9,5	25,5	12,5	47,5	52,5
115	IIfAh	1,49	0	0,0	0,3	1,5	59,6	19,6	4,1	14,8	5,0	24,0	13,5	42,5	57,5

Chemische Bodeneigenschaften

Tiefe (cm)	Horiz.	$CaCO_3$	org.Subst.	pH (H_2O)	pH ($CaCl_2$)	Ca	Mg	K	Na	KAKpot.	S-Wert	BS	N_{Ges}	P_2O_5
		(Gew.-%)				(mmol/z/100 g Boden)						(%)	(mg/100g)	
30	Ap 1	0,5	1,69	7,6	7,0	6,4	0,6	0,61	0,0	10,5	7,6	72	98,0	27,7
40	Ap 2	0,0	1,42	8,1	6,4	6,6	0,6	0,11	0,0	11,3	7,3	65	133,4	18,9
95	M	0,0	0,85	8,2	6,9	4,7	0,6	0,0	0,0	8,9	5,3	60	83,9	3,0
115	IIfAh	7,8	1,07	7,4	6,9	5,3	0,5	0,0	0,0	10,0	5,7	57	100,5	3,5

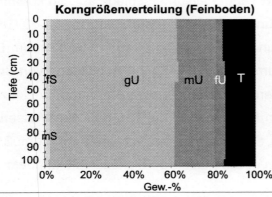

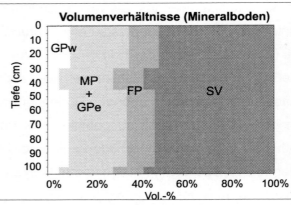

Abb. 26 Standortbedingungen, simulierte und gemessene Bodenfeuchteverhältnisse in einem Hanglöß-Kolluvisol

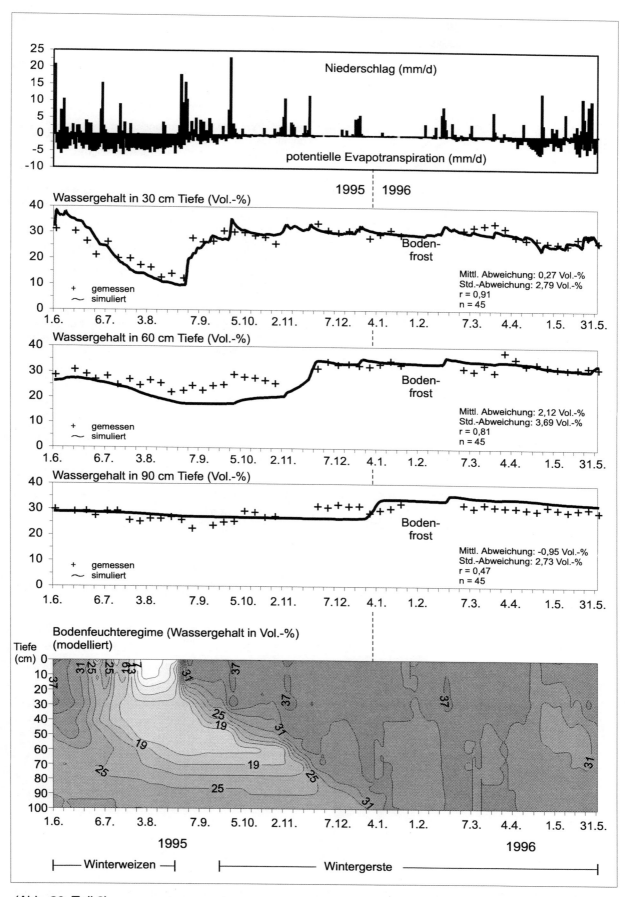

(Abb. 26, Teil 2)

Standort 4: schwach pseudovergleyte Braunerde aus umgelagertem Löß über Residualton

Koordinaten: 3570380/5764030 Höhe: 182 m Reliefform: konvexer Oberhang
Nutzung: Acker (Winterweizen) Hangneigung: 6° Ausgangsgestein: Löß über Residualton über Kalkstein
Exposition: 100°

Profilbeschreibung

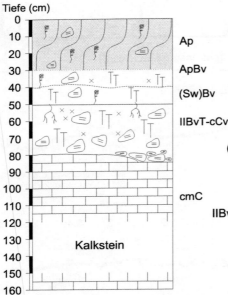

Ap: brown (10YR 4/4), stark toniger Schluff bis stark schluffiger Ton, mittel humos, Krümel- bis Polyedergefüge, geringe bis mittlere Lagerungsdichte, geringer Skelettgehalt, sehr stark durchwurzelt

Ap-Bv: brown (10YR 4/4), stark toniger Schluff, schwach humos, Polyedergefüge, mittlere Lagerungsdichte, geringer Skelettgehalt, mittlere Durchwurzelung

(Sw)Bv: brown (10YR 4/6), stark toniger Schluff, sehr schwach humos, Polyedergefüge, mittlere Lagerungsdichte, geringer Skelettgehalt, schwach durchwurzelt, vereinzelte Fe- und Mn-Konkretionen

IIBvT-cCv: olive brown (2,5Y 4/6), schwach schluffiger Ton, sehr schwach humos, Plattengefüge, hohe Lagerungsdichte, hoher Skelettgehalt, fein verteilte Fe- und Mn-Konkretionen, carbonathaltig

cmC: Festgestein

Physikalische Bodeneigenschaften

Tiefe (cm)	Horiz.	LD (g/ccm)	Skelett (Gew.-%)	gS	mS	fS	gU	mU	fU	T	GPw	GPe MP	FP	GPV	SV
				(Gew.-%)							(Vol.-%)				
30	Ap	1,36	3	0,6	1,9	3,1	48,5	15,1	8,4	25,1	10,2	22,8	19,5	52,5	47,5
40	Ap-Bv	1,57	4	0,5	2,2	3,6	44,3	16,7	7,8	25,0	9,1	21,6	18,3	49,0	51,3
50	(Sw)Bv	1,60	7	0,6	1,7	3,0	47,3	19,5	8,0	19,9	5,5	19,1	15,0	39,6	60,1
80	BvT-Cv	n.b.	54	0,3	0,7	2,1	7,9	13,7	14,9	60,3	2,0	5,1	21,6	28,7	71,3

Chemische Bodeneigenschaften

Tiefe (cm)	Horiz.	CaCO$_3$ (Gew.-%)	org.Subst. (Gew.-%)	pH (H$_2$O)	pH (CaCl$_2$)	Ca	Mg	K	Na	KAKpot.	S-Wert	BS (%)	N$_{Ges}$ (mg/100g)	P$_2$O$_5$ (mg/100g)
						(mmol/z/100 g Boden)								
30	Ap	1,6	2,71	7,6	6,6	13,4	0,7	0,58	0,0	14,9	14,7	99	154,8	31,1
40	Ap-Bv	2,8	1,74	8,0	6,6	13,8	0,6	0,45	n.b.	14,6	14,8	100	139,8	29,4
50	(Sw)Bv	0,4	0,53	7,8	6,8	10,3	0,6	0,0	0,0	13,2	10,9	83	49,5	3,3
80	BvT-Cv	7,3	0,27	7,6	7,2	30,0	1,4	0,0	0,0	24,8	31,4	100	n.b.	1,5

Korngrößenverteilung (Feinboden)

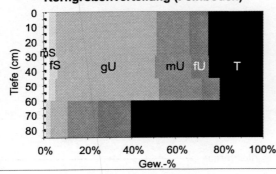

Volumenverhältnisse (Mineralboden)

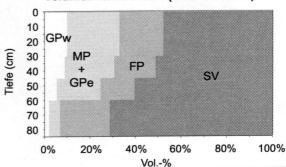

Abb. 27 Standortbedingungen, simulierte und gemessene Bodenfeuchteverhältnisse in einer schwach pseudovergleyten Braunerde aus umgelagertem Löß und Residualton über Kalkstein

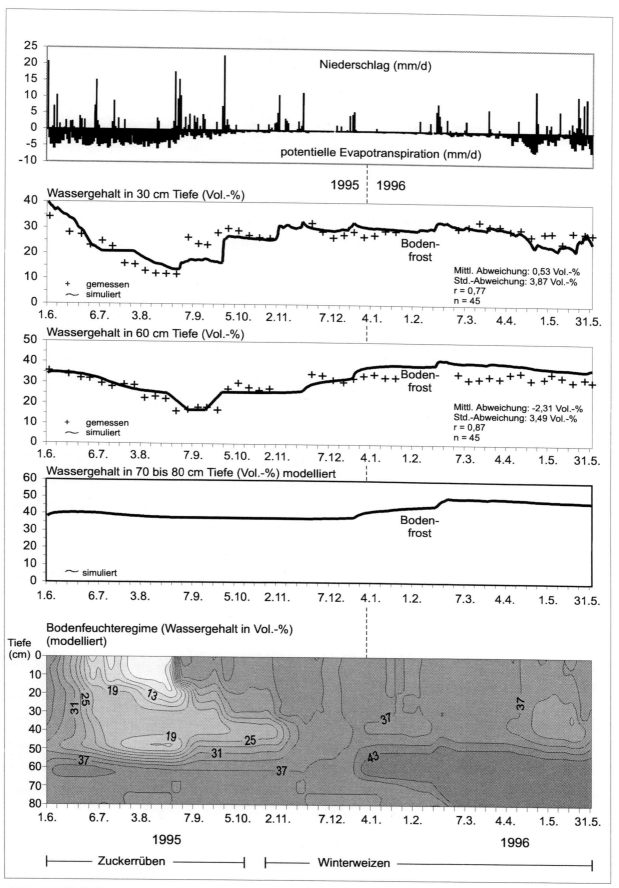

(Abb. 27, Teil 2)

Bereits bei der Profilbeschreibung wurde darauf hingewiesen, daß oberhalb des tonigen Horizontes verhältnismäßig schwach ausgeprägte Staunässemerkmale auftreten. Dies deutet an, daß der Standort hinsichtlich seiner bodenwasserhaushaltlichen Dynamik eine Zwischenstellung zwischen Stauwasser- und Sickerwasser-Bodenfeuchteregimen einnimmt. Wie von E. NEEF u.a. (1961) für ähnliche Verhältnisse beschrieben, ist auch hier weder die für Sickerwasserstandorte typische gleichmäßige Durchfeuchtung im Gesamtprofil noch eine ausgeprägte Feuchtezonierung im Profil erkennbar. Vielmehr wechseln Phasen mit geringen Feuchteunterschieden und solche mit deutlicher Feuchtezonierung ab. Die stauende Wirkung des Ton-Horizontes auf den darüber liegenden Bv-Horizont läßt sich gut in den Jahreszeiten mit positiver Wasserbilanz beobachten (s. Herbst 1995 bis Frühjahr 1996). In dieser Zeit treten im Bv-Horizont (40 und 50 cm) deutlich höhere Wassergehalte auf als in den darüber liegenden Horizonten (Wassergehaltsdifferenz bis 6 Vol.-%). Den im Isoplethendiagramm dargestellten simulierten Wassergehalten läßt sich auch entnehmen, daß der Porenraum dieses Horizontes (GPV: 41 Vol.-%) zu den genannten Zeitpunkten nahezu vollständig mit Wasser gefüllt ist. Ebenso plausibel wie der geschilderte Feuchteverlauf in den oberen Bodenhorizonten erscheint auch der Feuchtegang im Staukörper (Tiefe > 50 cm). Infolge eingeschränkter Durchwurzelung und damit zusammenhängender geringer Wasserentnahmen durch die Wurzeln sind die Wassergehaltsunterschiede in diesem Horizont vergleichsweise schwach ausgeprägt.

Obwohl die Modellergebnisse den Feuchtegang insgesamt nachvollziehbar wiedergeben, zeigen sich im Oberboden (30 cm Tiefe) für die unmittelbar auf die sommerliche Trockenperiode folgende niederschlagsreichere Zeit größere Abweichungen zwischen simulierten und gemessenen Wassergehalten. Auf mögliche Ursachen hierfür wurde bereits an anderer Stelle hingewiesen. Für die im Tiefenbereich von 30 cm auftretenden Differenzen zwischen gemessenen und simulierten Werten wurde eine Standardabweichung von 3,9 Vol.-% berechnet. Ein ähnlicher Wert ergab sich auch für die Bodenzone von 1-5 cm (Abb. 28).

5.2 Extrapolation der standörtlich simulierten Bodenfeuchte auf Flächeneinheiten – Prinzipieller Ansatz

Die vorangegangenen Ausführungen zeigen, daß eine standörtliche Simulation des zeitlichen Verlaufes von Bodenwassergehalten mit einer auf die Meßwerte bezogenen mittleren absoluten Abweichung von 2-4 Vol.-% möglich ist. Ihr Ergebnis ist dabei um so zuverlässiger, je weniger die standörtlichen Verhältnisse von den bei der Modellkalibrierung verwendeten Eingangsgrößen, Randbedingungen und Modellparametern abweichen (s. H. ZEPP, 1995).

Zur Abbildung räumlich und zeitlich variabler „Bodenfeuchtefelder" und zur Bereitstellung flächenhafter Feuchtewerte für die Erosionsmodellierung sind die punktuell für Einzelstandorte berechneten Wassergehalte auf größere Gebietseinheiten zu extrapolieren, d.h. zu regionalisieren. Hierbei

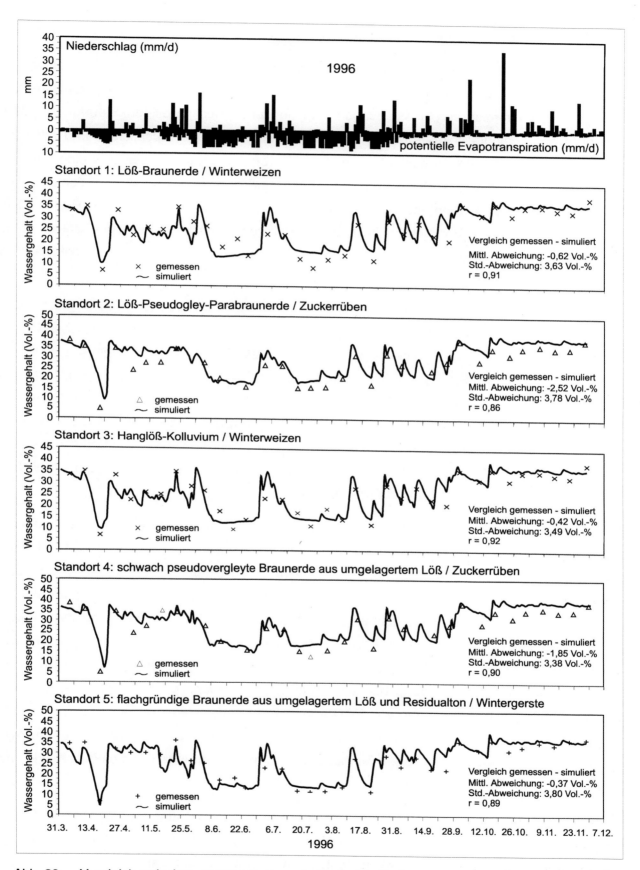

Abb. 28 Vergleich zwischen gemessenen und simulierten Bodenwassergehalten im Krumenbereich (1-5 cm Tiefe)

sind unterschiedliche Vorgehensweisen denkbar:

1. Im einfachsten Falle werden die mit dem Wasserhaushaltsmodell für einen Standort simulierten Wassergehalte durch Analogieschluß auf Raumeinheiten (Tope, Elementarflächen) übertragen, deren strukturelle Ausstattungsmerkmale denen des jeweiligen Standortes entsprechen. Das „Analogieschlußverfahren" stellt nach wie vor die gebräuchlichste und rationellste Methode der Extrapolation punkthaft ermittelter Daten dar. Es weist allerdings eine Reihe von Nachteilen auf. So wird die Variabilität von Boden- und Nutzungsparametern in den als „homogen" ausgewiesenen Elementarflächen bekanntermaßen nicht berücksichtigt. Bei nichtlinearem Modellverhalten ist die Beurteilung der Modellergebnisse mit erheblichen Unsicherheiten behaftet, da eine Fehlerabschätzung wegen mangelnder Kenntnis der Faktorvariabilität in der Regel nicht oder nur eingeschränkt möglich ist.

Ein weiterer Nachteil des auf fest umgrenzte Flächeneinheiten bezogenen Analogieschlußverfahrens ist die fehlende Berücksichtigung von Nachbarschaftsbeziehungen zwischen den einzelnen Elementarflächen in einem Einzugsgebiet. Diese Vorgehensweise eignet sich deshalb vor allem für die Abbildung des Wasserhaushaltsgeschehens ebener Flächen mit fehlenden lateralen Zu- und Abflüssen. Bei gleicher Bodenstruktur und Vegetation führt das Relief zu einer starken Standortdifferenzierung, so daß im Prinzip für jeden dieser Standorte eine Modellsimulation durchzuführen wäre. Angesichts der allein durch das Relief bedingten Standortvielfalt ist eine einzelstandörtliche Simulation des Wasserhaushaltes bei einem gebietsbezogenen Arbeitsansatz praktisch kaum realisierbar.

2. Eine weitere Möglichkeit der räumlichen Übertragung punkthaft simulierter Wasserhaushaltsgrößen bietet die Bestimmung sogenannter effektiver Parameter (s. B. DIEKKRÜGER, 1992). Hierunter werden Parameter verstanden, die die mittleren Eigenschaften einer Raumeinheit repräsentieren. Auf ihrer Grundlage lassen sich Mittelwerte von Zustandsvariablen für eine entsprechende Flächeneinheit berechnen. Bei Wasserhaushaltssimulationen sind die effektiven Parameter „aus der Verteilung der Parameter der Retentions- und Leitfähigkeitsfunktion" abzuleiten (B. DIEKKRÜGER, 1992, S. 152). Im Unterschied zu dem oben beschriebenen Verfahren wird durch die Verwendung effektiver Parameter versucht, die räumliche Variabilität der Modellparameter durch Bildung von Flächenmittelwerten der Parameterausprägungen zu berücksichtigen. Gleichwohl ist allerdings auch hier zu beachten, daß die Verwendung mittlerer Modellparameter bei nichtlinearem Verhalten der Modellgleichungen nur eingeschränkt möglich ist (s. B. DIEKKRÜGER, 1998).

Wegen des hohen Meß- und Analysenaufwandes, der zur Erfassung der räumlichen Variabilität der Parameter erforderlich ist, ist das Konzept der effektiven Parameter bei großflächigen Landschaftshaushaltsanalysen arbeitstechnisch nur schwer umsetzbar.

Das im folgenden beschriebene Verfahren zur Regionalisierung der Oberbodenfeuchte beschreitet deshalb einen anderen Weg. Hierbei werden die für Einzelstandorte mit einem zeitdynamischen Wasserhaushaltsmodell simulierten Oberbodenwassergehalte zunächst auf Flächeneinheiten mit identischer Bodenstruktur und Nutzung übertragen und anschließend mit Relief- und Relieflageeigenschaften verknüpft. Zu diesem Zwecke wurde ein auf der Grundlage von Bodenfeuchtemessungen entwickeltes empirisches Regionalisierungsverfahren eingesetzt. In Abhängigkeit von zentralen Reglergrößen des Reliefs (Hangneigung, Hangrichtung, lokales Einzugsgebiet, Hanglänge und Wölbungsform) ermittelt dieses Verfahren für jeden Ort (Rasterzelle) in dem betrachteten Gebiet einen Wert für mittlere Abweichung des Wassergehaltes vom Wassergehalt eines in ebener Lage befindlichen Standortes. Auf diese Weise können nicht nur boden- und nutzungsbedingte Feuchteunterschiede, sondern auch reliefbedingte Feuchtedifferenzierungen flächenhaft abgebildet werden. Das Verfahren geht damit über die bloße Übertragung eines standörtlichen Punktdatums auf eine in bezug auf Boden- und Nutzungsverhältnisse gleichartig ausgestattete Flächeneinheit hinaus (s.o.).

Das zur Extrapolation der Standortdaten einzusetzende Verfahren sollte folgende Kriterien erfüllen:

- es muß flächenhaft anwendbar sein,
- die Basisdaten müssen gut verfügbar sein,
- die Modelleingangsgrößen müssen mit Standardverfahren ableitbar sein, und
- der Einfluß des Reliefs soll flächendeckend berücksichtigt werden können.

5.2.1 Die räumliche Variabilität der Oberbodenfeuchte und ihre Abhängigkeit vom Relief

Die kleinräumige Variabilität der Oberbodenfeuchte auf Flächen mit homogener Bodenstruktur und gleichartigen Nutzungsbedingungen wird, abgesehen von bewirtschaftungsbedingten Einflüssen (z.B. Bodenverdichtungen), maßgeblich vom Relief gesteuert. Dieses beeinflußt nicht nur den oberirdischen Zu- und Abfluß, die Abflußintensität und die Verweildauer des Wassers auf der Bodenoberfläche. Hangneigungsrichtung und Hangneigung nehmen darüber hinaus entscheidenden Einfluß auf den kurzwelligen Strahlungsgewinn und wirken so differenzierend auf die Evapotranspiration.

Die Zusammenhänge zwischen der flächenhaften Verteilung der Bodenfeuchte und einzelnen Reliefeigenschaften sind ausführlich untersucht (s. M. J. KIRKBY & R. J. CHORLEY, 1967; T. DUNNE & R. D. BLACK, 1970; M. G. ANDERSON & T. P. BURT, 1978; T. P. BURT & D. P. BUTCHER, 1986; M. J. KIRKBY, 1993; I. D. MOORE u.a., 1993; G. WESSOLEK u.a., 1994). Danach lassen sich folgende Gesetzmäßigkeiten beobachten:

- Konkave Reliefformen wie Geländeeinkerbungen, Hangmulden- und Senkenbereiche zeichnen sich in der Regel durch eine höhere Bodenfeuchte aus als konvexe Formen (z.B. Hangsporne, Kuppen oder Kämme).

- Hangabschnitte mit geringer Hangneigung sind aufgrund längerer Verweilzeiten des oberirdisch abfließenden Wassers feuchter als steilere Hangabschnitte, an denen die Infiltration infolge des stärkeren Oberflächenabflusses vermindert ist.

- Die Bodenfeuchteverteilung am Hang ist abhängig von der Größe des lokalen Einzugsgebietes an der jeweiligen Hangposition. Unter dem lokalen Einzugsgebiet wird die oberhalb eines Geländepunktes gelegene, zuflußliefernde Fläche verstanden. Die Größe des lokalen Einzugsgebietes läßt sich nach W. LEHMANN (1995) als Maß für die Erhöhung der Bodenfeuchte an einem Geländepunkt durch laterale Zuflüsse auffassen.

- An Nordhängen nimmt die Verdunstung mit zunehmender Hangneigung ab. Dementsprechend zeichnen sich stärker geneigte Abschnitte an Nordhängen bei gleicher Bodenart und Nutzung durch höhere Bodenwassergehalte und eine höhere Grundwasserneubildung aus. An Südhängen kehren sich die beschriebenen Verhältnisse um.

- Nördlich exponierte Hänge sind im Vergleich mit Südhängen durch höhere Bodenfeuchten und eine tiefgründigere Durchfeuchtung gekennzeichnet.

Ausgehend von diesen Gesetzmäßigkeiten lassen sich Regionalisierungsansätze zur flächendifferenzierten Abbildung des landschaftshaushaltlichen Prozeßfaktors „Oberbodenfeuchte" entwickeln. Beispiele für die Vorhersage räumlich differenzierter Bodenfeuchteverteilungen auf der Grundlage von Reliefparametern und daraus abgeleiteter „Topographieindices" finden sich u.a. bei I. D. MOORE u.a. (1988, 1993), T. P. BURT & D. P. BUTCHER (1986) und W. LEHMANN (1995). Zu den am häufigsten bei der raumbezogenen Abbildung von Feuchtefeldern (*„surface saturation zones"*) verwendeten Kennwerten zählt der Ausdruck „$\ln(a/\tan\beta)$", der die Größe des lokalen Einzugsgebietes (a) und die Hangneigung (β) miteinander kombiniert (I. D. MOORE, 1993). Den gleichen Zusammenhang drücken K. J. BEVEN & M. J. KIRKBY (1979) und T. P. BURT & BUTCHER (1986) mit dem Kennwert „a/β" aus. Daneben existiert eine Vielzahl weiterer Ansätze die zusätzlich zu den genannten morphometrischen Größen auch Wölbungsradien und -formen berücksichtigen (s. T. P. BURT & D. P. BUTCHER, 1986; R. D. BARLING u.a.,1994). Untersuchungen zur Regionalisierung der Bodenfeuchte von W. LEHMANN (1995) führten zu dem Ergebnis, daß die Kombination des Topographieindexes „$\ln(a/\tan\beta)$" mit dem Einstrahlungswinkel „ϕ'" ($\ln(a/\tan\beta)\times\phi'$) eine realistische Wiedergabe der Bodenfeuchteverhältnisse ermöglicht.

Voraussetzung für die Entwicklung eines empirisch-statistischen Modells zur räumlich differenzierten Abbildung der Oberbodenfeuchte ist die Quantifizierung der Zusammenhänge zwischen der Feuchteverteilung und den sie beeinflussenden Größen. Aus diesem Grunde werden in dem seit 1995 laufenden DFG-Projekt „Partikelgebundene Stofftransporte" regelmäßige Messungen zur

Feuchteverteilung auf unterschiedlich exponierten Testparzellen durchgeführt, deren Ergebnisse im folgenden beschrieben werden sollen.

5.2.1.1 Räumliche Verteilung der Bodenfeuchte in Testparzellen

Der statistischen Analyse der Zusammenhänge zwischen der Feuchteverteilung im Oberboden und den sie beeinflussenden Reliefeigenschaften liegen Messungen aus insgesamt vier Testparzellen mit gleichartigen Boden- und Nutzungsverhältnissen zugrunde. Um expositionsbedingte Einflüsse auf die Bodenfeuchte mit berücksichtigen zu können, wurden Testflächen auf Hängen mit folgender Hangneigungsrichtung ausgewählt: NW, SE, S, NE. Die Größe der Testflächen variierte zwischen 2 und 4 ha. Der Abstand der regelmäßig über die Untersuchungsparzellen verteilten Probenahmeorte betrug etwa 25 m × 25 m. Zur gravimetrischen Bestimmung der Wassergehalte wurden Bodenproben aus einer Tiefe von 1-3 cm entnommen. Die Beprobung erfolgte in Intervallen von zwei bis vier Wochen. Da im unmittelbaren Anschluß an ein Regenereignis keine signifikanten Wassergehaltsunterschiede mehr beobachtet werden konnten, wurden bei der Auswertung nur die Rasterbeprobungen berücksichtigt, die in einem Abstand von 1-2 Tagen nach einem Niederschlag durchgeführt worden sind.

Abb. 29 und 30 stellen die Ergebnisse der Rasterbeprobungen am Beispiel einer südöstlich und einer nordwestlich exponierten Untersuchungsfläche dar. Eine Kurzbeschreibung der Oberflächenverhältnisse beider Testparzellen gibt Tab. 6.

Wie der Vergleich der Bodenfeuchteverhältnisse in den untersuchten Flächen zeigt, lassen sich die oben beschriebenen Abhängigkeiten vom Relief und dem Einstrahlungswinkel besonders auf

Testfläche 1 (Schieferkamp)		Testfläche 2 (Bruchkamp)	
Exposition	118°	Exposition	330°
Hangneigung	Oberhang 10°	Hangneigung	Oberhang 7°
	Unterhang 2°		Unterhang 2°
Höhe	150 - 180 m ü. NN	Höhe	150 - 170 m ü. NN
Hangform	Oberhang: konvex	Hangform	Oberhang: gestreckt
	Mittelhang: gestreckt		Mittelhang: gestreckt
	Unterhang: konkav		Unterhang: schwach konkav
Anzahl Rasterpunkte	50	Anzahl Rasterpunkte	30
Bemerkungen	schwach ausgeprägte Hangmulden an der NW- und NE-Seite der Parzelle münden in einen konkaven Akkumulationsbereich im unteren Hangdrittel	Bemerkungen	-

Tab. 6 Oberflächenverhältnisse der Testflächen Schieferkamp und Bruchkamp

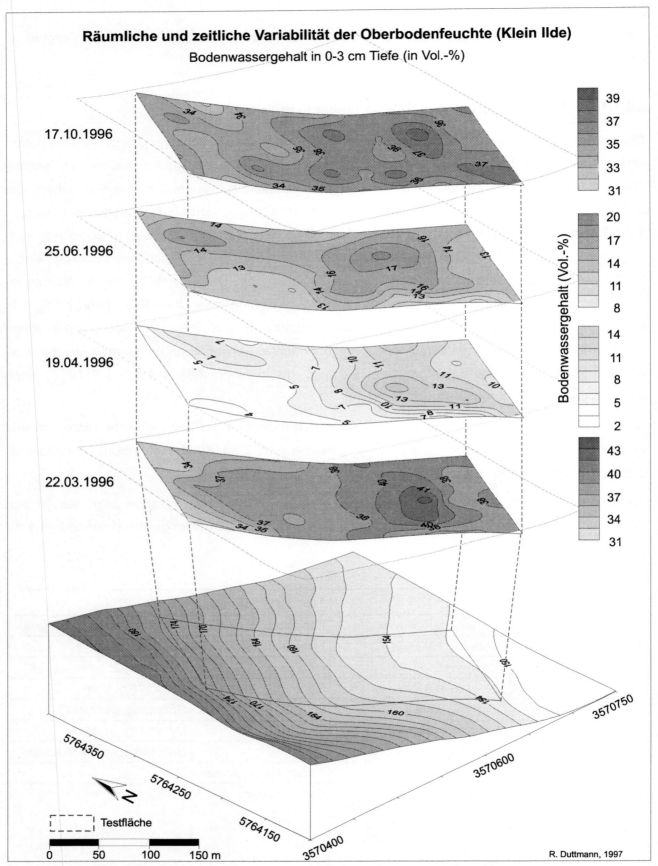

Abb. 29 Zeitliche und räumliche Variabilität des Wassergehaltes im Oberboden (Vol.-%) einer südöstlich exponierten Testparzelle (ausgewählte Termine der Rasteruntersuchungen)

Datengrundlage: T. RÖPKE (1997), E. SCHMIDT (1997), L. BEHRENS (1998)

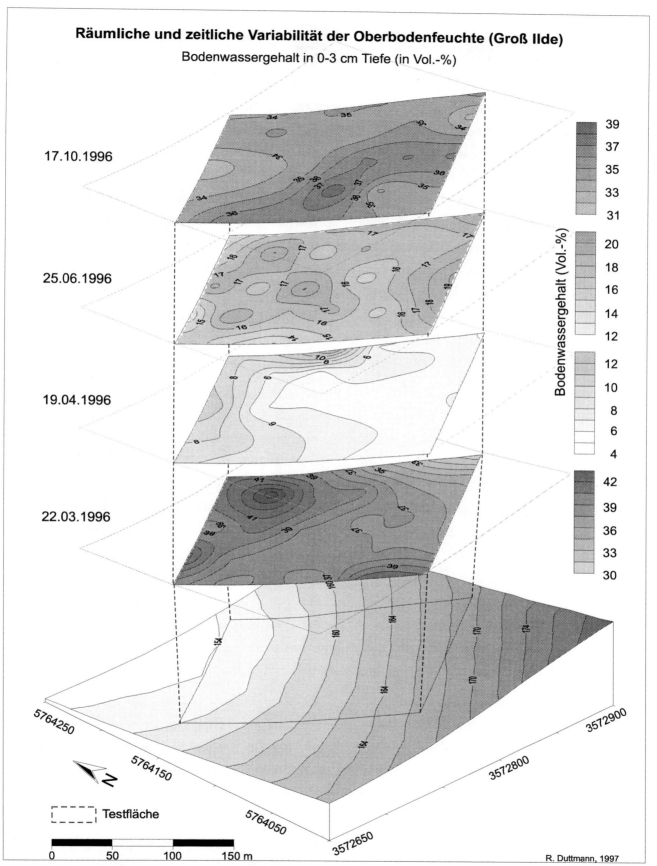

Abb. 30 Zeitliche und räumliche Variabilität des Wassergehaltes im Oberboden (Vol.-%) einer nordwestlich exponierten Testparzelle (ausgewählte Termine der Rasteruntersuchungen)

Datengrundlage: T. RÖPKE (1997), E. SCHMIDT (1997), L. BEHRENS (1998)

dem südöstlich exponierten Hang (Schieferkamp) bei allen Beprobungsterminen beobachten (Abb. 29). In idealtypischer Weise treten die geringsten Bodenwassergehalte dort in den konvex gewölbten Oberhangbereichen und an den steileren Positionen des gestreckten Mittelhanges auf. Diese Hangabschnitte weisen aufgrund ihrer Neigungsverhältnisse und ihrer Wölbungsform nicht nur einen höheren Oberflächenabfluß auf. Sie zeichnen sich auch durch vergleichsweise größere Einstrahlungswinkel und somit durch höhere Einstrahlungsmengen aus als die flacher geneigten Standorte am Unterhang (s. Abb. 33). Deutlich feuchter sind dagegen die vertikal und horizontal konkaven Abflußbahnen, die sich von den Längsseiten der Testparzellen her in den konkav geformten Unterhang hinein erstrecken. Infolge konvergierender Wasserflüsse lassen sich in diesem Hangabschnitt zu allen Jahreszeiten die höchsten Oberbodenwassergehalte beobachten. Die ebenfalls an allen Beprobungsterminen nachweisbare leichte Abnahme der Bodenfeuchte im untersten Hangbereich erklärt sich daraus, daß die Geländeoberfläche vom südlichen Rand des konkaven Zuflußbereichs bis zur unteren Parzellengrenze leicht (10-20 cm) ansteigt. Die im Untersuchungszeitraum beobachtete maximale Wassergehaltsdifferenz zwischen dem trockeneren Oberhangbereich und dem konkav gewölbten Unterhang betrug 22 Vol.-% (Tab. 7).

Ebenso wie für den südlich exponierten Hang beschrieben, zeigt sich auch auf der nach Nordwesten geneigten Rasterfläche „Bruchkamp" eine räumlich stark differenzierte Verteilung der Oberbodenfeuchte (Abb. 30). Verglichen mit den Verhältnissen am Südosthang trat hier vom Frühsommer bis zum Frühherbst allerdings eine genau entgegengesetzte Abfolge der Feuchtezonen am Hang auf (s. Kap. 5.2.2.3 - 5.2.2.6). So zeichneten sich die schwächer geneigten Unterhangbereiche gegenüber den steileren Ober- und Mittelhangbereichen durch eine signifikant geringere Bodenfeuchte aus. Eine mögliche Erklärung hierfür liefern die Einstrahlungsbedingungen. Wie Abb. 33 und 34 verdeutlichen, nimmt der Einstrahlungswinkel an Nordhängen mit zunehmender Hangneigung ab. Folge des geringeren Strahlungsangebotes in stärker geneigter Nordhanglage ist eine verminderte Evapotranspiration (vgl. G. WESSOLEK u.a., 1991, 1994) und damit zusammenhängend eine höhere Bodenfeuchte in diesen Hangabschnitten. Als maximale Wassergehaltsdifferenz zwischen dem Ober- und Unterhang wurde ein Wert von 30 Vol.-% gemessen (Tab. 7). Ebenso wie am Südosthang traten auch hier die höchsten absoluten Wassergehaltsunterschiede im Sommer auf.

Abweichend von den für die Sommermonate beschriebenen Verhältnissen kommt es am Nordwesthang von November bis April zu einer Umkehr der Bodenfeuchteverteilung. So wurde hier eine vom Oberhang zum Hangfuß hin gerichtete Zunahme des Wassergehaltes beobachtet. Als mögliche Ursache für diese Verteilung können die zu Zeitpunkten geringer Bodenbedeckung verstärkt auftretenden oberirdischen Ab- und Zuflüsse angenommen werden. Diese führen im schwach konkav gewölbten Unterhangbereich zu einer Erhöhung der Bodenwassergehalte, während sich die gestreckten und steileren Hangabschnitte infolge höheren Oberflächenabflusses durch eine geringere Bodenfeuchtigkeit auszeichnen. Bei gleichzeitig verringerten Verdunstungs-

Datum	Oberbodenwassergehalte (Vol.-%) der Rasteruntersuchungsflächen															
	27. 02.	22. 03.	05. 04.	19. 04.	03. 05.	17. 05.	31. 05.	25. 06.	25. 07.	22. 08.	19. 09.	17. 10.	15. 11.	13. 02.	20. 03.	17. 04.	22. 05.
Schieferkamp (SE) (n=50)																
Min.	41,5	31,5	28,5	2,8	17,9	22,5	25,5	8,7	5,4	3,6	13,1	24,5	29,4	31,4	24,4	19,4	30,0
Max.	58,7	43,3	40,9	15,1	30,9	31,0	33,3	19,2	12,4	25,8	29,3	39,0	35,3	40,8	39,1	34,5	43,3
Spannw.	17,2	11,8	12,4	12,3	13,0	8,5	7,8	10,5	7,0	22,2	16,2	14,5	5,9	9,4	14,7	15,1	13,3
Stdabw.	4,1	2,6	2,8	3,4	2,8	2,2	1,9	1,9	1,7	4,9	3,9	2,2	1,3	2,5	3,0	3,6	3,6
Bruchkamp (NW) (n = 30)																
Min.	-	30,2	20,6	3,9	14,6	25,0	-	12,3	9,6	13,1	9,7	32,5	30,6	20,5	26,7	20,9	33,4
Max.	-	44,7	47,7	12,7	25,3	30,4	-	19,7	14,9	27,5	39,2	39,0	37,7	42,8	47,8	35,6	48,9
Spannw.	-	14,5	27,1	8,8	10,7	5,4	-	7,4	5,3	14,4	29,5	6,5	7,1	22,3	21,1	14,7	15,5
Stdabw.	-	3,1	3,7	2,1	3,3	1,2	-	2,0	1,4	3,5	6,1	1,5	1,6	5,1	4,0	4,3	4,6

Tab. 7   Maximale Wassergehaltsunterschiede und Standardabweichungen gemessener Wassergehalte auf den Testflächen Bruchkamp und Schieferkamp

leistungen wird die flächenhafte Differenzierung der Bodenwassergehalte von November bis April maßgeblich vom ober- und unterirdischen Abflußgeschehen beeinflußt. In den Sommermonaten dominieren dagegen offenbar die von der Einstrahlung abhängigen Einflüsse der Verdunstung.

5.2.1.2 Untersuchungen zur räumlichen Korrelation von Bodenfeuchtemeßwerten in Testparzellen

Die räumlichen Beziehungen zwischen den an Einzelpunkten gemessenen Bodenwassergehalten lassen sich mit Hilfe der Geostatistik beschreiben (zu geostatistischen Verfahren s. G. MATHERON, 1971; A. G. JOURNEL & C. J. HUIJBREGTS, 1978; H. AKIN & H. SIEMES, 1988; R. DUTTER, 1985; H. KREUTER, 1996). Aufgrund einer zu geringen Probenanzahl für die hier untersuchten Rasterflächen ist eine umfassende geostatistische Auswertung nicht sinnvoll möglich. Hierfür wären nach H. KREUTER (1996) im Minimum 50 bis 70 Daten erforderlich. Da sich die Anzahl der Datenpaare bei der Berechnung eines empirischen Variogramms mit zunehmendem Abstand zwischen den einzelnen Punkten verringert und damit auch die Variogrammwerte an Zuverlässigkeit verlieren (s. H. KREUTER, 1996), ist für die Variogrammberechnung eher noch von einer höheren Datenanzahl auszugehen. So geben A. G. JOURNEL & C. J. HUIJBREGTS (1978) als Orientierungswert eine Mindestanzahl von 30 Datenpaaren für jede Abstandsklasse an. Die in Abb. 31 dargestellten Semivariogramme, denen 30-50 Beprobungsdaten zugrunde liegen, geben deshalb bestenfalls Tendenzen wieder.

Räumlich verteilte Variablen, wie die in den Testparzellen gemessenen volumetrischen Wassergehalte, lassen sich als regionalisierte oder ortsabhängige Variablen auffassen. Nach der Theorie der regionalisierten (ortsabhängigen) Variablen ist davon auszugehen, daß sich hinter der Variabilität und der Verteilung der in einem Gebiet erfaßten Variablenwerte eine bestimmte Struktur verbirgt. Der Theorie liegt die Annahme zugrunde, daß zwischen dem Wert einer Zufallsvariablen z(x) am Ort x und dem Wert der Zufallsvariablen z(x+h) am Ort x+h eine Beziehung besteht und die Variablenwerte innerhalb einer bestimmten Entfernung ähnlich sind. So weisen Variablenwerte enger benachbarter Punkte eine größere Ähnlichkeit untereinander auf als diejenigen weiter entfernt gelegener Orte. Unter Berücksichtigung der Aspekte Zufälligkeit und Strukturabhängigkeit kann die Variable z(x) als Realisierung einer bestimmten Zufallsfunktion Z aufgefaßt werden. Bei der Zufallsfunktion Z(x) handelt es sich um einen Satz von Zufallsvariablen $Z(x_i)$, die an den Orten x_i in einem Untersuchungsgebiet erfaßt worden sind. Dementsprechend stellt jeder Meßwert $z(x_i)$ an einem bestimmten Ort x_i die Realisierung der Zufallsfunktion $Z(x_i)$ an diesem Ort dar.

Wäre das Beprobungsraster so fein aufgelöst, daß für jeden Ort im Untersuchungsgebiet ein Meßwert vorläge, ließe sich die gesamte Variabilität der Zufallsfunktion erfassen. Tatsächlich steht aber immer nur ein begrenztes Probenkollektiv zu Verfügung. Zur Abschätzung der Variablenwerte an anderen Stellen im Untersuchungsgebiet wird in der Geostatistik auf die Wahrscheinlichkeitstheorie zurückgegriffen (H. KREUTER, 1996). Hierbei wird die ortsabhängige Variable zunächst als zufällig verteilte Variable aufgefaßt und ihre räumliche Korrelation anschließend mit dem Variogramm beschrieben. Die Berechnung von Variogrammen zählt zu den wichtigsten und am häufigsten verwendeten geostatistischen Verfahren. Es drückt die Abhängigkeit zwischen einer als Zufallsvariable Z(x) aufgefaßten ortsabhängigen Variablen z(x) am Ort x und einer Zufallsvariablen Z(x+h) am Ort x+h mit dem Abstand bzw. dem Ortsvektor h aus. Im Semivariogramm werden die halben mittleren quadrierten Differenzen der Variablenwerte (Semivarianz (γ)) von Wertepaaren mit gleichen Abständen h als Funktion γ (h) dargestellt. Für γ (h) gilt nach H. AKIN & H. SIEMES (1988, S. 31) folgender Zusammenhang:

$$\gamma^*(h) = \frac{1}{2} \times \frac{\sum_{i=1}^{n(h)} \left\{ [z(x_i + h) - z(x_i)]^2 \right\}}{n(h)}$$

mit

$\gamma^*(h)$ = experimentelle Semivarianz für den Ortsvektor h
z(x) = Realisierung der Zufallsvariablen (Meßwert) z am Ort x
h = Ortsvektor (Schrittweite, Abstand)
n(h) = Anzahl der Wertepaare für jeden Ortsvektor h

Für die Interpretation der in Abb. 31 dargestellten Semivariogramme sind folgende Eigenschaften von Bedeutung (s. Abb. 31, links oben):

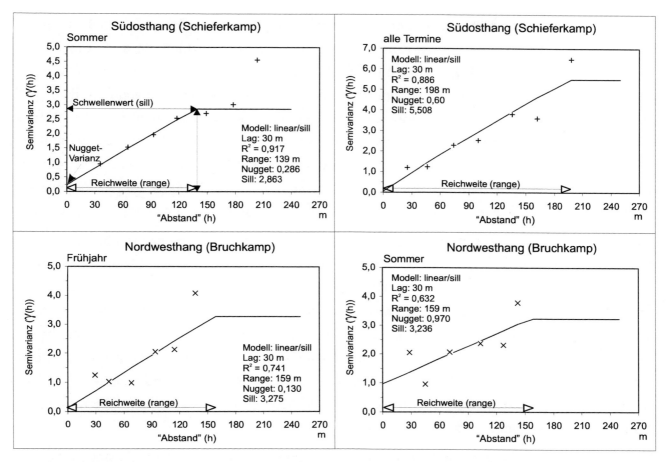

Abb. 31   Semivariogramme für die Wassergehaltsverteilung im Oberboden der Testparzellen Schieferkamp und Bruchkamp

1. Der **Nugget-** oder **Klumpen-Effekt** (Nugget-Varianz). Die Nugget-Varianz C_0 beschreibt die Semivarianz im Ursprung des Semivariogramms. Infolge von Meßungenauigkeiten und einer strukturell bedingten Mikrovarianz der untersuchten Größe nimmt $\gamma(h)$ bei $h = 0$ häufig größere Werte als 0 an. Die Unstetigkeit im Semivariogrammursprung wird als Nugget-Effekt bezeichnet, die Sprunghöhe als Nugget-Varianz (R. DUTTER, 1985).

2. Der **Schwellenwert** oder **sill** (C). Der Schwellenwert entspricht der statistischen Varianz der Meßwerte (s. H. AKIN & H. SIEMES, 1988). Oberhalb dieses Grenzwertes sind die Variablenwerte unabhängig voneinander.

3. Die **Reichweite** oder **range** (a) kennzeichnet den Abstand bzw. die Länge des Vektors h bis zum Erreichen des Schwellenwertes (sill). Der Range markiert somit den Bereich, in dem die Werte räumlich miteinander korreliert sind.

Aufgrund ungleicher Längen- und Breitenverhältnisse der Testflächen und der zu erwartenden Richtungsabhängigkeit der Meßwerte wurden bei der Berechnung der Variogramme nur die Datenpaare berücksichtigt, die zu den in Gefällerichtung orientierten Beprobungsreihen gehören.

Bei der Auswahl eines geeigneten Variogrammodells zeigte das „lineare Modell mit Schwellenwert" die beste Annäherung an die Kurvenverläufe der für die Teststandorte ermittelten experimentellen Variogramme. Die Anpassung der Modelle an die experimentellen Variogramme erfolgte nach der Methode der kleinsten quadratischen Abweichungen. Als Gütekriterium für die Funktionsanpassung wurde das Bestimmtheitsmaß (R^2) herangezogen. Eine ausgezeichnete Modellanpassung war für die nach Südosten exponierte Testfläche möglich. Wie Abb. 31 verdeutlicht, ergaben sich für das hier verwendete „lineare Modell mit Schwellenwert" Bestimmtheitsmaße von 0,89 bis 0,92. Deutlich geringer waren dagegen die Bestimmtheitsmaße für die angepaßten Modelle der nördlich exponierten Hangfläche. Ihre R^2-Werte lagen zwischen 0,63 und 0,74.

Betrachtet man die in Abb. 31 dargestellten Semivariogramme, so zeigt der Parameter „Bodenfeuchte" eine deutliche räumliche Korrelation. Dies gilt sowohl für die südlich als auch für die nördlich exponierte Testfläche. Die höchsten Reichweiten räumlicher Beziehungen ergaben sich dabei am Südosthang. Bei einer Schrittweite des Beprobungsrasters von 28 m traten dort „Korrelationslängen" von etwa 200 m auf. Die für den Nordwesthang ermittelten "ranges" lagen bei ca. 160 m. Auffällig ist die auf dieser Fläche für die sommerlichen Beprobungstermine festgestellte, vergleichsweise hohe Nugget-Varianz. Sie ist Ausdruck einer in den Sommermonaten häufig beobachteten kleinsträumig auftretenden Variabilität der Oberbodenwassergehalte, die die Entnahme repräsentativer Proben erschwerte.

Die im Rahmen der Variogrammanalyse berechneten Reichweiten und Korrelationsstrukturen geben Hinweise auf mögliche Schätzfehler bei der Regionalisierung einzelner Variablen und auf die flächenhafte Gültigkeit von Regionalisierungsansätzen. Ebenso kann dieses Verfahren einen wichtigen Beitrag bei der Planung von Meßnetzen leisten. Geostatistische Verfahren tragen allerdings nicht oder nur in geringem Umfange zur Aufhellung der Ursachenkomplexe bei, die für die Ausprägung einer Variablen und das Auftreten flächenhaft differenzierter Prozeßfelder verantwortlich sind (s. H. ZEPP, 1995). Gerade die Kenntnis der hierbei wirksamen Prozeßzusammenhänge ist Voraussetzung für die Entwicklung eines auf den methodischen Prinzipien der Landschaftsökologie beruhenden Regionalisierungsansatzes. Das hier vorzustellende Regionalisierungsverfahren basiert deshalb nicht auf einem geostatistischen Ansatz. Vielmehr liegt ihm, wie oben bereits erwähnt, ein empirisch-statistischer Ansatz zugrunde, der das Auftreten unterschiedlich ausgeprägter Bodenfeuchtezonen in Abhängigkeit von Reliefmerkmalen und Relieflageeigenschaften beschreibt. Die Datengrundlage für die statistische Analyse der Zusammenhänge zwischen der Bodenfeuchte und morphometrischen Größen bilden die auf den verschiedenen Teststandorten gemessenen Wassergehalte. Die Berechnung der reliefbezogenen Faktoren erfolgte auf der Basis eines DGM5.

5.2.2 Untersuchung von Einzelzusammenhängen als Grundlage für die Ableitung eines empirisch-statistischen Regionalisierungsverfahrens zur flächendifferenzierten Abbildung von Bodenfeuchtefeldern

Voraussetzung für die flächenhafte Extrapolation der punktuell gemessenen Wassergehalte ist die Kenntnis der Zusammenhänge, die wesentlich zur Differenzierung von Feuchtefeldern beitragen. Neben der Bodenzusammensetzung und dem Bewuchs kommt dem Relief hierbei die zentrale Bedeutung zu. So zeichnen sich bestimmte Hangpositionen und Oberflächenformen bekanntlich durch signifikant voneinander abweichende und regelhaft beobachtbare Feuchteverteilungen aus (s. W. LEHMANN, 1995; vgl. Kap. 5.2.1). Ausgehend von den Ergebnissen der Rasteruntersuchungen auf Testflächen mit gleichartigen Boden- und Nutzungsverhältnissen sollte deshalb untersucht werden, inwieweit sich die gemessenen Wassergehalte mit den verschiedenen Reliefmerkmalen statistisch in Beziehung setzen lassen. Um die Ergebnisse übertragbar zu machen, werden bei der Regressionsanalyse nicht die absoluten Wassergehalte verwendet, sondern die für jeden Beprobungsstandort berechneten Abweichungen des Wassergehaltes vom Flächenmittelwert der jeweiligen Testparzelle.

5.2.2.1 Einfluß der Hangneigungsrichtung (Exposition) auf die Bodenfeuchteverteilung

Die Exposition ist für den Standortwasserhaushalt von entscheidender Bedeutung. Sie bestimmt im Zusammenwirken mit der Hangneigung die direkte kurzwellige Einstrahlung und nimmt so Einfluß auf die Verdunstung sowie auf die Luft- und Bodentemperatur. Die Auswirkungen der Exposi-

Merkmal	Frühjahr	Sommer	alle Termine [1]
mittlere Wassergehaltsdifferenz Nordhang - Südhang (Vol.-%) [2]	2,04	4,13	0,60
T-Wert	5,22	8,02	2,14
Prüfgröße z für zweiseitigen Test ($\alpha/2 = 0,025$) [3]	0,1998 (T > z)	2,014 (T > z)	1,997 (T > z)
Standardabweichung der Wassergehalte am Nordhang (bezogen auf den Mittelwert der Rasterfläche) (n = 30)	±1,14	±2,49	±0,83
Standardabweichung der Wassergehalte am Südhang (bezogen auf den Mittelwert der Rasterfläche) (n=50)	±2,06	±1,52	±1,36

[1] alle Beprobungstermine einschl. Winter; [2] bezogen auf den Mittelwert beider Testflächen, [3] Signifikanzniveau 95 %

Tab. 8 Wassergehaltsunterschiede zwischen nord- und südexponierten Hängen
Bei den verwendeten Meßwerten handelt es sich um regelmäßig auf nord- und südexponierten Testflächen gemessene volumetrische Wassergehalte des Oberbodens (1-3 cm Bodentiefe). Aus diesen wurden Mittelwerte für die o.g. Termine gebildet.

Merkmal	Wölbungsform			
	vertikal konkav / horizontal konkav	vertikal konvex / horizontal konvex	vertikal konvex / horizontal konkav	vertikal konkav / horizontal konvex
mittlere Abweichung des Wassergehaltes (Vol.-%) [1]	+2,1	-2,12	+0,31	+0,21
T-Wert	4,58	4,89	0,37	0,78
Prüfgröße z für zweiseitigen Test ($\alpha/2 = 0{,}025$) [2]	2,101 (T > z) **	2,063 (T > z) **	2,030 (T < z)	2,160 (T < z)
Standardabweichung (Vol.-%)	± 1,22	± 0,84	± 1,49	± 1,54

[1] bezogen auf den Mittelwert der Testflächen, [2] Signifikanzniveau 95%

Tab. 9   Abweichungen der Wassergehalte im Oberboden (1-3 cm Tiefe) bei unterschiedlichen Wölbungsformen der Geländeoberfläche

tion auf die Bodenfeuchte sind in Tab. 8 exemplarisch für die nordwest- und die südostexponierte Testfläche dargestellt. Im Vergleich mit den anderen Testparzellen zeigen sich zwischen ihnen die größten Wassergehaltsunterschiede. So zeichnen sich die Oberböden der nach Nordwesten geneigten Fläche, wie auch in der Literatur beschrieben, durch eine signifikant höhere Feuchte aus. Die größten Unterschiede lassen sich in den Sommermonaten Juni bis August beobachten. Im Mittel wies der Oberboden des Nordwesthanges gegenüber dem des südöstlich exponierten Testhanges um 4 Vol.-% höhere Wassergehalte auf. Ähnliche Ergebnisse zeigten sich auch auf der nach Nordosten ausgerichteten Testparzelle.

Im Frühjahr und Herbst waren die Wassergehaltsdifferenzen zwischen den unterschiedlich exponierten Flächen deutlich geringer. In den Wintermonaten konnte kein signifikanter Feuchteunterschied zwischen den untersuchten Testparzellen festgestellt werden.

5.2.2.2 Einfluß der Wölbungsform auf die Bodenfeuchteverteilung

Die Wölbung der Geländeoberfläche wird durch die Wölbungsrichtung (Vertikal- und Horizontalwölbung), die Wölbungstendenz (konvex, konkav, gestreckt) und den Wölbungsradius beschrieben. Durch Verknüpfung von Wölbungsrichtung und Wölbungstendenz ist es möglich, Bereiche mit konvergierendem und divergierendem Abfluß zu erfassen, die im allgemeinen mit der Ausbildung unterschiedlicher Feuchtezonen verbunden sind (s.o.). So zeigen sich vor allem in Hangmulden- und Senkenbereichen mit vertikal und horizontal konkaver Wölbung sowie an den horizontal und vertikal konvex geformten Hangrücken und Kuppenlagen deutliche Abweichungen vom Flächenmittelwert (s. Tab. 9). In Senken- und Muldenbereichen sind die Bodenwassergehalte durchschnittlich um 2 Vol.-% gegenüber dem Flächenmittelwert erhöht, während sie an Kuppen- und

Rückenstandorten um den gleichen Betrag vermindert sind. Um festzustellen, ob sich die für die beiden Wölbungsformtypen berechneten Mittelwerte signifikant von der Grundgesamtheit der Flächenmittelwerte unterscheiden, wurde der t-Test eingesetzt und zweiseitig zum Niveau $\alpha = 5\ \%$ geprüft. Die t-Werte zeigen an, daß sich die Teilkollektive („vertikal/horizontal konkav" und „vertikal/horizontal konvex") signifikant vom Flächenmittelwert unterscheiden, so daß von einem differenzierend wirkenden Einfluß dieser Wölbungsformtypen auf die Feuchteverteilung im Oberboden ausgegangen werden kann. Demgegenüber sind die für die anderen Wölbungsformtypen ermittelten Wassergehalte nicht signifikant von der Grundgesamtheit der Flächenmittelwerte verschieden.

5.2.2.3 Einfluß der relativen Hanglänge auf die Bodenfeuchteverteilung

Mit der „relativen Hanglänge" läßt sich die Position eines Standortes im oberirdischen Abflußsystem parametrisieren. Dieser Relativwert setzt die von einem Standort aus gemessene Entfernung zur lokalen Wasserscheide mit der Gesamtlänge der Fließstrecke in Beziehung, die dem jeweiligen Standort zuzuordnen ist. Er besitzt Wertausprägungen zwischen 0 und 1. Da die Größe des zuflußliefernden Einzugsgebietes mit steigender Hanglänge zunimmt, ist an Standorten mit einer größeren relativen Hanglänge im allgemeinen eine höhere Bodenfeuchte zu erwarten als an Standorten mit kleineren lokalen Einzugsgebieten (vgl. A. BRONSTERT, 1994). Diese Annahmen werden durch die hier vorgestellten Untersuchungen allerdings nur zum Teil bestätigt. Danach gelten sie uneingeschränkt nur für die Oberböden der Testparzellen mit südlicher Exposition. Wie die Ergebnisse der Regressionsanalyse in Abb. 32 zeigen, besteht hier vor allem im Frühjahr ein enger Zusammenhang zwischen der Hanglänge und der Bodenfeuchte. So lassen sich mit dem Faktor „Hanglänge" bis zu 62 % der Varianz der im Frühjahr gemessenen Bodenfeuchte erklären. Demgegenüber ist die sommerliche Feuchteverteilung nur zu etwa 30 % mit der Hanglänge erklärbar. Bei der Betrachtung der für den Südosthang dargestellten Werteverteilung (Abb. 32) fällt auf, daß die Bodenfeuchte im Hangverlauf nur bis zu einer relativen Hanglänge von etwa 0,75 ansteigt, danach aber sprunghaft abnimmt. Als mögliche Ursachen für die deutliche Wassergehaltsabnahme kommen sowohl strukturelle Unterschiede im Bodenaufbau als auch Ungenauigkeiten des zur Berechnung der relativen Hanglängen verwendeten DGM in Betracht. Auf das Auftreten eines kaum sichtbaren Anstiegs der Geländeoberfläche in diesem Bereich und der damit verbundenen Unterbrechung der Abflußkontinuität wurde bei der Beschreibung der Bodenfeuchteverteilung (Kap. 5.2.1.1) hingewiesen.

In der gleichen Weise wie für den Südosthang beschrieben, kann auch auf der nordwestlich exponierten Parzelle während der Frühjahrsmonate eine mit der Zunahme der Hanglänge einhergehende Erhöhung der Bodenwassergehalte beobachtet werden (Abb. 32). Auch hier lassen sich 60 % der Varianz der Feuchtewerte mit der Hanglänge erklären. In den Sommermonaten kehren sich die beschriebenen Verhältnisse dagegen um. Standorte mit den höchsten relativen Hang-

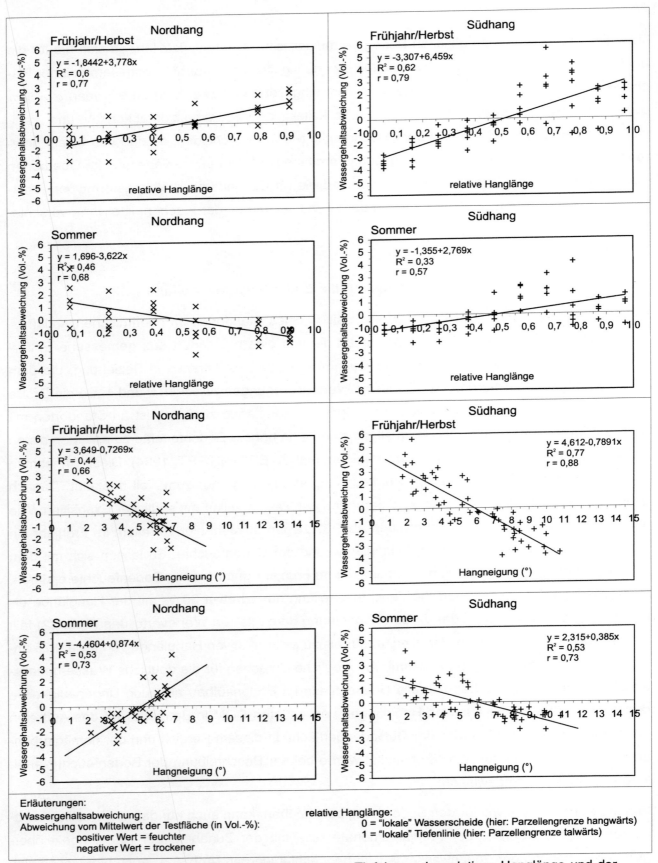

Abb. 32 Abhängigkeit der Bodenwassergehalte (1-3 cm Tiefe) von der relativen Hanglänge und der Hangneigung

Aus Gründen der Vergleichbarkeit sind in der Abbildung nicht die absoluten Wassergehalte, sondern Wassergehaltsabweichungen (in Vol.-%) der Einzelstandorte vom Flächenmittelwert der jeweiligen Testparzelle dargestellt. Die aufgeführten Regressionsgleichungen beziehen sich ebenfalls auf die Wassergehaltsabweichung.

längen weisen in dieser Jahreszeit eine signifikant geringere Bodenfeuchte auf als solche mit vergleichsweise kleinem lokalem Einzugsgebiet. Zur Erklärung der sommerlichen Feuchteverteilung an Nordhängen ist der Faktor Hanglänge deshalb nur in eingeschränktem Umfange verwendbar.

5.2.2.4 Einfluß der Hangneigung auf die Bodenfeuchteverteilung

Die Hangneigung ist eine zentrale Reglergröße für oberirdische Abflußprozesse sowie für den standörtlichen Wärme- und Energiehaushalt. Im allgemeinen zeichnen sich stärker geneigte Hangabschnitte infolge eines intensiveren Oberflächenabflusses durch kürzere Verweilzeiten des Oberflächenwassers und damit verbunden durch eine geringere Infiltration aus als flachere Hangbereiche mit vorherrschendem Wasserzufluß (vgl. A. BRONSTERT, 1994; W. LEHMANN, 1995). Demzufolge ist bei gleicher Bodenzusammensetzung und -bedeckung mit abnehmender Hangneigung eine Zunahme der Bodenfeuchte zu erwarten. Wie die in Abb. 32 aufgeführten Korrelationskoeffizienten belegen, läßt sich dieser Zusammenhang auf den Testhängen mit südlicher Exposition sowohl für die Frühjahrs- und Herbst- als auch für die Sommertermine sicher nachweisen. Die deutlichsten Wassergehaltsunterschiede zwischen flacheren und steileren Hangpositionen treten dabei in den Übergangsjahreszeiten auf. So weisen Standorte mit schwach geneigter Oberfläche (Hangneigung 2-3°) während dieser Zeitabschnitte gegenüber Standorten mit stärkerem Gefälle (Hangneigung 10-12°) durchschnittlich 5-7 Vol.-% höhere Wassergehalte auf. Die skizzierten Zusammenhänge lassen sich auch während der Sommermonate beobachten. Allerdings sind die Wassergehaltsunterschiede hier weniger deutlich ausgeprägt. Sie liegen im Bereich der Fehlerspanne der gravimetrischen Wassergehaltsbestimmung.

Für die Feuchteverteilung auf den nördlich exponierten Testparzellen gelten dagegen andere Gesetzmäßigkeiten. Eine mit der Abnahme der Hangneigung einhergehende Erhöhung der Bodenfeuchte war hier nur im Frühjahr und im Herbst zu beobachten. Im Sommer zeigte sich ein entgegengesetzter Trend (Abb. 32). Die schwach geneigten Standorte im Hangfußbereich wiesen eine geringere Oberbodenfeuchte auf als die im steileren Mittel- und Oberhang gelegenen Standorte. Wie am Beispiel der Hanglänge dargelegt, wird auch hier die Annahme, daß sich flacher geneigte Unterhangbereiche infolge eines höheren Wasserzuflusses durch eine höhere Bodenfeuchtigkeit auszeichnen, nicht bestätigt. An der räumlichen Differenzierung des sommerlichen Bodenfeuchtefeldes an Nordhängen müssen demnach weitere Faktoren beteiligt sein, die das Zu- und Abflußgeschehen überlagern. Da der Wasserhaushalt von Hangstandorten wesentlich von der zugestrahlten kurzwelligen Energiemenge beeinflußt wird (s. G. WESSOLEK u.a., 1991), können die von der Exposition und der Hangneigung abhängigen Einstrahlungsbedingungen als Hauptursache für die sommerliche Feuchtedifferenzierung am Nordhang angenommen werden.

5.2.2.5 Einfluß des Einstrahlungswinkels auf die Bodenfeuchteverteilung

Die auf unterschiedlich exponierte und geneigte Flächen auftreffende kurzwellige Strahlungsenergiemenge läßt sich wie folgt berechnen (s. W. D. SELLERS, 1965; G. WESSOLEK u.a., 1991):

$$R^*_e = \frac{R_e}{\cos(z)} \times (\cos(z) \times \cos(\varphi) + \sin(z) \times \sin(\varphi) \times \cos(a - a'))$$

mit

$$\cos(z) = \sin(\Phi) \times \sin(\delta) + \cos(\Phi) \times \cos(\delta) \times \cos(h)$$

R^*_e	kurzwellige Strahlung am Hang (W/m²)
R_e	kurzwellige Strahlung auf eine ebene Fläche (W/m²)
z	Zenitwinkel der Sonnenstrahlung (°)
φ	Hangneigung (°)
a	Azimut zur Sonne (bei 12h = 0°)
a'	Azimut normal zum Hang (°) (Werte: N = -180°; E = -90, S = 0°, W = 90°, N = 180°)
Φ	Breitengrad (°)
δ	Deklination der Sonne (°) (+23°27' am 21.6. und -23°27' am 22.12. eines Jahres)
h	Stundenwinkel (bei 12 h = 0°)

Danach ist die einem Standort zugeführte direkte kurzwellige Energiemenge sowohl von kurzzeitig veränderlichen astronomischen Größen (z.B. Deklination, Stundenwinkel der Sonne und Azimut zur Sonne) als auch von der Hangneigung und der Hangneigungsrichtung abhängig. Das Zusammenwirken der beiden letztgenannten Größen läßt sich bei Festlegung eines konkreten Zeitpunktes mit dem Einstrahlungswinkel ausdrücken. Er ergibt sich aus dem Klammerausdruck der oben aufgeführten Gleichung. Die mit diesem Ausdruck für ausgewählte Termine bei Mittagssonnenhöhe berechneten Einstrahlungswinkel an Standorten in 52° nördlicher Breite sind in Abb. 33 dargestellt. In bezug auf die untersuchten Testparzellen macht sie folgendes deutlich:

− Nicht oder sehr schwach geneigte Nord- und Südhangstandorte (0-2°) zeichnen sich zu unterschiedlichen Jahreszeiten durch jeweils ähnliche Einstrahlungswinkel aus (vgl. Abb. 34).

− Eine Zunahme der Hangneigung geht auf den südlich exponierten Testhängen mit einer Zunahme des Einstrahlungswinkels einher. Bei den nördlich exponierten Standorten nimmt der Einfallswinkel der Strahlen mit zunehmender Hangneigung dagegen ab (vgl. Abb. 34).

− Südhangstandorte mit Hangneigungen > 2° wiesen zu allen Jahreszeiten deutlich höhere Einstrahlungswinkel und -beträge auf als Nordhangstandorte mit gleichen Gefällebedingungen. Wie Abb. 34 für den Hangneigungsbereich von 1-20° veranschaulicht, errechnen sich für die südlich exponierten Standorte mit einer Hangneigung von 20° die größten Einstrahlungswinkel (Sommer: 81°). Nordhänge verzeichnen dagegen mit 41° die niedrigsten Einfallswinkel (Sommer: 41°).

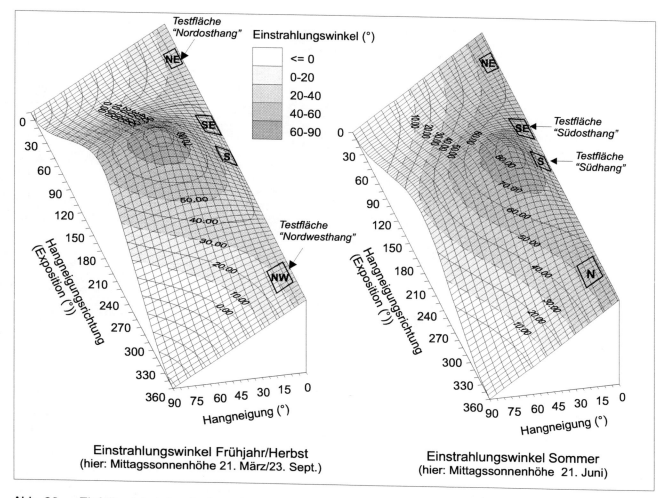

Abb. 33 Einfallswinkel der direkten Sonnenstrahlung für Standorte mit unterschiedlicher Hangneigung und Hangneigungsrichtung in 52° nördlicher Breite

Die Abbildung zeigt den Einfluß von Exposition und Hangneigung auf den Einstrahlungwinkel für die Termine 21.3./23.9. und 21.6. bei Mittagssonnenhöhe. Die schwarzen Rechtecke markieren die Spannweite der Hangneigungswinkel und Hangneigungsrichtungen in den einzelnen Testparzellen und machen Einstrahlungsunterschiede zwischen diesen deutlich.

Da für die regressionsstatistische Untersuchung der Beziehungen zwischen der sommerlichen Feuchteverteilung und dem Einstrahlungswinkel ohnehin nur jahreszeitliche Standortmittelwerte herangezogen werden konnten, blieben die im Tages- und Jahresverlauf auftretenden Veränderungen der Einstrahlungsverhältnisse unberücksichtigt. So können nach W. LEHMANN (1995, S. 30) unter der Voraussetzung, daß bei der Regionalisierung der Bodenfeuchte jeweils nur ein einzelner Meßtermin betrachtet wird, „die im Jahresgang veränderlichen Größen Sonnenscheindauer, Neigungswinkel der Sonne und Abstand der Erde zur Sonne vernachlässigt werden". Zur Parametrisierung des von der Exposition und der Hangneigung abhängigen Strahlungsgenusses wird deshalb vereinfachend der Einstrahlungswinkel am 21.6. bei Mittagssonnenhöhe verwendet.

Abb. 35 stellt die statistisch ermittelten Beziehungen zwischen dem Einstrahlungswinkel (21.6.) und der Bodenfeuchteverteilung am Beispiel von vier Testparzellen dar. Im Unterschied zu den

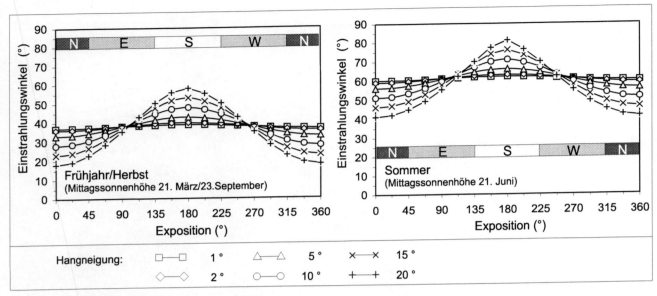

Abb. 34 Vergleich von Einstrahlungswinkeln bei unterschiedlich exponierten Standorten mit Hangneigungen zwischen 1° und 20°

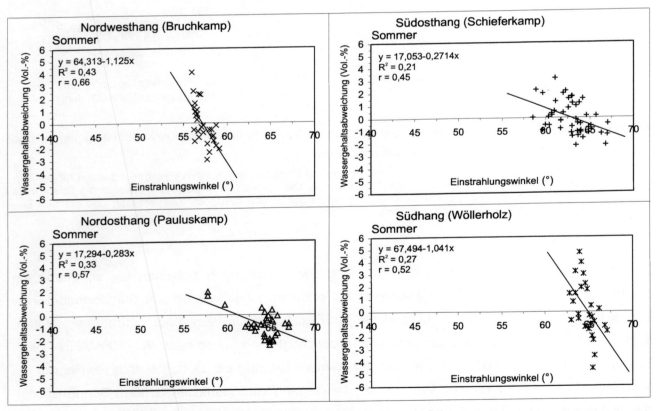

Abb. 35 Abhängigkeit der sommerlichen Bodenwassergehalte (1-3 cm Tiefe) vom Einfallswinkel der Sonnenstrahlen

Aus Gründen der Vergleichbarkeit sind in der Abbildung nicht die absoluten Wassergehalte, sondern Wassergehaltsabweichungen (in Vol.-%) der Einzelstandorte vom Flächenmittelwert der jeweiligen Testparzelle dargestellt. Die aufgeführten Regressionsgleichungen beziehen sich ebenfalls auf die Wassergehaltsabweichung. Als Einstrahlungswinkel wurde der am 21.6. bei Sonnenhöchststand auftretende Einfallswinkel der Sonnenstrahlen verwendet.

in den beiden vorherigen Kapiteln beschriebenen Regressionsanalysen zeigt sich hier auf allen Testparzellen ein gleichgerichteter Trend der Bodenfeuchteverteilung. Standorte mit zunehmendem Einfallswinkel der Sonnenstrahlen weisen tendenziell eine stärkere negative Abweichung vom Flächenmittelwert des Wassergehaltes auf. Allerdings sind die Bestimmtheitsmaße vor allem für die nach Süden ausgerichteten Testflächen als gering zu bewerten. So lassen sich hier mit dem Einstrahlungswinkel lediglich 21 bis 27 % der Varianz der Bodenfeuchtewerte erklären. Dagegen liegt der Erklärungsanteil bei den nördlich exponierten Standorten zwischen 34 % (Pauluskamp) und 43 % (Bruchkamp).

5.2.2.6 Kombinierter Einfluß von Einzugsgebietsgröße und Hangneigung auf die Bodenfeuchteverteilung (Topographieindex)

Zur modellbasierten Kennzeichnung der Bodenfeuchteverteilung in Einzugsgebieten werden häufig Kombinationen aus mehreren Reliefeigenschaften verwendet. Ein gängiges Verfahren zur flächendifferenzierten Vorhersage von Wassergehaltsverteilungen in Einzugsgebieten ist die Ableitung von Topographieindices durch die Verknüpfung von morphometrischen Größen (s. K. J. BEVEN u.a., 1984; T. P. BURT & D. P. BUTCHER, 1986). Ein Beispiel hierfür ist der auch als „Feuchteindex w" bezeichnete Gebietskennwert ln(a/tan β) (I. D. MOORE u.a., 1994). Mit ihm läßt sich das Zusammenwirken von Einzugsgebietsgröße (a) und Hangneigung (β) parametrisieren. In der am weitesten verbreiteten Form errechnet sich der Feuchteindex wie folgt:

$$w_T = \ln\left(\frac{a}{T \times \tan\beta}\right)$$

mit

w_T Feuchteindex bei gegebener Wasserdurchlässigkeit im gesättigten Boden
w Feuchteindex bei gleichartigen Bodenverhältnissen
a Größe des lokalen Einzugsgebietes (m^2)
T gesättigte Wasserdurchlässigkeit
β Hangneigung (°)

Bei Annahme gleicher Bodenverhältnisse und gleicher Wasserdurchlässigkeit gilt

$$w = \ln\left(\frac{a}{\tan\beta}\right)$$

Wie u.a. die Untersuchungen von I. D. MOORE u.a. (1988) ergaben, korrelieren die räumliche Verteilung von „w" und der Bodenwassergehalt eng miteinander. Da sich die zur Berechnung des Feuchteindexes benötigten Größen mit Hilfe digitaler Reliefmodelle flächenhaft leicht verfügbar machen lassen, bietet es sich an, diesen Kennwert bei der modellbasierten Abbildung von Bo-

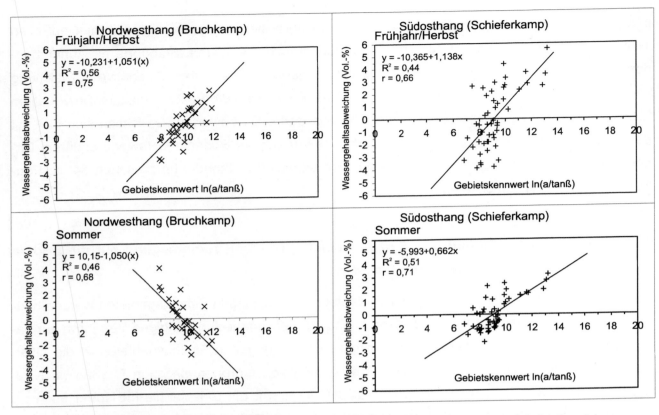

Abb. 36   Beziehung zwischen dem Gebietskennwert „ln(a/tanβ)" und der Wassergehaltsabweichung vom Flächenmittelwert des Bodenwassergehaltes in 1-3 cm Tiefe (in Vol.-%)

denfeuchtefeldern mit zu berücksichtigen. Die Ergebnisse der Rasteruntersuchungen im Raum Ilde bestätigen die von I. D. MOORE u.a. (1988) beobachteten Zusammenhänge zwischen dem Feuchteindex „ln(a/tan β)" und dem Bodenwassergehalt. Dabei nimmt der Bodenwassergehalt auf den südlich exponierten Flächen mit zunehmenden Werten von „w" zu. Diese Tendenz zeigt sich auf den nach Norden ausgerichteten Testparzellen allerdings nur in den Übergangsjahreszeiten und im Winter. Während der Sommermonate tritt an den Nordhängen die bekannte Umkehr der Feuchteverteilung auf. Die Zunahme des Kennwertes „w" ist hier mit einer Abnahme der Bodenfeuchte verbunden. Für die in Abb. 36 dargestellten Testparzellen Schieferkamp und Bruchkamp ergab die Regressionsanalyse Korrelationskoeffizienten zwischen 0,66 und 0,75. Die für die anderen Testflächen ermittelten Korrelationskoeffizienten lagen in der gleichen Größenordnung.

5.2.3   Das Modell zur Regionalisierung der Bodenfeuchte

In Übereinstimmung mit zahlreichen in der Literatur beschriebenen Untersuchungen zeigen die hier vorgestellten Untersuchungsergebnisse, daß die Feuchteverteilung an Hängen mit einheitlichen Boden- und Nutzungsverhältnissen bestimmten Gesetzmäßigkeiten unterliegt, die sich formelhaft mit Hilfe von Regressionsgleichungen beschreiben lassen. So ergaben die Regressionsanalysen hochsignifikante Zusammenhänge (Irrtumswahrscheinlichkeit $\alpha = 0{,}01$; Signifikanz = 99 %) zwischen der Oberbodenfeuchte und

- der Hangneigung,
- der relativen Hanglänge,
- dem Einstrahlungswinkel und
- dem Gebietskennwert $\ln(a/\tan\beta)$.

Die für die Einzelzusammenhänge ermittelten Bestimmtheitsmaße machen auch deutlich, daß mit einer Variablen im Höchstfalle bis zu 60 % der Gesamtstreuung der Bodenfeuchtewerte erklärt werden können (s. Abb. 32, 35 und 36). In den meisten Fällen liegt der Erklärungsanteil der unabhängigen Variablen zwischen 30 und 50 %. Da das räumliche Verteilungsmuster der Bodenfeuchte bekanntlich von einem Vielfaktorenkomplex abhängig ist, entspricht dieses Ergebnis durchaus der Erwartung. Um den gleichzeitigen Einfluß unterschiedlicher Variablen mit berücksichtigen zu können und damit nach Möglichkeit einen besseren "fit" der Regressionsgleichung zu erreichen, wurde eine multiple Regression durchgeführt. Als Datengrundlage dienten die Meßwerte aller vier Testparzellen. Aufgrund der beobachteten Unterschiede in der Abfolge der Feuchtezonen an Nord- und Südhängen (s.o.) wurden die Meßwerte der südlich und nördlich exponierten Testflächen in zwei Gruppen zusammengefaßt und nach Jahreszeiten differenziert untersucht. Die Regressionsgleichungen mit der höchsten Erklärungsgüte sind in Tab. 10 und 11 dargestellt. Unter Annahme gleicher Boden- und Nutzungsverhältnisse lassen sich mit diesen Gleichungen reliefbedingte Wassergehaltsunterschiede an Hängen und in kleineren Einzugsgebieten größenordnungsmäßig abschätzen.

Der Vergleich der in Tab. 10 und 11 aufgeführten Regressionsgleichungen macht folgendes deutlich:

- Die Feuchteverteilung im Frühjahr und Herbst läßt sich mit Hilfe des Topographieindexes $\ln(a/\tan\beta)$ und der relativen Hanglänge beschreiben. Diese Variablen erklären etwa $^2/_3$ der Gesamtstreuung der Bodenfeuchtewerte. Die für die nördlich und südlich exponierten Parzellen ermittelten R^2-Werte (0,65-0,66) sind hochsignifikant (Signifikanz = 99 %, $\alpha = 0{,}01$). Eine Einbeziehung der Variablen „Einstrahlungswinkel" führt nicht zu einem besseren "fit" der Gleichung. Der durch diese Variable erklärte Anteil an der Varianz der Feuchtewerte liegt deutlich unterhalb der 5%-Grenze. Wie die Vorzeichen der Regressionskoeffizienten anzeigen, nimmt die Bodenfeuchte sowohl auf den nördlich als auch den südlich exponierten Parzellen mit zunehmenden Werten des Topographieindexes und der relativen Hanglänge zu.

- Zusätzlich zu den Variablen „Topographieindex" und „relative Hanglänge" ist bei der Abschätzung der sommerlichen Feuchteverteilung der Einstrahlungswinkel mit zu berücksichtigen. Beide Gleichungen geben die in Kap. 5.2.2 beschriebenen Zusammenhänge zwischen der

Hang-neigungs-richtung	Regressionsgleichungen zur Berechnung der Wassergehaltsabweichung (Vol.-%) Frühjahr / Herbst	Zu-/Abschläge (Vol.-%) für			
		Exposition	Wölbungsform		
			vertikal konkav / horizontal konkav	vertikal konkav / horizontal konvex	vertikal konvex / horizontal konvex
N	y = -6,237 + 0,52(Fl$_w$) + 2,40(RH)	+1,5			
NE	R^2 = 0,66 ***	+1			
NW	r = 0,81	+1			
E		0	+1,5	+0,7	-1,5
W	y = -6,73 + 0,416(Fl$_w$) + 6,25(RH)	0			
SE	R^2 = 0,65 ***	-1			
SW	r = 0,81	-1			
S		-1,5			

Abkürzungen:
Fl$_w$: „Feuchteindex" w = ln(a/tan β)
a = Einzugsgebietsgröße in m^2; β = Hangneigung in °

RH: relative Hanglänge

Tab. 10 Regressionsmodell zur flächendifferenzierten Abbildung von Bodenfeuchtefeldern im Frühjahr und im Herbst

Die Regressionsgleichungen dienen der Bestimmung reliefbedingter Abweichungen von dem für Standorte in ebener Lage simulierten oder gemessenen volumetrischen Wassergehalt. Durch Addition mit dem gemessenen oder simulierten Wassergehalt läßt sich die Bodenfeuchte (in Vol.-%) für beliebige Positionen in einem Einzugsgebiet näherungsweise abschätzen.

Hang-neigungs-richtung	Regressionsgleichungen zur Berechnung der Wassergehaltsabweichung (Vol.-%) Sommer	Zu-/Abschläge (Vol.-%) für			
		Exposition	Wölbungsform		
			vertikal konkav / horizontal konkav	vertikal konkav / horizontal konvex	vertikal konvex / horizontal konvex
N	y = 34,99 - 0,502(EW) - 0,615(Fl$_w$) - 0,658(RH)	+1,5			
NE	R^2 = 0,63 ***	+1			
NW	r = 79	+1			
E		0	+1,5	+0,7	-1,5
W	y = 1,47 - 0,088(EW) + 0,339(Fl$_w$) + 2,25(RH)	0			
SE	R^2 = 0,49 ***	-1			
SW	r = 0,70	-1			
S		-1,5			

Abkürzungen:
EW: Einstrahlungswinkel bei Mittagssonnenhöhe
Bezugstermin: Sommer: 21.6.

Fl$_w$: Feuchteindex ln(a/tan β)
a = Einzugsgebietsgröße in m^2

β = Hangneigung in °
RH: relative Hanglänge

Tab. 11 Regressionsmodell zur flächendifferenzierten Abbildung von Bodenfeuchtefeldern im Sommer

Die Regressionsgleichungen dienen der Bestimmung reliefbedingter Abweichungen von dem für Standorte in ebener Lage simulierten oder gemessenen volumetrischen Wassergehalt. Durch Addition mit dem gemessenen oder simulierten Wassergehalt läßt sich die Bodenfeuchte (in Vol.-%) für beliebige Positionen in einem Einzugsgebiet näherungsweise abschätzen.

Bodenfeuchte und den standörtlichen Lage- und Reliefeigenschaften plausibel wieder. Der für die nördlich exponierten Hänge errechnete Erklärungsanteil der drei Variablen an der Gesamtstreuung der Wassergehaltswerte beträgt mehr als 60 %. Deutlich geringer ist dagegen das Bestimmtheitsmaß der Regressionsgleichung (R^2 = 0,49) für die Testparzellen mit südlicher Ausrichtung. In beiden Fällen sind die R^2-Werte auf dem Niveau α = 0,01 signifikant.

Einflüsse der Wölbungsform lassen sich mit den genannten Gleichungen nicht erfassen. Eine Aufteilung der zur Verfügung stehenden Datenmenge in Gruppen mit jeweils gleichem Wölbungsformtyp würde zu einer für regressionsstatistische Untersuchungen nicht ausreichenden Probenanzahl führen. Um die bei allen Beprobungsterminen nachweisbaren Unterschiede zwischen konkav und konvex gewölbten Oberflächenformen mit dem hier vorgestellten Regionalisierungsansatz abbilden zu können, werden empirisch ermittelte Korrekturwerte verwendet (s.Tab. 11). In der gleichen Weise werden hier die im Rahmen der Untersuchungen festgestellten expositionsbedingten Feuchteunterschiede berücksichtigt.

5.2.4 Modellergebnisse: Flächendifferenzierte Abbildung von Bodenfeuchtefeldern

Die auf der Grundlage standörtlicher Daten ermittelten Zusammenhänge lassen sich mit Hilfe der o.g. Gleichungen auf die Fläche extrapolieren. Ein Beispiel für die flächendifferenzierte Abbildung von Bodenfeuchtefeldern zeigt Karte 10 für einen ca. 5 km² großen Ausschnitt aus dem Untersuchungsgebiet Ilde. Die benötigten Modelleingangsgrößen wurden aus einem digitalen Geländemodell mit einer Rasterzellenweite von 12,5 × 12,5 m abgeleitet. Durch Verknüpfung der entsprechenden Modellgleichung (Tab. 10 und 11) mit den Attributwerten der Rasterzellen ergibt sich für jede Rasterzelle ein Schätzwert, der die zu erwartende mittlere Abweichung vom Wassergehalt eines in ebener Lage befindlichen Standortes beschreibt. Dieser Wert wird anschließend mit dem Wassergehalt (Bezugswert) addiert, der vom Standortmodell für die jeweilige Einheitsfläche simuliert wurde. Zur Veranschaulichung der reliefbedingten Differenzierung der Bodenfeuchte in Karte 10 wurde als einheitlicher Ausgangswert ein Wassergehalt von 30 Vol.-% zugrunde gelegt.

Eine flächenhafte Überprüfung der Modellergebnisse für das Gesamtgebiet ist wegen des Fehlens flächendeckender Vergleichsdaten nicht möglich. Inwieweit hierfür zukünftig Fernerkundungsdaten von flugzeug- oder satellitengestützten Mikrowellensensor- oder Radarsystemen herangezogen werden können, muß angesichts der noch nicht hinreichend gelösten Auswertungsprobleme (z.B. Feuchtebestimmung bei bedeckten Landoberflächen; s. J. R. WANG u.a., 1997) abgewartet werden. Fürs erste bleibt somit nur eine auf Geländekenntnisse und -erfahrungen gestützte Plausibilitätsbeurteilung des Modellergebnisses.

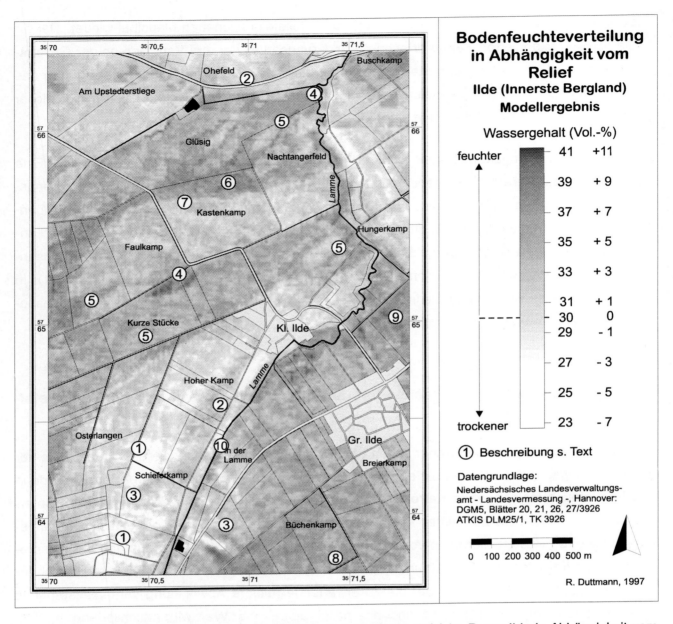

Karte 10   Räumliche Verteilung der Bodenfeuchte (1-5 cm Bodentiefe) im Raum Ilde in Abhängigkeit vom Relief

Die Abbildung der Bodenfeuchtefelder beruht auf den in Tab. 10 u. 11 genannten Gleichungen und Korrekturwerten. Diese berücksichtigen neben der Exposition, dem Hangneigungswinkel und der Hanglänge auch die Größe des abflußliefernden Einzugsgebietes sowie die Wölbungsform der Geländeoberfläche.

Die in Karte 10 dargestellte Feuchteverteilung gibt die bekannten und im Rahmen der Felduntersuchungen nachgewiesenen Regelhaftigkeiten in gut nachvollziehbarer Weise wieder. Diese lassen sich folgendermaßen zusammenfassen (vgl. Ziffern in Karte 10):

– S-, E- und W-exponierte, vertikal und horizontal konvex geformte Oberhangbereiche mit geringem lateralem Wasserzufluß weisen im Durchschnitt die geringste Bodenfeuchte auf ① (z.B. Hoher Kamp, Schieferkamp südwestlich von Klein Ilde).

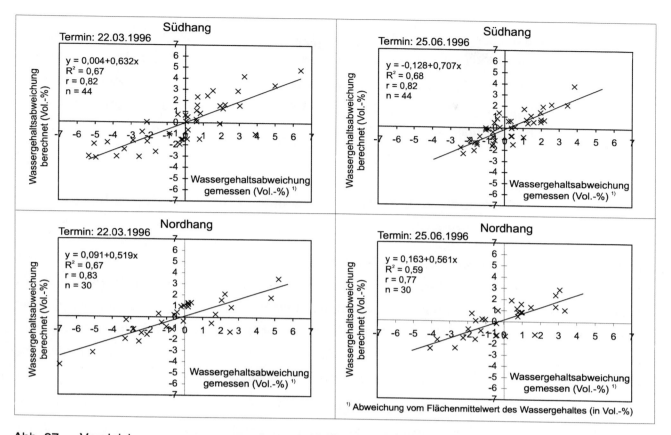

Abb. 37 Vergleich von gemessenen und geschätzten Wassergehaltsabweichungen

Als Datengrundlage wurden („unabhängige") Meßwerte aus zwei Vergleichsflächen verwendet, die bei der Ermittlung der Modellgleichungen nicht berücksichtigt wurden.

- Schwach geneigte Hangfußbereiche ② treten ebenso wie die konkav gewölbten Auenbereiche ⑩ durch deutlich höhere Wassergehalte in Erscheinung. Gleiches gilt auch für die größeren Tiefenlinien ⑤ sowie für Standorte in Hangmulden- und Senkenlage ③.

- Standorte mit geringer Hangneigung ④ sowie Muldenbereiche ⑨ mit größeren lokalen Einzugsgebieten zeichnen sich aufgrund höherer Zuflußmengen durch eine erhöhte Oberbodenfeuchte aus. Beispiele hierfür sind die Akkumulationsflächen im Südosten von Faulkamp und Ohefeld sowie die Talebene im Osten der Ortschaft Klein Ilde.

- Wasserscheiden zwischen nördlich und südlich exponierten Hängen treten als markante „Feuchtegrenzen" hervor. Unterschiedliche Einstrahlungsbedingungen bewirken auf den südlich exponierten Oberhängen ⑦ eine Verringerung der Bodenfeuchte. Demgegenüber weisen die benachbarten Oberhangstandorte mit nördlicher Ausrichtung ⑥ deutlich höhere Wassergehalte auf. Infolge des geringeren kurzwelligen Strahlungsgewinns und der damit verbundenen Abnahme der Evapotranspiration steigt die Bodenfeuchte an Nordhängen mit wachsendem Hangneigungswinkel an ⑧.

Wie der in Abb. 37 dargestellte Vergleich zwischen gemessenen und berechneten Wassergehaltsabweichungen am Beispiel zweier nicht bei der Ermittlung der Regressionsgleichungen berücksichtigter Testparzellen zeigt, korrelieren Meß- und Schätzwerte gut miteinander. Bei der Gegenüberstellung von Meß- und Schätzwerten unterschiedlicher Termine ergaben sich Korrelationskoeffizienten zwischen 0,77 und 0,83. Dies deutet darauf hin, daß die im Schätzmodell verwendeten Eingangsgrößen geeignet sind, die von Geländemorphologie abhängigen Feuchteunterschiede flächenhaft abzubilden.

5.2.5 Modellergebnisse: Räumlich und zeitlich differenzierte Abbildung von Bodenfeuchtefeldern

Zur zeitlich differenzierten Abbildung von Bodenfeuchtefeldern werden die mit dem Standortwassermodell berechneten Bodenwassergehalte mit dem Regionalisierungsverfahren gekoppelt. Damit ist es möglich, die von Bodenstruktur, Vegetation und Relief abhängigen Feuchteverteilungen für beliebige Termine zu ermitteln, standörtliche Feuchteunterschiede darzustellen und Feuchtezustände beispielsweise in Form „dynamischer Karten" zu visualisieren. Die Vorgehensweise bei der flächenhaften Extrapolation standörtlich ermittelter Bodenfeuchtewerte zeigt Abb. 38.

Die räumliche Bezugsgrundlage für die GIS-gestützte Extrapolation der mit dem Wasserhaushaltsmodell berechneten Bodenwassergehalte bilden zunächst die aus der Verschneidung der Informationsebenen Boden, Bodenwasser, Vegetation und Topographie resultierenden Elementarflächen mit identischer Faktorkombination (kleinste gemeinsame Geometrien) ①. Die Verbindung zwischen den Geometrien und den in der Standortdatenbank abgelegten statischen Ausstattungsmerkmalen (z.B. Bodenart, Humusgehalt, Skelettgehalt) und zeitlich variablen Größen (z.B. Lagerungsdichte, Blattflächenindex, Niederschlag) erfolgt über entsprechende Verknüpfungsschlüssel (vgl. Abb. 9; s. R. DUTTMANN u.a., 1996). Auf diese Weise lassen sich jeder Flächeneinheit die für die Wasserhaushaltssimulation benötigten Eingangsgrößen zuweisen ②. Nach der anschließenden einzelstandörtlichen Simulation werden die in tageweiser Auflösung berechneten Wassergehalte ③ den jeweiligen Elementarflächen mit einheitlichem Bodenaufbau und gleicher Vegetation zugeordnet ④. Die für die Einzelgeometrien ermittelten Wassergehalte dienen als Bezugsgrundlage für das eigentliche Regionalisierungsverfahren, das die verschiedenen Einflüsse des landschaftshaushaltlichen Prozeßreglers „Relief" berücksichtigt. Dieses Verfahren arbeitet rasterbezogen. Deshalb sind die im Vektorformat in Coverages abgelegten Wassergehalte zur weiteren Verarbeitung in eine Rasterdatei zu überführen ⑤, die die gleiche Rasterzellengröße besitzt wie das zur Ableitung der Reliefkennwerte verwendete digitale Geländemodell ⑥. Zur Abschätzung von Wassergehaltsunterschieden und zur Abbildung räumlicher Verteilungsmuster der Bodenfeuchte ⑧ werden die einzelterminlich berechneten Bodenwassergehalte und die Reliefkennwerte in einer Rasterdatei zusammengeführt ⑦. Diese bildet die Basisdatei für das empirische Regionalisierungsmodell, dessen Ergebnisse entweder direkt dargestellt oder als Eingangsgrößen für weitere gebietsbezogene Simulationen (z.B. oberirdisches Abflußgeschehen,

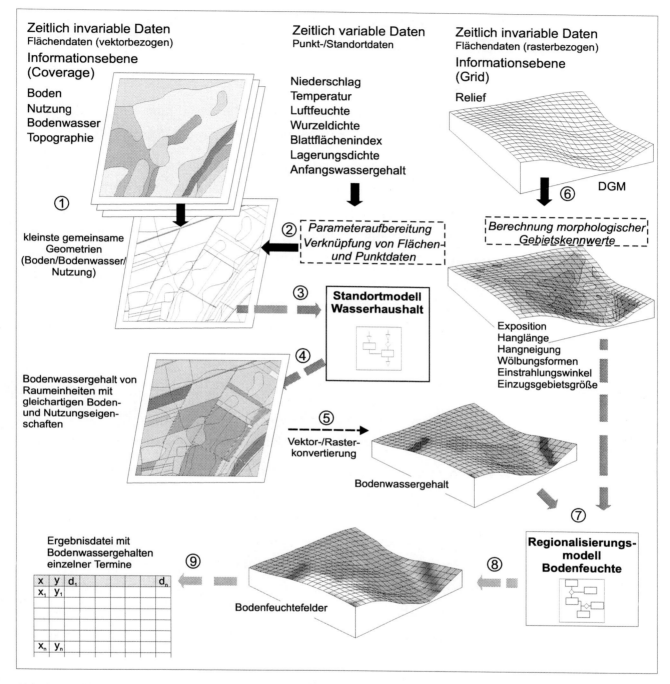

Abb. 38 Vorgehen bei der GIS-gestützten Generierung von Bodenfeuchtefeldern und Koppelung des Standortwassermodells mit dem Extrapolationsmodell

erosionsbedingte Stofftransporte) herangezogen werden können ⑨.

Ein Beispiel für die räumlich und zeitlich differenzierte Verteilung der Bodenfeuchte gibt Karte 11 für 3 Termine aus unterschiedlichen Jahreszeiten. Über die im vorigen Kapitel (vgl. Karte 10) dargestellten Zusammenhänge zwischen der Bodenfeuchte und den lageabhängigen Ausprägungen der im Regressionsmodell berücksichtigten Reliefkennwerte hinaus, treten in ihr die boden- und vegetationsbedingten Wassergehaltsunterschiede deutlich zutage. Die in Karte 11 abgebildeten Feuchteverteilungen lassen sich folgendermaßen interpretieren:

1. Wassergehaltsverteilung am 27.4.1996:

Niederschlagsverhältnisse: 16 mm Niederschlag am 23./24.4.1996; 0 mm vom 25.-27.4.1996; min. Wassergehalt (Gesamtgebiet): 10 Vol.-%; max. Wassergehalt: 39 Vol.-%.

Infolge des geringen Entwicklungszustandes und einer damit verbundenen geringeren Evapotranspiration weisen die Parzellen mit Zuckerrübenbestand eine deutlich höhere Feuchte auf als Winterweizen- und Wintergersteschläge mit höherem Bedeckungsgrad und größerer Wurzelwasserentnahme. Als relativ trockene Inseln treten flachgründige Standorte mit Wintergetreide (nördl. Hungerkamp) und Grünbrache (Totenberg südl. von Osterlangen) hervor. Bei der gewählten Werteskalierung ist auf den feuchtesten Flächen mit Zuckerrübenbestand eine reliefbedingte Feuchtedifferenzierung zumeist nicht oder nur sehr schwach sichtbar. Dagegen zeichnen sich Tiefenlinien, Hangmulden und Hangfußbereiche auf den anderen Flächen klar als feuchtere Zonen ab.

2. Wassergehaltsverteilung am 25.6.1996:

Niederschlagsverhältnisse: zweiwöchige Trockenphase vor dem 25.6.; 1,7 mm Niederschlag am 20.6.1996; min. Wassergehalt (Gesamtgebiet): 8 Vol.-%; max. Wassergehalt: 23 Vol.-%.

Aufgrund einer längeren Trockenperiode sind boden- und nutzungsabhängige Wassergehaltsunterschiede auf den schwächer geneigten Flächen nahezu ausgeglichen. Lediglich die tonreichen Böden mit hohem Totwasseranteil im südwestlichen Blattgebiet zeichnen sich durch einen höheren Bodenwassergehalt aus. Demgegenüber treten reliefbedingte Feuchtedifferenzierungen deutlich hervor. So äußern sich die großen sommerlichen Einstrahlungsunterschiede zwischen Nord- und Südhängen an den stärker geneigten Schatthängen in mehr als 10 Vol.-% höheren Wassergehalten (s. südöstliches Blattgebiet). Ebenso treten konkav geformte Gebietsabschnitte und Standorte mit größeren oberirdischen Einzugsgebieten als feuchtere Zonen gut sichtbar in Erscheinung.

3. Wassergehaltsverteilung am 26.9.1996:

Niederschlagsverhältnisse: 12,2 mm Niederschlag am 22. und 23.9.1996; min. Wassergehalt (Gesamtgebiet): 18 Vol.-%; max. Wassergehalt: 37 Vol.-%.

Die in Karte 11 (c) dargestellte Feuchteverteilung zeichnet sowohl die unterschiedlichen Bodenverhältnisse als auch die Vegetationszustände nach. Im Unterschied zu der für den Frühjahrstermin beschriebenen Feuchtedifferenzierung weisen nunmehr die Ackerschläge mit Zuckerrübenbestand aufgrund höherer Evapotranspirationsentzüge im Durchschnitt geringere Oberbodenwassergehalte auf als die abgeernteten und frisch bearbeiteten Getreidefelder.

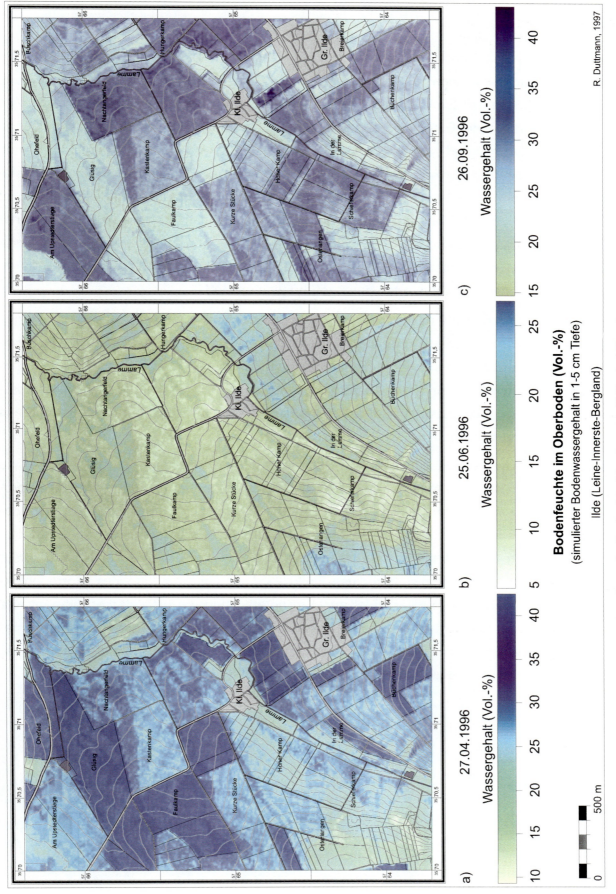

Karte 11 Räumlich und zeitlich differenzierte Verteilung der Bodenfeuchte, dargestellt für drei Termine

5.2.6 Kurzfazit

Wie die Beispiele verdeutlichen, ist es mit dem hier vorgestellten Ansatz möglich, zeitliche Veränderungen des Feuchtezustandes in Abhängigkeit von Boden-, Nutzungs- und Reliefverhältnissen flächenhaft abzubilden. Mit Blick auf die Erosionssimulation mit dem Modell E-3D ist damit eine Möglichkeit geschaffen, die Eingangsgröße „Anfangsfeuchte" zeitpunktbezogen mit einem hohen räumlichen Detaillierungsgrad verfügbar zu machen. Die mit dem vorgestellten Verfahren ermittelten Feuchtewerte sind dabei weniger als absolute Beträge denn als Größenordnungen zu verstehen, mit denen standörtliche Feuchteunterschiede zum Ausdruck gebracht werden können. So ist zu berücksichtigen, daß der empirisch-statistische Extrapolationsansatz derzeit noch auf einer vergleichsweise kleinen Datenbasis beruht. Ihm liegen die Ergebnisse von 17 Rasteruntersuchungen ($\approx$ 2500 Bodenfeuchtemessungen) zugrunde, die von 1995 bis 1997 auf 4 Testparzellen mit jeweils 30-50 Beprobungsstandorten durchgeführt worden sind.

Wie die in Kap. 5.2.1 und 5.2.2 beschriebenen statistischen Untersuchungen belegen, zeigen sich enge räumliche Korrelationen zwischen den Wassergehalten benachbarter Standorte sowie zwischen der Bodenfeuchte und reliefabhängigen Standortmerkmalen. Die Ausweitung der Untersuchungen auf Flächen mit anderen Ausstattungsbedingungen erscheint deshalb vielversprechend. Sie ist ohnehin Voraussetzung für die Übertragbarkeit des Regionalisierungsverfahrens auf andere Landschaftstypen.

Um reliefbedingte Unterschiede in der Wassergehaltsverteilung meßtechnisch gut erfassen zu können, waren die Untersuchungen so angelegt, daß zwischen einem Vorregen und der Beprobung ein Abstand von 2 Tagen lag. Die während eines Niederschlagsereignisses oder kurz danach zu beobachtende Angleichung der Oberbodenwassergehalte bleibt somit bei der Extrapolation der standörtlich simulierten Bodenfeuchte unberücksichtigt. Im Rahmen weiterer Untersuchungen ist deshalb zu klären, inwieweit diese Einflüsse durch Bestimmung eines „Vorregenfaktors" mit erfaßt werden können. Hierbei ist auch zu untersuchen, ob eine stärker differenzierte Betrachtung der Einstrahlungsbedingungen zu einer verbesserten Abbildung der Bodenfeuchtefelder führt. Denkbar wäre hier beispielsweise die Ableitung monatlicher Korrekturfaktoren für die von Neigungsrichtung und Neigungswinkel abhängige Hangbestrahlung.

6 Ereignisbezogene Simulation des oberirdischen Stofftransportes im großen Maßstabsbereich (untere chorische Dimension)

6.1 Simulation von Feststofftransporten mit dem Modell Erosion-3D

6.1.1 Allgemeines

Grundlage für die prozeßorientierte Simulation des Feststofftransportes und die Abschätzung des partikelgebunden transportierten Phosphats im großen Maßstabsbereich bildet das von M. v. WERNER (1995) entwickelte Modellsystem EROSION-3D (E-3D). Hierbei handelt es sich um ein gegliedertes Gebietsmodell für die ereignisbezogene Berechnung von Feststoffabtrag, -akkumulation und Oberflächenabfluß in kleineren Einzugsgebieten. Als geometrische Bezugsbasis für die Berechnung von Oberflächenabflüssen und Feststoffumlagerungen verwendet dieses Modell ein gleichmäßiges Quadratraster, dessen Auflösung von der Rasterzellengröße des einzusetzenden digitalen Geländemodells abhängt. Die Simulation des Abtragsprozesses, d.h. seiner Teilprozesse, beruht auf dem von J. SCHMIDT (1991, 1996) entwickelten und in der Hangprofilversion EROSION-2D (E-2D) realisierten, überwiegend physikalisch begründeten Modellansatz.

Für den Einsatz des Modells EROSION-3D bei der Abschätzung des Feststoffabtrages und des partikelgebundenen Phosphattransportes waren folgende Gründe ausschlaggebend:

- Das Modell verwendet eine überschaubare Anzahl an Modelleingangsgrößen.

- Das Modell berechnet neben dem Bodenabtrag und der Bodendeposition auch die Sedimentkonzentration im Oberflächenabfluß und die prozentualen Anteile von Ton und Schluff im erodierten und akkumulierten Feinboden. Die Bestimmung der Korngrößenverteilung im umgelagerten Sediment ist für die Abschätzung des partikulären Nähr- und Schadelementaustrages von großer Bedeutung. So werden die als Adsorbentien für Nähr- und Schadstoffe fungierenden Partikel der Tonfraktion beim Abtragsprozeß bevorzugt verlagert. Mit der Anreicherung dieser Kornfraktion gegenüber dem Ausgangsboden ist deshalb in der Regel eine Erhöhung des Nähr- und Schadstoffgehaltes im erodierten bzw. akkumulierten Boden verbunden (s. K. AUERSWALD, 1989). Bei bekannten Anreicherungsverhältnissen (enrichment ratios) bietet sich die Möglichkeit, das Erosionsmodell für die Quantifizierung von Nähr- und Schadstoffverlagerungen einzusetzen. Ein Beispiel für die Anwendung von EROSION-2D/-3D zur Abschätzung von Schwermetallausträgen beschreibt J. SCHMIDT (1996).

- Das Modell verfügt über Datenschnittstellen zu häufig eingesetzten Geographischen Informationssystemen (z.B. ARC/INFO, GRASS, IDRISI).

- Das Modell und die ihm zugrunde liegenden Algorithmen sind ausführlich dokumentiert. (s. J. SCHMIDT, 1991, 1996; J. SCHMIDT u.a., 1996; M. v. WERNER, 1995; M. v. WERNER & J. SCHMIDT, 1996). Zudem liegen zahlreiche Erfahrungsberichte über die Anwendung von ERO-

SION-2D bzw. -3D aus verschiedenen Regionen vor (z.B. A. MICHAEL u.a., 1996; V. WIKKENKAMP, 1995; H. KRYSIAK, 1995; D. DRÄYER, 1996).

6.1.2 Kurzbeschreibung der Modellgrundlagen

Die mathematischen Grundlagen und die Funktionsweisen des Erosionsmodells E-3D bzw. der Hangprofilversion E-2D werden in umfassender Weise von J. SCHMIDT (1991 a-c, 1996), M. v. WERNER (1995) und M. v. WERNER & J. SCHMIDT (1996) beschrieben. Aus diesem Grunde beschränken sich die folgenden Ausführungen auf eine kurze Darstellung der Modellstruktur und auf die wichtigsten und für das Verständnis der Simulationsergebnisse erforderlichen Modellgrundlagen.

Das Modellsystem EROSION-3D ermöglicht die flächendifferenzierte Berechnung von Oberflächenabfluß, Bodenabtrag und -deposition für einzelne Niederschlagsereignisse. Es gliedert sich in folgende Komponenten:

1. **Das Reliefmodell** zur Berechnung von Hangneigung, Exposition, Einzugsgebietsgröße, Abflußwegen und Abflußverteilung, Länge des Fließweges und Abflußkonzentration. Untersuchungen von M. v. WERNER (1995) ergaben, daß die Rasterweite des verwendeten Geländemodells die Ergebnisse der Erosionsmodellierung stark beeinflussen kann. So geht eine Verringerung der Rasterweite mit einer Versteilung des Reliefs einher, die zu höheren Abtragswerten führt. Nach M. v. WERNER (1995) lassen sich mit Rasterzellenweiten von 10 bis 20 m realistische Ergebnisse erzielen.

2. **Das Infiltrationsmodell**

Der Berechnung der Infiltration liegen folgende Vereinfachungen zugrunde (s. J. SCHMIDT, 1996, J. SCHMIDT u.a., 1996):

- keine Berücksichtigung des Makroporenflusses,
- die durch Krustenbildung und Tonquellung hervorgerufenen Änderungen des Infiltrations- und Abflußverhaltens werden nicht erfaßt,
- Annahme eines homogenen, d.h. ungeschichteten Bodenaufbaus,
- ein über die Tiefe hinweg konstanter Anfangswassergehalt,
- die Gasphase im Boden bleibt unberücksichtigt.

Die theoretische Grundlage für das Infiltrationsmodell bildet der auch in anderen Erosionsmodellen (z.B. CREAMS, WEPP) verwendete Ansatz von W. H. GREEN & G. A. AMPT (1911). Diese Modellvorstellung geht von der Annahme aus, daß das Niederschlagswasser kolbenförmig in den Boden eindringt und den vorhandenen Porenraum dabei vollständig auffüllt (J. SCHMIDT u.a., 1996; K. H. HARTGE & R. HORN, 1991). Die Berechnung der Infiltrationsrate an der Bodenoberfläche erfolgt nach der Darcy-Gleichung in der bei J. SCHMIDT (1996) beschriebenen Weise:

$$i = -k_s \times \frac{\Delta(\Psi_m + \Psi_g)}{x_f(t)}$$

mit i = Infiltrationsrate (als Massenstrom in kg/(m² × s))
K_s = gesättigte hydraulische Leitfähigkeit ((kg × s)/m³)
Ψ_m = Matrixpotential (J/kg)
Ψ_g = Gravitationspotential (J/kg)
$x_f(t)$ = Eindringtiefe der Befeuchtungsfront zum Zeitpunkt t (m)

Das zur Berechnung der Infiltrationsrate erforderliche Matrixpotential wird nach dem in Kap. 5.1.1.2 dargestellten Verfahren von M. T. VAN GENUCHTEN (1980) bestimmt. Zur Ableitung der dafür benötigten Parameter (Sättigungswassergehalt, Restwassergehalt, Parameter α und n) wird das von H. VEREECKEN u.a. (1989) entwickelte Regressionsverfahren verwendet. Die Bestimmung der gesättigten hydraulischen Leitfähigkeit basiert auf der von G. S. CAMPBELL (1985) beschriebenen Näherungsformel.

3. Das Erosionsmodell

Bei der Beschreibung des Erosionsprozesses werden folgende Teilprozesse unterschieden (J. SCHMIDT, 1991, 1996):

1. die Loslösung der Partikel von der Bodenoberfläche und

2. der Partikeltransport mit dem Oberflächenabfluß.

Partikelablösung

Dem Teilmodell zur Partikelloslösung liegt die Überlegung zugrunde, daß die Ablösung kleinerer, d.h. transportierbarer Bodenteilchen nur dann erfolgen kann, wenn die auf die Bodenoberfläche wirkenden Kräfte der Regentropfen und des Oberflächenabflusses größer sind als die Kräfte, die für den Erosionswiderstand des Bodens verantwortlich sind (z.B. Kohäsions-, Adhäsions- und Gravitationskräfte) (J. SCHMIDT, 1996; J. SCHMIDT u.a., 1996). Die auf die Bodenoberfläche einwirkenden Flüssigkeitskräfte lassen sich allerdings weder praktisch messen noch theoretisch beschreiben. Aus diesem Grunde werden die von den aufprallenden Regentropfen und dem Oberflächenabfluß ausgehenden Kräfte vereinfachend als Impulsströme aufgefaßt. In die Berechnung des vom Oberflächenfluß ausgehenden Impulsstromes φ_q gehen u.a. der Abflußvolumenstrom und die mittlere Fließgeschwindigkeit als zentrale Größen ein. Die Ableitung der mittleren Fließgeschwindigkeit erfolgt dabei nach der für breite rechteckige Gerinne und stationäre Strömungsverhältnisse gültigen MANNING-STRICKLER-Beziehung.

Der für jedes Hangsegment bzw. für jede Rasterzelle ermittelte Abflußvolumenstrom ergibt sich als Bilanzgröße aus dem Zufluß von höhergelegenen Segmenten, der Niederschlagsintensität und der Infiltrationsrate. Bei der Berechnung des durch den Aufprall der Regentropfen ausgeübten Impulsstromes φ_q wird neben der Niederschlagsintensität und dem Bodenbedeckungsgrad die mittlere Fallgeschwindigkeit der Tropfen mit berücksichtigt. Letztere wird nach einer empirischen Gleichung von J. D. LAWS & D. A. PARSONS (1943) bestimmt.

Die kumulierten Impulse aus Niederschlag und Abfluß werden nach J. SCHMIDT (1991) mit einem „kritischen Impulsstrom" verglichen, der ein Maß für die spezifische Erodierbarkeit (Erosionswiderstand) des überströmten Bodens darstellt. Der hierbei nach der Formel

$$E = \frac{\varphi_q + \varphi_r}{\varphi_{crit}}$$

mit E = dimensionslose Erosionskennzahl (-)
φ_r = Impulsstrom der Regentropfen (kg/(m × s^2))
φ_q = Impulsstrom des Oberflächenabflusses (kg/(m × s^2))
φ_{crit} = kritischer Impulsstrom (kg/(m × s^2))

berechnete dimensionslose Koeffizient (Erosionskennzahl „E") geht anschließend in eine lineare Regressionsgleichung ein, über die der potentielle Feststoffmassenstrom (q_s) bestimmt wird. Dieser drückt die Partikelmenge aus, die bei ausreichender Transportkapazität pro Flächen- und Zeiteinheit von der Bodenoberfläche abgelöst werden kann (J. SCHMIDT, 1996):

$$q_{s,pot} = (1{,}75 \times E - 1{,}75) \times 10^{-4}$$

mit $q_{s,pot}$ = Feststoffmassenstrom (kg/(m × s))

Nach J. SCHMIDT (1996) beträgt die mittlere Abweichung der nach dieser Gleichung berechneten Werte des Feststoffmassenstroms von den experimentell ermittelten Werten ± 20 %. Nimmt der Koeffizient E größere Werte als 1 an, tritt Erosion auf, da die Summe der Kräfte aus aufprallenden Regentropfen und Oberflächenabfluß den Erosionswiderstand des Bodens übersteigt. Bei „E" ≤ 1 findet keine Erosion statt.

Partikeltransport

Das Teilmodell für den Partikeltransport basiert ebenfalls auf einem Impulsstromansatz. Es berücksichtigt einerseits die von der Korngröße abhängige Sinkgeschwindigkeit der Partikel im Oberflächenabfluß und andererseits die der Sinkbewegung entgegenwirkende, d.h. aufwärtsgerichtete turbulente Strömungskomponente. Diese wird als Teil des gesamten aus Regentropfenaufprall und Oberflächenabfluß ($\varphi_r + \varphi_q$) resultierenden Impulsstromes aufgefaßt (J.

SCHMIDT u.a., 1996). Die Berechnung der Sinkgeschwindigkeit der Partikel für neun Kornfraktionen (Feinton bis Grobsand) erfolgt nach dem STOKESschen Gesetz, das an sich nur für kugelförmige Partikel in einer unbewegten Flüssigkeit gültig ist. Aus der Multiplikation der Sinkgeschwindigkeit mit dem Massenstrom der absinkenden Teilchen resultiert der kritische Impulsstrom der Partikel ($\varphi_{p,crit}$):

$$\varphi_{p,\,crit} = c \times \rho_p \times v_p^2$$

mit $\varphi_{p,\,crit}$ = kritischer Impulsstrom der Partikel (kg/(m × s²))

c = Konzentration der suspendierten Partikel in der Flüssigkeit (m³/m³)

ρ_p = Dichte der Partikel (kg/m³)

v_p^2 = Sinkgeschwindigkeit der Partikel (m/s)

Bei Unterschreitung des kritischen Impulsstromes kommt es zum Absetzen der Bodenpartikel. Ihm wirkt als aufwärtsgerichtete Kraft die im Gesamtimpulsstrom ($\varphi_r+\varphi_q$) enthaltene vertikale Strömungskomponente ($\varphi_{q,\,vert}$) entgegen:

$$\varphi_{q,vert} = \frac{1}{\kappa}\left(\varphi_q + \varphi_r\right)$$

mit $\varphi_{q,\,vert}$ = vertikale Impulsstromkomponente in der Strömung (kg/(m × s²))

φ_r = Impulsstrom der Regentropfen (kg/(m × s²))

φ_q = Impulsstrom des Oberflächenabflusses (kg/(m × s²))

κ = dimensionsloser Faktor (Depositionskoeffizient; Faktor zur Festlegung des relativen Anteils der vertikalen Impulsstromkomponente am Gesamtimpulsstrom)

Grundlage für die Berechnung der Transportkapazität im Oberflächenabfluß bildet die Gleichung

$$\varphi_{p,\,crit} = \varphi_{q,\,vert}$$

Danach erreicht der Oberflächenabfluß seine Transportkapazität, wenn der vertikale Impulsstrom ($\varphi_{q,\,vert}$) dem kritischen Impulsstrom der in Suspension befindlichen Partikel ($\varphi_{p,\,crit}$) entspricht. Die auf der Basis dieser Gleichung bestimmbare maximale Partikelkonzentration (c_{max}) geht in die Berechnung des Feststoffmassenstromes $q_{s,\,max}$ in der oberflächenparallelen Strömung ein (Einzelheiten zur Berechnung s. J. SCHMIDT, 1996):

$$q_{s,\,max} = c_{max} \times \rho_p \times q$$

mit $q_{s,\,max}$ = Feststoffmassenstrom (kg/(m × s))

c_{max} = Konzentration der Partikel bei Transportkapazität (m³/m³)

ρ_p = Dichte der Partikel (kg/m³)

q = Abflußrate (m³/(m × s))

Die Transportkapazität des Oberflächenabflusses ist von der Korngrößenverteilung im mitgeführten Feinboden abhängig. Um die Korngrößenverteilung im Sediment und die Veränderungen der Korngrößenzusammensetzung beim Transport ermitteln zu können, berechnet das Modell die korngrößenspezifische Transportkapazität für jede der betrachteten Korngrößenklassen (J. SCHMIDT, 1996, M. v. WERNER, 1995).

Berechnung von Erosion und Deposition

Die Teilprozesse „Partikellöslösung" und „Partikeltransport" werden für jedes Hangsegment bzw. für jede Rasterzelle berechnet. Die Bilanzierung des pro Zeit- und Flächeneinheit erodierten bzw. deponierten Feinbodens erfolgt nach der folgenden Gleichung (J. SCHMIDT u.a., 1996):

$$\gamma = \left(\frac{q_{s,in} - q_{s,out}}{\Delta x} \right) \times \Delta T$$

mit γ = Erosion ($\gamma < 0$), Deposition ($\gamma > 0$) (kg/(m² × s))

$q_{s,in}$ = Sedimenteintrag aus dem oberhalb gelegenen Segment (kg/(m × s))

$q_{s,out}$ = Sedimentaustrag aus dem Segment (kg/(m × s))

Δx = Länge des Hangsegments (m)

ΔT = Zeitintervall (s)

Bei Werteausprägungen von $\gamma > 0$ tritt Deposition ein, wenn $q_{s,out} = q_{s,max}$ ist. Bei negativen Werten von γ wird Boden aus dem Segment bzw. der Rasterzelle ausgetragen.

6.1.3 Die Modelleingangs- und -ausgabegrößen

Eingangsgrößen

Für die dynamische Simulation des Abtragsgeschehens benötigt das Modell EROSION-3D neben einer Reihe statischer, d.h. kurzfristig nicht oder nur gering veränderlicher Eingangsdaten mehrere Inputgrößen, die einer mehr oder weniger hohen zeitlichen Variabilität unterliegen. Tab. 12 gibt eine Übersicht über die bereitzustellenden Eingangsparameter.

Einzelne der in Tab. 12 genannten Eingangsgrößen sind flächenhaft gut erfaßbar (z.B. Bodenart bzw. Korngrößenverteilung, organischer Kohlenstoffgehalt). Andere können aus Literaturquellen entnommen (z.B. kulturartspezifischer Bedeckungsgrad, Rauhigkeitsbeiwert), von entsprechenden Institutionen bezogen (Klimadaten, digitale Geländemodelle) oder mit registrierenden Meßgeräten ohne großen Aufwand selbst erfaßt werden (z.B. Niederschlag). Im Unterschied dazu erweist sich die flächenhafte Bestimmung der Modelleingangsgrößen Lagerungsdichte, Erosionswiderstand und Anfangsbodenfeuchte als schwierig. Diese Größen zeichnen sich nicht nur durch eine starke zeitliche, sondern auch durch eine kleinräumige Variabilität aus. Hinzu kommt, daß

Modelleingangsgröße	Einheit
Korngrößenverteilung (9 Fraktionen: fT, mT, gT, fU, mU, gU, fS, mS, gS)	Gew.-%
Lagerungsdichte (in 10-15 cm Tiefe)	kg/m³
Anfangsbodenfeuchte/Anfangswassergehalt (in 10-15 cm Tiefe)	Vol.-%
organischer Kohlenstoffgehalt	Gew.-%
Bodenbedeckungsgrad (Steine, Vegetation, Mulch)	%
Erosionswiderstand (= kritischer Impulsstrom φ_{crit})	N/m²
Rauhigkeitsbeiwert (Manning n)	s/m^{1/3}
Niederschlagsdauer und -intensität	mm/min für 10-min-Intervalle
Geländehöhe (digitales Geländemodell)	m

Tab. 12   Modelleingangsgrößen für das Erosionsmodell E-3D (M. v. WERNER & J. SCHMIDT, 1996)

der von zahlreichen Einflußfaktoren (z.B. Tongehalt, Humusgehalt, Aggregatstabilität, Bearbeitungszustand, Bodenfeuchte) abhängige Erosionswiderstand im Prinzip nur durch technisch aufwendige Messungen (z.B. Feldberegnungsversuche) exakt zu bestimmen ist. Hier liegt ein zentrales Anwendungsproblem von E-2D bzw. E-3D. Angesichts des Einflusses des Erosionswiderstandes auf das Modellergebnis (s. Kap. 6.1.4) ist eine möglichst genaue Bestimmung dieser Variablen von großer Bedeutung. Allerdings sind umfangreiche Feldberegnungsversuche nur in Einzelfällen durchführbar, so daß nur eine geringe Anzahl möglicher Kombinationen von Bodenkennwerten, Nutzungs- und Bearbeitungszuständen erfaßt werden kann. Um dieses aus Anwendersicht bestehende Problem zu beheben, erscheint ein regionsbezogener Aufbau von Schätztabellen mit boden-, bearbeitungs- und nutzungsspezifischen Ausprägungen des Erosionswiderstandes für „Repräsentativstandorte" sinnvoll. Einen wichtigen Schritt in diese Richtung stellt der von A. MICHAEL u.a. (1996) für das Bundesland Sachsen aufgebaute „Parameterkatalog" dar. Dieser besteht aus umfangreichen Tabellen, die eine Abschätzung der erforderlichen Modelleingangsgrößen ermöglichen. Sie enthalten u.a. Durchschnittswerte zur Ausprägung der zeitlich variablen Parameter Lagerungsdichte, Rauhigkeitsbeiwert und Bedeckungsgrad sowie Angaben zum experimentell ermittelten Erosionswiderstand für diverse Bodenarten, Bearbeitungszustände und Kulturarten.

Anstrengungen, den Erosionswiderstand aus einzelnen, einfach meßbaren Größen abzuleiten, brachten bisher nicht den erhofften Erfolg (J. SCHMIDT, 1996). Möglicherweise bieten empirisch-statistische Verfahren, wie das von K. GERLINGER (1997) für Lößböden im Kraichgau beschriebene, nach weiterem Ausbau der Datenbasis eine zukünftige Alternative zu aufwendigen Messungen. Bei diesem auf Regressionsgleichungen beruhenden Parameterschätzverfahren wird der Erosionswiderstand aus dem Ton- und Humusgehalt des Bodens sowie dem Bodenwassergehalt abgeleitet. Um die Variabilität des Erosionswiderstandes genauer bestimmen zu können, sind nach K. GERLINGER (1997) allerdings noch weitere Untersuchungen durchzuführen.

Modellausgabegröße	Einheit
punktbezogene Ausgabegrößen (für jedes Rasterelement)	
Abfluß	m^3/m
transportierte Sedimentmenge	kg/m
Sedimentkonzentration	kg/m^3
Korngrößenverteilung (Ton- und Schluffanteile)	%
flächenbezogene Ausgabegrößen (bezogen auf das Zelleneinzugsgebiet) sowohl für Oberflächenabfluß als auch für Vorfluterabfluß	
Austrag	t/ha
Deposition	t/ha
Nettoaustrag	t/ha

Tab. 13   Modellausgabegrößen des Erosionsmodells E-3D (M. v. WERNER & J. SCHMIDT, 1996)

Hierbei sind u.a. die Einflüsse von Aggregatgrößenverteilung und Scherwiderstand auf den Erosionswiderstand zu analysieren.

Wie bereits an anderer Stelle erwähnt, reagiert das Modell äußerst sensibel auf Änderungen des Anfangswassergehaltes. Die möglichst genaue Erfassung dieser Größe ist deshalb von entscheidender Bedeutung für die Güte des Simulationsergebnisses. Allerdings erfordert auch die flächenhafte Bereitstellung des Faktors „Anfangsfeuchte" einen vergleichsweise hohen personellen und instrumentellen Aufwand. Dieser läßt sich durch den Einsatz eines ausreichend validierten Bodenwassermodells, das dem Erosionsmodell „vorgeschaltet" wird, reduzieren. Bei der Simulation des Bodenabtragsgeschehens mit dem Modell EROSION-3D werden deshalb im folgenden die Bodenfeuchtewerte verwendet, die nach dem in Kap. 5.2.3 beschriebenen Verfahren flächendifferenziert abgeschätzt worden sind.

Ausgabegrößen

Die vom Modell berechneten Ausgabegrößen sind in Tab. 13 dargestellt. Dabei wird zwischen punkt- und flächenbezogenen Größen unterschieden, die in entsprechenden Ergebnisdateien abgelegt werden können. Bei den punktbezogenen Ausgabegrößen handelt es sich um Werte, die das Abtragsgeschehen in der jeweiligen Rasterzelle selbst wiedergeben. Im Unterschied dazu dienen die flächenbezogenen Outputgrößen der Kennzeichnung des Abtragsprozesses im Einzugsgebiet der Rasterzelle.

6.1.4   Sensitivitätsanalyse

Sensitivitätsanalysen geben Aufschluß über das Modellverhalten bei schrittweiser Veränderung einer einzelnen Eingangsgröße. Da jeweils nur die Einflüsse einer Eingangsvariablen auf die Ergebnisgröße berücksichtigt werden, ist eine generelle Fehlerabschätzung des Gesamtergebnisses allerdings nicht möglich. Dies gilt um so mehr, je komplexer das Modell, d.h. je höher die Anzahl der Modelleingangsgrößen ist.

Bei Verwendung der einzelnen Eingangsvariablen im Rahmen der Sensitivitätsuntersuchung wird im allgemeinen davon ausgegangen, daß diese unabhängig von anderen das Prozeßgeschehen beeinflussenden Eingangsgrößen sind (K. GERLINGER, 1997). Diese Voraussetzung ist jedoch bei den meisten der hier verwendeten Variablen nicht gegeben. So weisen J. SCHMIDT (1996) und A. MICHAEL u.a. (1996) auf die z.T. engen Abhängigkeiten zwischen den einzelnen Modellinputgrößen hin. Nach A. MICHAEL u.a. (1996, S. 37) ist es deshalb „nicht in jedem Falle sinnvoll, aus der Sensitivität des Modells gegenüber einem einzelnen Bodenparameter auf dessen tatsächliche Bedeutung zu schließen".

Bezogen auf eine spätere Modellanwendung mit flächenhaft variablen Eingangsgrößen bedeutet dies jedoch strenggenommen, daß die Interpretation des Modellergebnisses mit Unsicherheiten behaftet bleiben muß, da die Beziehungen und gegenseitigen Wechselwirkungen zwischen den Einzelgrößen im Prozeßzusammenhang nicht erfaßbar sind. Hinzu kommt, daß die Veränderung einzelner Variablen mit einer nicht-linearen Veränderung der Ergebnisgröße verbunden ist (s. Abb. 40). So weist J. SCHMIDT (1996) für das Modell E-2D darauf hin, daß insbesondere zwischen dem Bodenaustrag und den Eingangsgrößen „Oberflächenrauhigkeit" und „Erosionswiderstand" jeweils ein nicht-linearer Zusammenhang besteht. Dies hat zur Folge, „daß das Modell auf eine Veränderung dieser Parameter unterschiedlich stark reagiert, je nachdem, in welchem Wertebereich sich diese Änderung vollzieht" (J. SCHMIDT, 1996, S. 70).

Sensitivitätsanalysen leisten allerdings wichtige Dienste für die Modellkalibrierung. Sie geben Hinweise auf Richtung und Ausmaß der Veränderung des Modellergebnisses bei Veränderung einer Eingangsvariablen und ermöglichen so ein effizientes Vorgehen bei der Bestimmung optimaler Modelleinstellungen. Da die Algorithmen des Infiltrations- und Erosionsmodells von EROSION-3D mit denen von EROSION-2D identisch sind (s. M. v. WERNER, 1995), erfolgte die Sensitivitätsanalyse aufgrund eines geringeren Datenaufwandes mit dem Modell E-2D. Hierbei wurden nur die Einflüsse der Bodeneigenschaften Anfangswassergehalt, Lagerungsdichte, organischer Kohlenstoffgehalt, Erosionswiderstand und Rauhigkeitsbeiwert betrachtet, da die Qualität des Modellergebnisses wesentlich von der exakten Erfassung und Messung dieser Größen im Gelände oder im Labor abhängig ist. Nach den von J. SCHMIDT (1996) für das Modell E-2D durchgeführten Untersuchungen ergab sich folgende Reihung der Sensitivitätsparameter (vgl. Abb. 39):

Anfangswassergehalt > organischer Kohlenstoffgehalt > Niederschlagsintensität > Erosionswiderstand > Rauhigkeitsbeiwert > Hanglänge > Hangneigung.

Die Sensitivität des Modells gegenüber der entsprechenden Eingangsgröße läßt sich mit dem nach M. A. NEARING u.a. (1990) ermittelten Sensitivitätswert ausdrücken (J. SCHMIDT, 1996):

$$S = \left(\frac{O_2 - O_1}{O_{12}}\right) / \left(\frac{I_2 - I_1}{I_{12}}\right)$$

mit   S   = Sensitivitätswert
      O_1, O_2 = Ausgabewerte zu den extremen Eingabewerten I_1, I_2
      O_{12} = Mittelwert der Ausgabewerte
      I_1, I_2 = I_1 minimaler Eingabewert, I_2 maximaler Eingabewert
      I_{12} = Mittelwert der Eingabewerte

Da diese Gleichung nur für lineare Beziehungen zwischen dem Ein- und Ausgabewert gültig ist, empfiehlt sich bei nicht-linearem Verlauf der Ausgabewerte eine in verschiedene Intervalle gegliederte Berechnung von Sensitivitätswerten einer Eingangsgröße (K. GERLINGER, 1997). Unter Berücksichtigung der genannten Einschränkungen sind Relativaussagen über die Bedeutung der untersuchten Eingangsgrößen für Einzelintervalle möglich (s. J. SCHMIDT, 1996). Hohe positive und stärker negative Wertausprägungen zeigen dabei einen großen Einfluß der Eingangsgröße auf das Modellergebnis an. Bei einem positiven Wert des Sensitivitätsparameters führt die Erhöhung des Eingangswertes zu einer Zunahme der Ausgabegröße. Ist mit der Erhöhung der Eingangsvariablen eine Abnahme der Outputgröße verbunden, so weist der Sensitivitätswert ein negatives Vorzeichen auf. Die Reihenfolge der Sensitivitätsparameter kann sich bei Änderung der Randbedingungen ebenso verändern (K. GERLINGER, 1997) wie die Höhe des berechneten Sensitivitätswertes. Wie der in Abb. 39 dargestellte Vergleich zeigt, stimmen die für verschiedene Eingangsgrößen ermittelten Sensitivitätswerte größenordnungsmäßig gut mit den Werten anderer Untersuchungen (J. SCHMIDT, 1996, H. KRYSIAK, 1995) überein. Eine Ausnahme bildet die Lagerungsdichte, für die sich hier die höchste Sensitivität ergab. Die Ergebnisse der Sensitivitätsanalyse sind in Tab. 14 und Abb. 40 dargestellt. Sie lassen sich folgendermaßen zusammenfassen:

- Unter den gegebenen Bedingungen weist das Modell gegenüber der Lagerungsdichte und dem Anfangswassergehalt die höchste Sensitivität auf.

- Eine Veränderung der **Lagerungsdichte** um ± 50 kg/m^3 (= 0,05 g/cm^3) führt zu einer Änderung des Bodenaustrages von ± 12,5 %. Die entspricht in etwa der von A. MICHAEL u.a. (1996) beschriebenen Größenordnung. Danach führt eine Über- oder Unterschätzung der Lagerungsdichte um ± 100 kg/m^3 zu einer Abweichung des Bodenaustrages von ± 20 Vol.-%.

- Wie bei J. SCHMIDT (1996) und A. MICHAEL u.a. (1996) beschrieben, nimmt der Bodenaustrag nach Überschreiten eines Wassergehaltsgrenzwertes nahezu linear zu. Dieser Grenzwert liegt hier bei 26 Vol.-%. Bei **Anfangswassergehalten**, die unterhalb dieses Wertes liegen, wird kein Abtrag simuliert. Vom Ausgangswassergehalt um ± 2,5 Vol.-% abweichende Werte äußern sich im Berechnungsergebnis in einer Veränderung des Bodenaustrages von ± 16 %.

- Eine Erhöhung des **Erosionswiderstandes** ist mit einer nicht-linear verlaufenden Abnahme

Eingangsgröße	min. - max.	Sensitivität (S)
Lagerungsdichte	1250 - 1500 kg/m³	7,11
Anfangswassergehalt	28 - 45 Vol.-%	3,99
organischer Kohlenstoffgehalt	0,5 - 2,5 Gew.-%	-1,02
Erosionswiderstand	0,0001 - 0,001 N/m²	-1,00
Rauhigkeitsbeiwert	0,01 - 0,05 s/m$^{1/3}$	-0,70

Tab. 14   Sensitivität des Modells EROSION-2D gegenüber ausgewählten Modelleingangsgrößen

des Feststoffaustrages verbunden. Die Veränderung des Erosionswiderstandes im Wertebereich zwischen 0,0001 und 0,0005 N/m² führt dabei zu erheblich größeren Abweichungen im Berechnungsergebnis als Veränderungen im Bereich zwischen 0,001 und 0,01 N/m². Im ersten Falle führt die Über- oder Unterschätzung des Erosionswiderstandes um 0,0001 N/m² zu einer Änderung des Bodenaustrages um bis zu ± 22,5 %. Das Variieren des Erosionswiderstandes um den gleichen Betrag im Werteintervall von 0,001 bis 0,01 N/m² ist dagegen nur mit geringen Änderungen des Modellergebnisses verbunden (< ± 1,5 %).

- Zunehmende Gehalte an **organischem Kohlenstoff** gehen im Wertebereich zwischen 0 und 3 Gew.-% C_{org} mit einer linearen Abnahme des Feststoffaustrages einher. Unter den in Abb. 40 beschriebenen Bedingungen führt ein um ± 0,25 Gew.-% vom Ausgangswert abweichender Kohlenstoffgehalt zu einem Fehler von ± 8 % bei der Simulation des Feststoffaustrages.

- Eine Erhöhung der **Rauhigkeit** bewirkt eine exponentielle Abnahme des Feststoffaustrages. Besonders sensibel reagiert das Modell im Wertebereich < 0,005 s/m$^{1/3}$ auf Ungenauigkeiten bei der Angabe des Rauhigkeitsbeiwertes (s. A. MICHAEL u.a.,1996). Im Werteintervall zwischen 0,01 und 0,1 s/m$^{1/3}$ zieht eine Fehleinschätzung des Rauhigkeitswertes von 0,005 s/m$^{1/3}$ einen um maximal ± 10 % vom Ausgangswert abweichenden Feststoffaustrag nach sich. Dieser Größenordnung entsprechen auch die hier ermittelten Werte (s. Abb. 40).

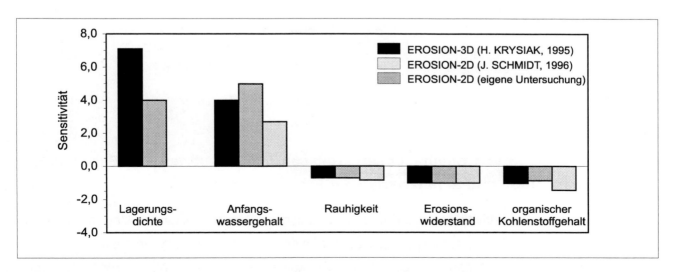

Abb. 39   Vergleich der Sensitivitätsanalyse mit Ergebnissen aus anderen Untersuchungen

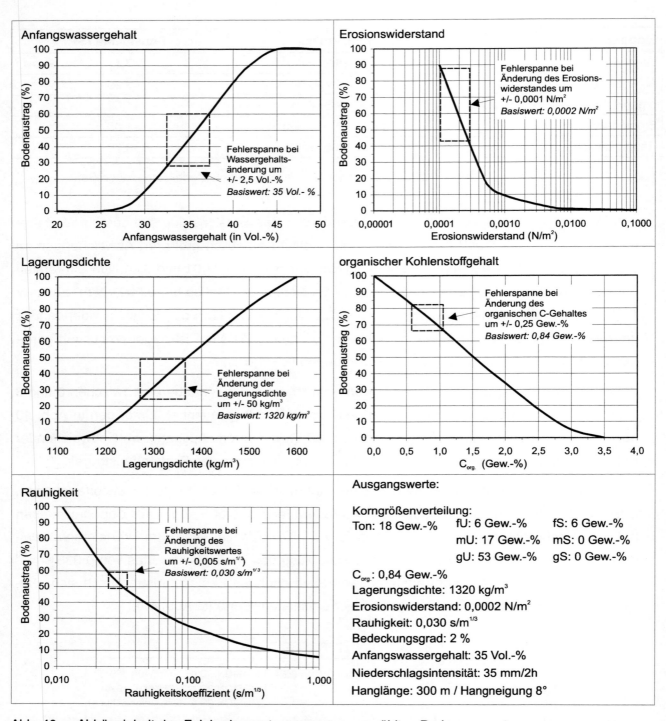

Abb. 40 Abhängigkeit des Feinbodenaustrages von ausgewählten Bodenparametern

6.1.5 Überprüfung von Simulationsergebnissen mit Meßwerten aus Beregnungsexperimenten und Schätzwerten der Erosionskartierung

Die Ergebnisse der Sensitivitätsanalyse machen deutlich, daß bereits kleinere Ungenauigkeiten bei der Bestimmung der Eingangsgrößen zu stark abweichenden Modellergebnissen führen können. Da eine genauere Erfassung insbesondere der zeitlich variablen Größen „Erosionswider-

Parzelle	Eigenschaften		Sedimentaustrag (g/m²)		Abweichung	
			gemessen	simuliert	g/m²	%
1	*reduzierte Bodenbearbeitung (gegrubbert, Vorfrucht: WW), Querbearbeitung*		55,0	51,6	-3,4	-6
	Gefälle (°)	8,5				
	Bedeckungsgrad (%)	10				
	Lagerungsdichte (g/cm³)	1,41				
	org. Kohlenstoff (Gew.-%)	1,5				
	Anfangswassergehalt (Vol.-%)	30				
	Erosionswiderstand (N/m²)	0,0024				
	Rauhigkeitsbeiwert (s/m$^{1/3}$)	0,021				
	T / U / S (Gew.-%)	24/ 67/ 9				
2	*reduzierte Bodenbearbeitung (gegrubbert, Vorfrucht: WW), Querbearbeitung*		93,7	107,0	+13,3	+14
	Gefälle (°)	8,5				
	Bedeckungsgrad (%)	10				
	Lagerungsdichte (g/cm³)	1,43				
	org. Kohlenstoff (Gew.-%)	1,5				
	Anfangswassergehalt (Vol.-%)	31				
	Erosionswiderstand (N/m²)	0,0024				
	Rauhigkeitsbeiwert (s/m$^{1/3}$)	0,021				
	T / U / S (Gew.-%)	25/ 65/ 10				
3	*konventionelle Bodenbearbeitung (Vorfrucht: Zuckerrüben), Querbearbeitung*		180,5	179,7	-0,8	< 1
	Gefälle (°)	7				
	Bedeckungsgrad (%)	5				
	Lagerungsdichte (g/cm³)	1,36				
	org. Kohlenstoff (Gew.-%)	1,4				
	Anfangswassergehalt (Vol.-%)	30				
	Erosionswiderstand (N/m²)	0,0008				
	Rauhigkeitsbeiwert (s/m$^{1/3}$)	0,012				
	T / U / S (Gew.-%)	21/ 75/ 4				
4	*konventionelle Bodenbearbeitung (Vorfrucht: Zuckerrüben), Querbearbeitung*		143,0	129,0	-14	-10
	Gefälle (°)	7				
	Bedeckungsgrad (%)	5				
	Lagerungsdichte (g/cm³)	1,35				
	org. Kohlenstoff (Gew.-%)	1,4				
	Anfangswassergehalt (Vol.-%)	29				
	Erosionswiderstand (N/m²)	0,0008				
	Rauhigkeitsbeiwert (s/m$^{1/3}$)	0,012				
	T / U / S (Gew.-%)	24/ 75/ 1				

Tab. 15   Vergleich von gemessenen und simulierten Stoffausträgen auf Feldberegnungsparzellen
(Parzellengröße 4,25 × 1,9 m; Beregnungsintensität 50 mm/h; Beregnungsdauer 60 min.)

stand" und „Rauhigkeitsbeiwert" aufgrund einer Vielzahl möglicher Konstellationen von Bodenbeschaffenheit, Lagerungsdichte, Bodenfeuchte, Bodenbedeckungsgrad und Bearbeitungszustand auch für kleinere Einzugsgebiete als das hier beschriebene nahezu unmöglich ist, wurde darauf verzichtet, diese Modelleingangsgrößen auf experimentellem Wege zu ermitteln. Vielmehr liegen den im folgenden beschriebenen Simulationsrechnungen die bei A. MICHAEL u.a. (1996) aufgeführten monatsvariablen Werte für Erosionswiderstand und Rauhigkeit zugrunde. Um zu überprüfen, inwieweit deren Werteausprägungen in Verbindung mit den real gemessenen Größen der anderen Modelleingangsparameter zu plausiblen Simulationsergebnissen führen, wurden die im Beregnungsversuch ermittelten Sedimentausträge mit der Austragsmenge verglichen, die vom Erosionsmodell E-2D für die jeweilige Beregnungsparzelle berechnet wurde. Hierzu standen die Ergebnisse von insgesamt 10 Beregnungsversuchen mit Kleinfeldberegnern zur Verfügung. Wie der in Tab. 15 beispielhaft für vier Beregnungsparzellen mit unterschiedlichen Bodeneigenschaften und Nutzungsverhältnissen dargestellte Vergleich zeigt, ergab sich eine gute Übereinstimmung zwischen der experimentell ermittelten und der simulierten Abtragsmenge. So betrug die größte Abweichung zwischen Meß- und Simulationsergebnis etwa 15 %, was die Übertragung der von A. MICHAEL u.a. (1996) für Sachsen beschriebenen Erosionswiderstands- und Rauhigkeitsbeiwerte auf das im Rahmen dieser Arbeit untersuchte Gebiet gerechtfertigt erscheinen läßt. Auch der Vergleich der Simulationsergebnisse von EROSION-3D mit den im Gelände für Einzelparzellen geschätzten Feinbodenabträgen spricht prinzipiell für die Anwendbarkeit der von A. MICHAEL u.a. (1996) im „Parameterkatalog Sachsen" genannten Werte. Betrachtet man die in Tab. 16 am Beispiel von Einzelparzellen für das Starkregenereignis vom 17.5.1997 dargestellten Schätz- und Simulationsergebnisse, so stimmen die simulierten Abtragsmengen (hier Nettoaustrag) bis auf wenige Ausnahmen größenordnungsmäßig gut mit den bei der Erosionsschadenkartierung ermittelten Beträgen überein. Die stärksten Abweichungen zwischen Modell- und Schätzwerten ergaben sich für solche Schläge (Parzellen 89, 108, 118), in denen ausgedehnte linienhafte Erosionssysteme mit hohen Ausräumungsvolumina auftraten. Da das Erosionsmodell E-3D die lineare Erosion nicht mitberücksichtigt, liegen die für das „Mai-Ereignis" 1997 simulierten Austräge hier deutlich unter den im Gelände beobachteten.

6.2 Modellanwendung und Simulationsergebnisse

6.2.1 Anbindung des Erosionsmodells an das Geoökologische Informationssystem

Für die ereignisbezogene Simulation des Erosionsgeschehens wurde ein ca. 5 km² großer Gebietsausschnitt im Raum Ilde ausgewählt (s. Karte 12). Die für die Modellrechnungen erforderlichen Basisdaten werden vom Geoökologischen Informationssystem vorgehalten und nach entsprechender Parameteraufbereitung in das Erosionsmodell überführt. Dazu sind die im Vektor-

Parzelle	Kulturart	Bodenabtrag (t/ha)		Abweichung (t/ha)
		simuliert	geschätzt	
25	Winterweizen	< 1,0	< 0,1	< 0,9
43	Winterweizen	1,5	< 0,1	1,4
58	Winterweizen	0,7	< 0,1	0,6
62/63	Winterweizen	0,3	< 0,1	0,2
82	Zuckerrüben	7,4	7,1	0,3
89	Zuckerrüben	9,6	29,1	19,5
92	Winterweizen	0,4	0,1	0,3
93	Zuckerrüben	4,4	1,6	2,8
94	Raps	< 0,1	0,0	0,1
95	Winterweizen	0,2	0,0	0,2
108/109	Zuckerrüben	6,3	20,4	14,1
110/111	Zuckerrüben	4,5	4	0,5
118	Zuckerrüben	7,5	18,1	10,6
180	Winterweizen	< 0,1	0,0	< 0,1

Tab. 16 Vergleich von geschätztem und mit EROSION-3D simuliertem Bodenabtrag (Netto-Austrag) auf Dauerbeobachtungsschlägen am Beispiel des Starkregenereignisses vom 17.5.1997

format abgelegten flächenbezogenen Boden- und Landnutzungsdaten in ein gleichmäßig aufgebautes Raster zu konvertieren, dessen Auflösung der des eingesetzten digitalen Geländemodells entspricht. Bei den hier beschriebenen Simulationen wurde ein 12,5-m-Raster verwendet.

Um lineare Raumstrukturen auch nach der Vektor-/Rasterkonvertierung abbilden und in die Simulation einbeziehen zu können, wurden Straßen, Wege, Gräben, Gebüschreihen und Randstreifen mit Wichtungsfaktoren versehen. Auf diese Weise ist es möglich, die genannten Strukturelemente beim "Gridding" gegenüber anderen Flächeninhalten (z.B. Ackernutzung) bevorzugt zu berücksichtigen. Mit der höchsten Gewichtung wurden dabei Oberflächengewässer und Gräben belegt, da sie wichtige Senken für den oberirdischen Stofftransport darstellen. Nachrangig folgen Straßen, Wege, Ackerrandstreifen und Gebüschreihen. Die nach V-/R-Konvertierung entstandenen Rasterdateien „Boden" und „Nutzung" werden anschließend in einer Datei zusammengeführt. Diese enthält neben der Koordinatenangabe für jede Rasterzelle auch die Kodierungen für die Bodeneinheit und die Landnutzung. Über die Kodierungen (Schlüsselattributwerte) erfolgt die Verknüpfung mit den in der Standortdatei abgelegten zeitlich variablen Ausprägungen von Erosionswiderstand, Lagerungsdichte, Oberflächenrauhigkeit und Bodenbedeckungsgrad nach A. MICHAEL u.a. (1996). In der gleichen Weise werden die zeitlich invarianten Modelleingangsgrößen wie Korngrößenverteilung und organischer Kohlenstoffgehalt mit der im Rasterformat aufgebauten Eingangsgrößendatei verbunden. Die Koppelung zwischen dieser Datei und den auf Rasterbasis flächendifferenziert ermittelten Anfangswassergehalten erfolgt über die entsprechenden x-/y-Koordinaten. Einen Überblick über die Vorgehensweise bei der Einbindung des Erosionsmodells in das Geoökologische Informationssystem gibt Abb. 41. Die Modelleinstellungen für die im folgenden beschriebenen Simulationsrechnungen zeigt Tab. 17.

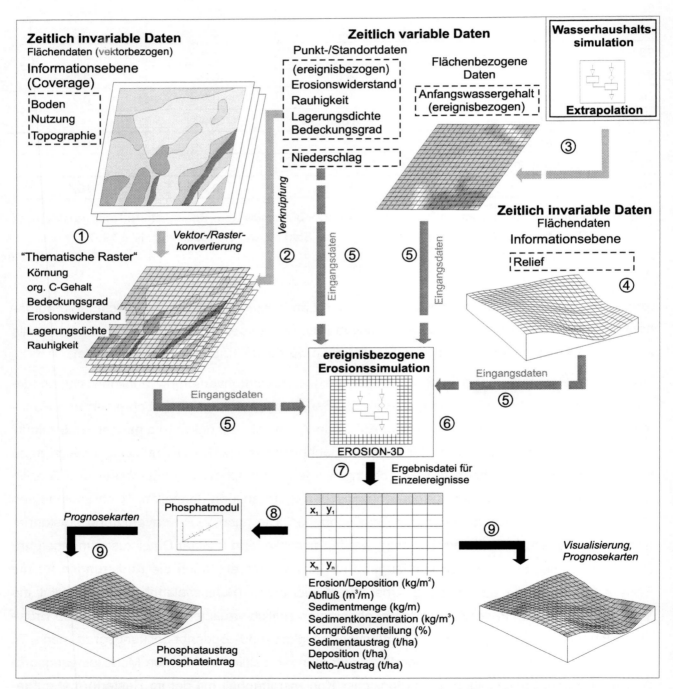

Abb. 41   Anbindung des Erosionsmodells an das Geoökologische Informationssystem und Vorgehen bei der ereignisbezogenen Simulation oberirdischer Stofftransportprozesse

Eingangsgrößen	Einstellungen / Daten	
Bodenparameter	Korngrößenverteilung, C_{org}-Gehalt: Meßwerte für Leitprofile	
	Rauhigkeit, Lagerungsdichte, Erosionswiderstand: monatsvariable Werte nach A. MICHAEL u.a. (1996)	
Anfangswassergehalt	Modellwerte der Wasserhaushaltssimulation	
Rasterzellengröße	25×25 m	
Schwellenwert für Gerinneabfluß	80.000 m²	
Depositionskoeffizient (κ)	1.000	
Korrekturfaktor für Infiltration	1	
Niederschlag	10-min. Zeitintervalle; Angabe der Niederschlagsintensität in mm/min	
Niederschlagsereignisse	Niederschlagsmenge (mm)	Dauer (min)
21.05.1996	12,2	60
16.10.1996	32,2	805
17.05.1997	36,5	125

Tab. 17   Modelleinstellungen für die Simulationsrechnungen mit EROSION-3D

6.2.2   Simulation von Einzelereignissen und Diskussion der Ergebnisse

Karte 12 stellt die zellenbezogen berechneten Erosions- und Depositionsmengen für drei erosive Niederschläge aus den Jahren 1996 und 1997 dar. Sie gibt einen Überblick über die Anordnungsmuster von Abtrags- und Akkumulationsflächen. Vergleicht man die Einzelereignisse miteinander, so wird die räumliche und zeitliche Variabilität der Erosionsanfälligkeit der einzelnen Ackerschläge deutlich. Aufgrund des geringen Entwicklungszustandes der Zuckerrüben (Bodenbedeckungsgrad 10-15 %) sind höhere Bodenabträge (> 1 kg/m²) beim Niederschlagsereignis vom 21.5.1996 im wesentlichen auf die Parzellen mit Rübenbestand beschränkt. Für die Getreideschläge, in denen die Bodenbedeckung zu diesem Zeitpunkt mehr als 90 % betrug, wurden im Durchschnitt Bodenabträge von weniger als 0,2 kg/m² ermittelt. Lediglich die in Hangrichtung verlaufenden Senken mit großem oberirdischem Einzugsgebiet wiesen auch unter Getreide höhere Abträge (> 1,5 kg/m²) auf. Für die in Kuppen- und steilen Hanglagen befindlichen Grünbrache- und Grünlandflächen wurde kein Bodenabtrag berechnet.

Beim Niederschlagsereignis vom 16.10.1996 kommt es zu einer Umkehr in der flächenhaften Verteilung der Erosionsanfälligkeit. Die höchsten Abtragsmengen werden nun für die ehemaligen Getreideflächen simuliert. Diese sind zum Zeitpunkt des Regenereignisses frisch bestellt oder befinden sich noch im Saatbett- oder Brachezustand. Demgegenüber zeichnen sich die Zuckerrübenschläge aufgrund einer nahezu vollständigen Bodenabschirmung durch deutlich geringere Erosionsbeträge aus (Abb. 42).

Auch für das Starkregenereignis vom Mai 1997 ist eine plausible Abbildung des flächenhaften Erosionsgeschehens möglich. Zudem stimmen die schlagbezogen ermittelten Abtragsmengen bis

Karte 12 Berechnete Bodenabtrags- und -depositionsmengen (rasterzellenbezogen) für ausgewählte Starkniederschlagsereignisse in den Jahren 1996 und 1997

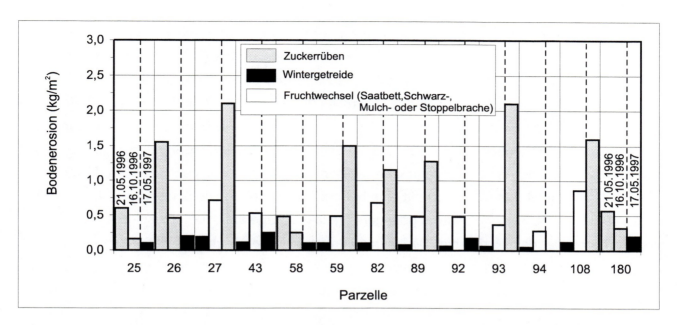

Abb. 42   Durchschnittlicher Feststoffaustrag ausgewählter Parzellen für Erosionsereignisse der Jahre 1996 und 1997 (in kg/m²)

auf wenige Ausnahmen (s.o.) gut mit den im Gelände geschätzten Werten überein (Tab. 16). Erwartungsgemäß treten die höchsten Feststoffausträge in Parzellen mit noch gering entwickelten Zuckerrüben auf. Die beim Mai-Ereignis des Vorjahres stärker von Bodenerosion betroffenen Schläge (ehemalige Zuckerrübenschläge), auf denen nun Wintergetreide angebaut wird, zeichnen sich dagegen durch vergleichsweise geringe Bodenabträge aus (Abb. 42).

Lineare Raumstrukturen wie Gräben, Feldwege, breitere Ackerrandstreifen und Gebüschreihen treten zumeist als Depositionsbereiche deutlich hervor. Allerdings erscheinen die entlang dieser Raumstrukturen ermittelten Depositionsbeträge im Vergleich mit den tatsächlich beobachteten als zu hoch. Beim Fehlen straßenbegleitender Gräben kommt es vereinzelt zum Überfließen von kleinen Wegen. Wie von V. WICKENKAMP (1995) beschrieben, nimmt die Sedimentkonzentration des Abflusses beim Überströmen von Straßen und Wegen ab (Erosionswiderstand = 1). Die damit einhergehende Zunahme der Transportkapazität im Oberflächenabfluß führt auf den tieferliegenden und direkt an die Straße angrenzenden Ackerparzellen zu verstärkter Erosion. Beispiele für solche vom Modell richtig nachvollzogenen "off-site"-Effekte lassen sich u.a. an den unteren Parzellengrenzen von „Schieferkamp" und „Hoher Kamp" beobachten.

Netto-Austräge

Einen Überblick über den Netto-Sedimentaustrag im Einzugsgebiet einer jeweiligen Rasterzelle gibt Karte 13. Der Netto-Austrag ergibt sich aus der Differenz von Sedimentaustrag und -eintrag im Zelleneinzugsgebiet (J. SCHMIDT u.a., 1996). Mit ihm läßt sich somit die tatsächlich aus dem Einzugsgebiet einer Rasterzelle ausgetragene Feststoffmenge erfassen.

Wie die flächenhafte Verteilung der exemplarisch für das Jahr 1996 berechneten Netto-Austräge zeigt (Karte 13, Mitte), ergeben sich die höchsten Feststoffausträge (> 30 t/ha) für die Rasterzellen, die sich in abflußwirksamen Tiefenlinien befinden und denen andererseits verhältnismäßig große Einzugsgebiete zugeordnet sind (s. Parzellen 26 und 27). Mit Annäherung an die Zelle, die den jeweiligen Einzugsgebietsauslaß markiert, nehmen die Netto-Erosionsbeträge zu. Auch konvex geformte Oberhangbereiche (Parzelle 59) zeichnen sich trotz geringer Hangneigungen durch höhere Netto-Austräge aus. Demgegenüber weisen die stärker geneigten Parzellen, für die nach der ABAG im langjährigen Durchschnitt eine höhere Erosionsdisposition zu erwarten ist (z.B. Parzellen 89, 93, 94; s. Kap. 7), deutlich geringere Netto-Austräge auf. Nur für wenige Zelleneinzugsgebiete berechnet das Modell hier Sedimentausträge zwischen 5 und 10 t/ha. Nach den Kartierergebnissen erscheint dies auch realistisch. So deckte die Blattmasse der Wintergetreidebestände den Boden zum Zeitpunkt der stärkeren Niederschlagsereignisse im Frühjahr und Frühsommer nahezu vollständig ab. Auch die stärkeren Niederschlagsereignisse im Herbst führten, wie die Simulationsergebnisse richtig wiedergeben, nicht zu stärkerem Bodenabtrag. Hier erwiesen sich der dichte Rapsbestand auf dem Schlag 94 und die Mulchbrache auf den Parzellen 89 und 93 als wirksamer Erosionsschutz. Eine Übersicht über Verteilung und Intensität der im Jahr 1996 aufgetretenen Erosivniederschläge gibt Abb. 43.

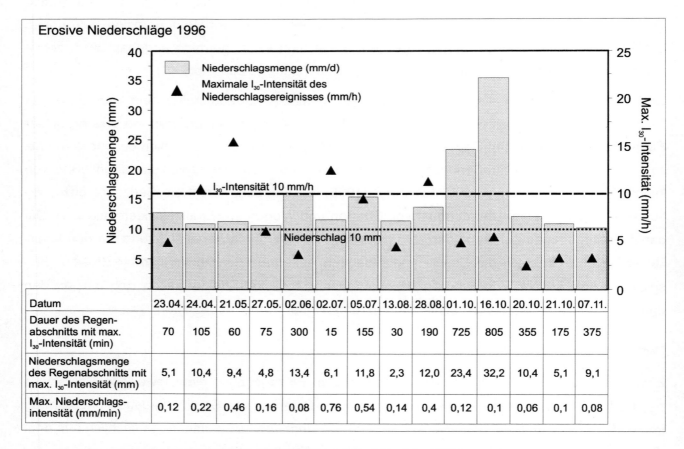

Abb. 43 Verteilung und Intensität der Erosivniederschläge im Jahr 1996

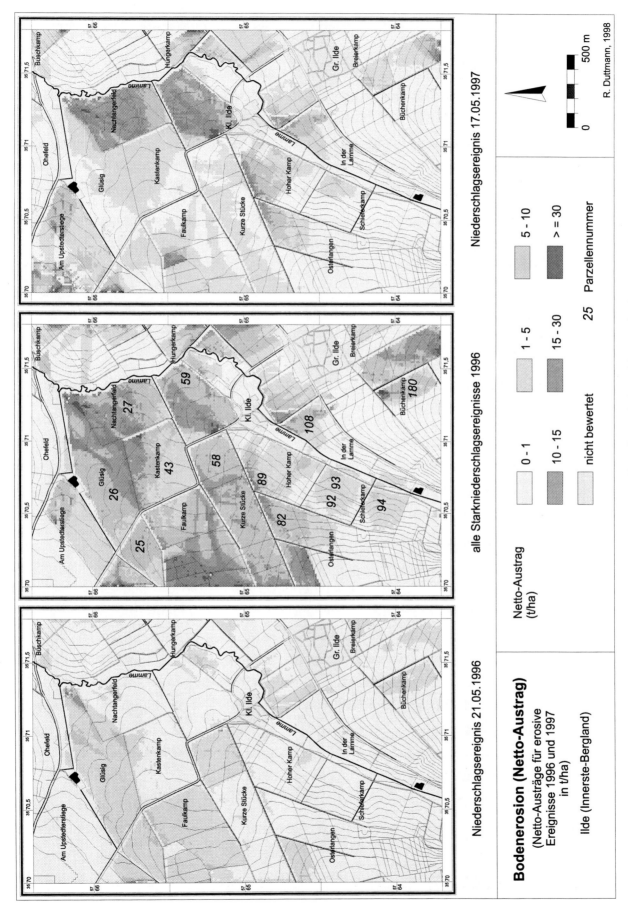

Karte 13 Auf Zelleneinzugsgebiete bezogene Netto-Austräge ausgewählter Starkniederschlagsereignisse und Bilanzierung des Gesamtaustrages für das Jahr 1996 (in t/ha)

Verfolgt man das Abtragsgeschehen im Beispielgebiet weiter bis zum Niederschlagsereignis vom Mai 1997 (Karte 13, rechts), so läßt sich daran die zeitliche Variabilität der Erosionsdisposition und ihres räumlichen Verteilungsmusters gut nachvollziehen (vgl. auch Karte 12). Während auf der mit Raps bedeckten Fläche (94) erwartungsgemäß kein Bodenabtrag auftritt, werden für die Schläge 89 und 93 mit in Entwicklung befindlichen Zuckerrüben (Vierblattstadium) Netto-Austräge von mehr als 10 t/ha berechnet. Andere Parzellen oder Parzellenbereiche, für die noch im Vorjahr Netto-Austräge zwischen 15 und 30 t/ha berechnet wurden (z.B. Parzelle 26), wiesen dagegen nach der Simulation des Erosivregens von Mai 1997 keine nennenswerten Feststoffausträge auf.

Insgesamt zeigen die beschriebenen Ergebnisse, daß das hier eingesetzte Erosionsmodell nach entsprechender Kalibrierung und Überprüfung zu Simulationsergebnissen führt, die in der Größenordnung mit den bei der Erosionskartierung geschätzten Abtragsmengen vergleichbar sind. Das Modell soll deshalb im folgenden auch zur Abschätzung des partikelgebundenen Phosphattransportes auf landwirtschaftlich genutzten Flächen herangezogen werden.

6.3 Untersuchungen zur Abschätzung des partikelgebundenen Phosphattransportes

Als mineralischer Nährstoff zählt der Phosphor zu den essentiellen Hauptnährstoffen für Pflanze, Tier und Mensch. Er ist ein Schlüsselelement für den Baustoff- und Energiestoffwechsel der Lebewesen. Eine ausreichende P-Versorgung ist Voraussetzung für ein optimales Pflanzenwachstum und einen entsprechenden Ernteertrag.

In natürlichen Oberflächengewässern treten anorganische, gelöste Phosphorverbindungen zumeist nur in sehr geringen Konzentrationen auf. Phosphor ist hier der limitierende Faktor für die Primärproduktion. Erhöhte P-Einträge in Oberflächengewässer gelten deshalb als wesentliche Auslöser für die mit vermehrtem Algen- und Pflanzenwachstum verbundene Eutrophierung zahlreicher Gewässer. Die in die Oberflächengewässer eingetragenen Phosphate lassen sich verschiedenen Quellen zuordnen. Diese werden im allgemeinen in punktförmige und in diffuse Quellen unterschieden. Zu den punktförmigen Quellen zählen Einträge aus exakt lokalisierbaren Einleitungen (z.B. Klärwerkseinleitungen). Den diffusen Quellen werden die Einträge zugerechnet, die aus Stoffverlagerungsprozessen in der Landschaft resultieren (s. C. NOLTE, 1991). Hierzu gehören neben dem erosionsbedingten Stoffeintrag auch die Einleitung des Niederschlagswassers von außerörtlichen Straßen und Landwirtschaftswegen. Den Anteil der diffusen Quellen am gesamten P-Eintrag in Oberflächengewässer schätzen W. WERNER u.a. (1991) auf 46 %.

Mehr als $^2/_3$ des über diffuse Quellen in Oberflächengewässer eingetragenen Phosphors lassen sich nach K. AUERSWALD & J. HAIDER (1992) auf Bodenerosionsprozesse zurückführen. Der Eintrag von Phosphor in die Gewässer erfolgt dabei sowohl in partikulärer als auch in gelöster

Form. Bezogen auf die Gesamtmenge des im Oberflächenabfluß transportierten Phosphors kommt dem partikelgebundenen P die dominierende Rolle zu. Als partikelgebundener oder partikulärer Phosphor werden die Phosphorformen bezeichnet, die an die mineralische oder organische Festsubstanz des Bodens gebunden sind. Hierzu zählen nach D. W. NELSON & T. J. LOGAN (1983):

- adsorbierter Phosphor (austauschbarer Phosphor, labiler Phosphor). Als wichtigste Adsorbenten für das Bodenphosphat dienen Tonminerale (vornehmlich Allophane), organische Substanz sowie Fe^{3+}- und Al^{3+}-Hydroxide und -Oxide (H. HOLTAN u.a., 1988; SCHEFFER/SCHACHTSCHABEL, 1989),

- organische P-Verbindungen, wie die überwiegend in adsorbierter Form vorliegenden Phytate und Phospholipide,

- Fällungsprodukte und Neubildungen bei der Umsetzung von Düngerphosphaten (z.B. Reaktionen mit Ca-, Fe-, Al- und anderen Kationen) (vgl. SCHEFFER/SCHACHTSCHABEL, 1989),

- Minerale (amorphe und kristalline Minerale mit Ca-, Fe-, Al- und anderen Kationen).

Beim gelösten Phosphor handelt es sich in der Regel um Orthophosphat (PO_4), anorganisches Polyphosphat und um organische P-Verbindungen. Die Trennung von partikulärem und gelöstem P-Anteil erfolgt standardmäßig durch Membranfiltration, bei der Teilchengrößen mit weniger als 0,45 µm der gelösten Phase zugerechnet werden (z.B. D. W. NELSON & T. J. LOGAN, 1983; L. A. HÜTTER, 1994).

Nach A. N. SHARPLEY u.a. (1993) nimmt der partikuläre Phosphor einen Anteil von 75 bis 90 % am gesamten P-Gehalt im Oberflächenabfluß von ackerbaulich genutzten Flächen ein (s. A. N. SHARPLEY & S. J. SMITH, 1990). Ähnliche Verteilungen zwischen gelöstem und partikulär gebundenem P wiesen auch K. MOLLENHAUER u.a. (1985) im Oberflächenabfluß von Beregnungsversuchen und in den unter Realbedingungen in Auffangvorrichtungen erfaßten Abflüssen nach. Bei Beregnungsversuchen auf Ackerflächen war das partikelgebundene Phosphat häufig sogar mit mehr als 90 % an der Gesamt-P-Konzentration beteiligt.

Nach einer von W. WERNER u.a. (1991) großflächig für das Gebiet der Bundesrepublik Deutschland vorgenommenen Schätzung beträgt das Eintragsverhältnis von partikulärem und gelöstem Phosphor etwa 2,1 ($P_{part.}$) : 1 ($P_{gel.}$). Auf der Grundlage der von C. NOLTE (1991) für das Elbeeinzugsgebiet der ehemaligen DDR angegebenen Werte zum erosionsbedingten P-Eintrag errechnet sich ein Verhältnis von ca. 2,8 ($P_{part.}$) : 1 ($P_{gel.}$).

Das ins Gewässer gelangende partikuläre Phosphat kann nur zum Teil direkt von Wasserpflanzen aufgenommen werden. Literaturangaben über die Bioverfügbarkeit des an die Feinsubstanz gebundenen Phosphors variieren in weiten Grenzen. So geben D. W. NELSON & T. J. LOGAN (1983) für den Anteil des bioverfügbaren P am partikulären Phosphor eine Spanne von 20 % bis

40 % an. Andere Untersuchungen gehen davon aus, daß die Pflanzenverfügbarkeit des partikelgebunden transportierten P zwischen 10 % und 90 % betragen kann (z.B. A. N. SHARPLEY u.a., 1993, 1994; W. WERNER u.a., 1991). Demgegenüber ist der in gelöster Form transportierte Phosphor mit Ausnahme des organischen P-Anteils in den meisten Fällen direkt bioverfügbar (W. WERNER u.a., 1991; A. N. SHARPLEY u.a., 1993).

Hinsichtlich seiner Bedeutung für die Gewässereutrophierung ist das im Oberflächenabfluß bei Einzelereignissen partikulär transportierte bioverfügbare Phosphat nach A. N. SHARPLEY u.a. (1993, S. 493) als "*variable but long-term source of P for algeal uptake*" anzusehen. So kommt es im Gewässer in Abhängigkeit vom chemischen Milieu und vom P-Konzentrationsgradienten zu komplexen Adsorptions-, Desorptions- und Transformationsprozessen, bei denen das eingetragene Sediment sowohl als P-Quelle als auch als P-Senke fungieren kann (vgl. K. HASENPUSCH, 1995). Im Unterschied zu dem in gelöster Form verfrachteten, direkt pflanzenverfügbaren Phosphat, das eine kurzzeitige Sofortbelastung bewirkt, stellt das partikelgebunden eingetragene P eine langfristig wirksame Nährstoffquelle für die Gewässerflora dar. Angesichts dieser Langzeitwirkungen kommt einer Abschätzung des partikulären Phosphataustrages auf Ackerflächen mit Anbindung an Oberflächengewässer eine große Bedeutung zu.

6.3.1 Allgemeine Merkmale und Mechanismen des partikelgebundenen Phosphattransportes

Zwischen dem an die Bodensubstanz gebundenen und dem in der Bodenlösung befindlichen P wird ein Konzentrationsgleichgewicht angestrebt, das durch Sorptions- und Desorptionsvorgänge hergestellt wird. Sorption und Desorption des Phosphats sind sowohl von den Eigenschaften der festen Bodenbestandteile als auch vom chemischen Zustand der Bodenlösung abhängig. Nach A. N. SHARPLEY u.a. (1994) wird das Phosphat bei Niederschlagsbeginn von Bodenpartikeln, Pflanzenrückständen und Düngerresten desorbiert und in die Bodenlösung überführt. Von diesem initialen Prozeß des P-Transportes werden in der Regel die obersten 1 bis 2,5 cm des Bodens erfaßt. Die in Lösung gebrachten Phosphate werden mit dem anschließenden Oberflächenabfluß verfrachtet. Auch während des Transportes kommt es zu Sorptions- und Desorptionsprozessen zwischen dem mitgeführten Sediment und dem gelösten Phosphat (A. N. SHARPLEY u.a., 1981, 1994; T. J. LOGAN, 1980; L. L. McDOWELL u.a., 1980). Intensität und Richtung dieser Prozesse werden dabei maßgeblich von der Konzentration des gelösten ($P_{lös.}$) und des partikulären Phosphors ($P_{part.}$) sowie der Sedimentfracht im Oberflächenabfluß gesteuert. So beobachteten A. N. SHARPLEY u.a. (1994), daß die Sedimentfracht im Oberflächenabfluß von nicht ackerbaulich genutzten Flächen oder Weideland so niedrig ist, daß nur eine geringe Sorption des gelösten P stattfindet. In den meisten Fällen ist der Gehalt an gelöstem Phosphat auf diesen Standorten höher als derjenige im Oberflächenabfluß von Ackerflächen. Ähnliche Ergebnisse beschreiben K. MOLLENHAUER u.a. (1985) und M. BRAUN (1991).

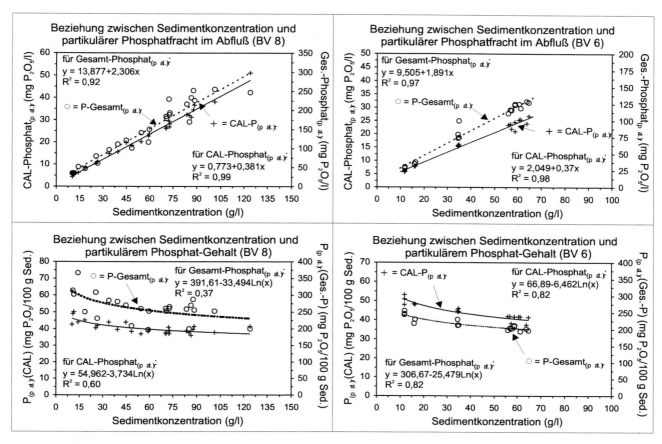

Abb. 44 Beziehung zwischen der Sedimentkonzentration, der $P_{part.}$-Konzentration und dem P-Gehalt des Austragssedimentes im Oberflächenabfluß von Feldberegnungsexperimenten

Mit einer Zunahme der Sedimentfracht nimmt die Konzentration des partikulären Phosphats im Abfluß zu. Dies gilt nach Untersuchungen von A. N. SHARPLEY u.a. (1994) gleichermaßen für ungedüngte Grünlandflächen und gedüngte, konventionell bearbeitete Ackerflächen, wobei die absoluten Verluste an partikulärem P auf beackerten Feldern um ein Vielfaches höher liegen (s. A. N. SHARPLEY u.a., 1992).

Der in zahlreichen Untersuchungen (z.B. K. MOLLENHAUER u.a., 1985) nachgewiesene hochsignifikante Zusammenhang zwischen der Feststoffkonzentration im Oberflächenabfluß und der Konzentration des partikulären Phosphats im Abfluß ließ sich auch bei den meisten der im Rahmen dieser Arbeit durchgeführten Beregnungsversuche beobachten. Wie Abb. 44 für einzelne dieser Feldberegnungsexperimente zeigt, nimmt die Konzentration des partikulären Phosphats (mg/l) im Oberflächenabfluß linear mit der Sedimentkonzentration zu. Dabei ist allerdings zu beachten, daß mit der Zunahme der Abflußmenge größere Anteile an gröberem Bodenmaterial verlagert werden, so daß die vor allem an die Partikel der Ton- und Feinschlufffraktion gebundene, selektive Phosphatanreicherung mit fortschreitender Abtrags- und Abflußintensität geringer wird (Abb. 46). Die mit der Zunahme der Sedimentkonzentration nachweisbare Erhöhung der Massenkonzentration des partikulären Phosphats (in mg/l) ist somit bei stärkerem Oberflächenabfluß

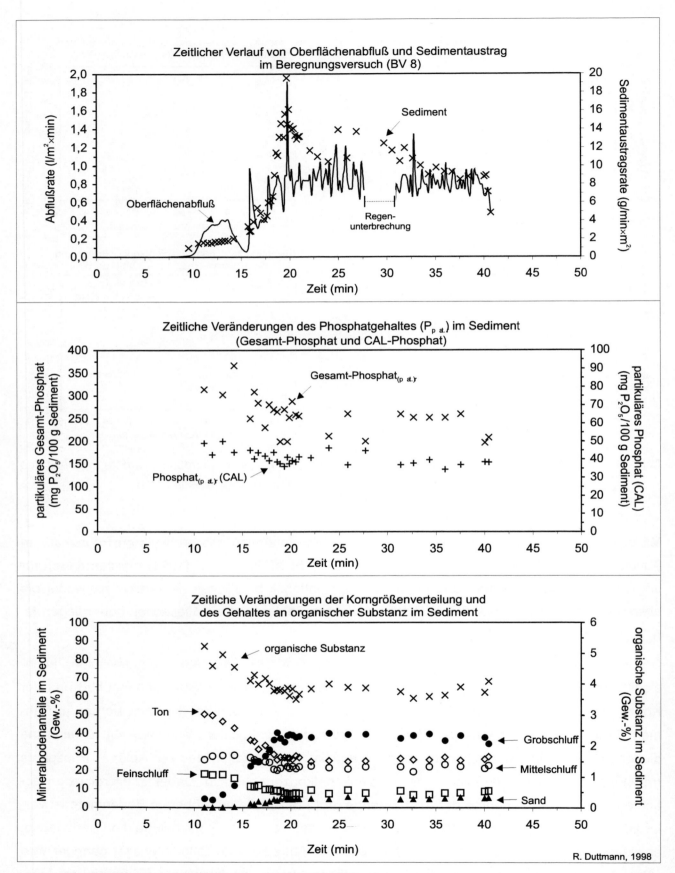

Abb. 45 Zeitliche Veränderungen des Phosphatgehaltes und der Feinbodenzusammensetzung im Austragssediment im Verlaufe der Beregnung (Beregnungsversuch 8)

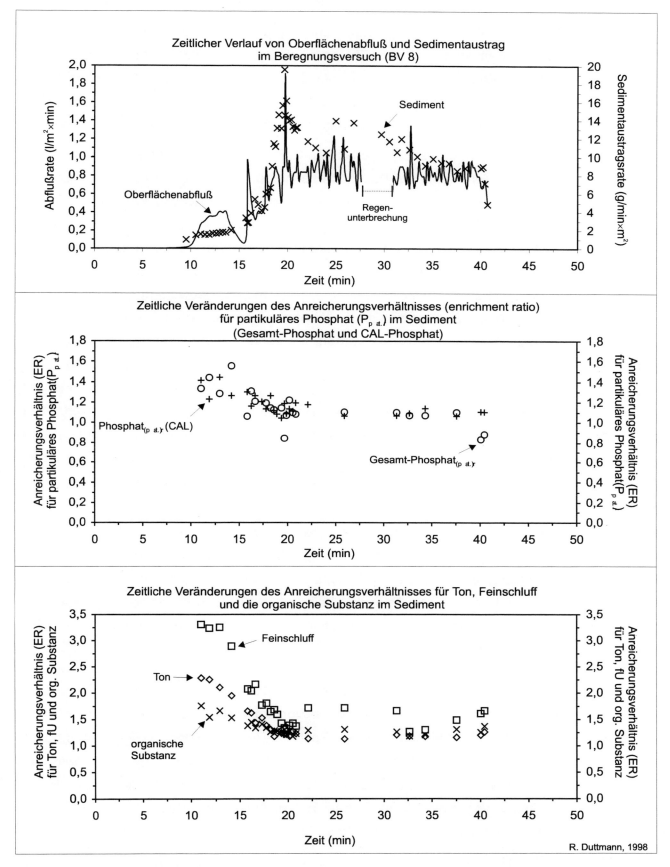

Abb. 46 Zeitliche Veränderungen der Anreicherungsverhältnisse von partikelgebundenem Phosphat, mineralischen und organischen Feinbodenbestandteilen im Beregnungsverlauf (Beregnungsversuch 8)

weniger als Folge einer selektiven Phosphatanreicherung anzusehen, als vielmehr als Folge der höheren Sedimentfracht im Abfluß. Diesen Zusammenhang verdeutlichen Abb. 45 und 46. Danach nimmt der Phosphatgehalt pro Gewichtseinheit Sediment (hier mg P_2O_5/100 g Sediment) im Verlaufe des Abtragsereignisses mit zunehmender Sedimentkonzentration im Oberflächenabfluß ab, während die pro Liter im Abfluß partikelgebunden transportierte Phosphatmenge zunimmt.

Hauptursache für die Abnahme des $P_{part.}$-Gehaltes (mg P_2O_5/100 g Sediment) im Laufe des Abtragsprozesses ist die P-Verarmung der Bodenoberfläche durch den (selektiven) Abtransport des Phosphats in der Anfangsphase des Abflusses. So weisen u.a. K. AUERSWALD & J. HAIDER (1992) darauf hin, daß die im allgemeinen an der Bodenoberfläche in höherer Konzentration auftretenden Agrochemikalien zu Beginn eines Abtragsereignisses von den Aggregataußenflächen der Bodenpartikel abgelöst und/oder zusammen mit diesen abtransportiert werden. Dies führt zu einer starken Stoffanreicherung im einsetzenden Abfluß, mit dem sowohl das von der Bodenoberfläche desorbierte ($P_{lös.}$) als auch das an die leichter transportierbaren Bodenteilchen gebundene Phosphat ($P_{part.}$) bevorzugt verlagert werden. Mit zunehmender Intensität und Dauer des Abtragsereignisses ist demzufolge eine Abnahme des P-Gehaltes (mg/100 g Sediment) im Abtragsmaterial zu erwarten. Hinzu kommt, daß bei wachsender Abtragsintensität zunehmend tiefere Oberbodenbereiche erfaßt werden, die sich durch vergleichsweise geringere Nährstoffgehalte auszeichnen. Üblicherweise ist der P-Gehalt im gesamthaft erodierten Feinboden jedoch höher als der des Ausgangsbodens. A. N. SHARPLEY (1980) und A. N. SHARPLEY u.a. (1993) fanden im erodierten Sediment P-Anreicherungsfaktoren von 1,2 bis 6,6. B. WILKE & D. SCHAUB (1996) ermittelten einen Anreicherungsfaktor von 1,86.

Die oben geschilderten Prozeßzusammenhänge veranschaulichen Abb. 45 und Abb. 46. Sie geben die im Verlaufe eines simulierten Erosionsereignisses auftretenden Veränderungen der Sedimentzusammensetzung, des partikulären Phosphataustrages und des Anreicherungsverhältnisses von Feststoffen und partikulärem Phosphat beispielhaft für die anderen hier durchgeführten Beregnungsexperimente wieder. Die dort dargestellten Versuchsergebnisse lassen sich folgendermaßen zusammenfassen:

1. Bei geringerer Abtragsintensität werden kleinere und leichter transportierbare Bodenteilchen wie Ton, Feinschluff und organische Substanz bevorzugt verlagert und mit dem Oberflächenabfluß ausgetragen. Die Anreicherung dieser Bestandteile ist vor allem zu Beginn des Abfluß- und Abtragsprozesses stark ausgeprägt (Abb. 46, untere Spalte). Gegenüber dem Ausgangsboden ergab sich in der Anfangsphase des Erosionsprozesses für die Tonfraktion ein Anreicherungsfaktor von etwa 2,5. Im Vergleich zum Ausgangsboden wurde für Feinschluff eine Anreicherung um den Faktor 3,5 ermittelt. Für die organische Substanz betrug der Anreicherungsfaktor 1,5.

2. Der Transport des partikulär gebundenen Phosphats erfolgt selektiv. Die Anreicherung des partikulären Phosphats verläuft parallel zur Anreicherung der kleineren Kornfraktionen. Dies erklärt sich aus der Tatsache, daß Partikel der Ton- und Feinschlufffraktion als Hauptadsorbenten des partikulär verlagerten Phosphats fungieren. So zeigen beispielsweise die Untersuchungen von H. WIECHMANN (1973), daß etwa die Hälfte bis zwei Drittel der gesamthaft aus Feinbodenproben gelösten Phosphormenge der Tonfraktion entstammen. Auch die eigenen Untersuchungen belegen eine enge, hochsignifikante Korrelation zwischen der $P_{part.}$-Konzentration und der Ton-Konzentration im Oberflächenabfluß der Beregnungsversuche (Abb. 44).

Ebenso wie für die Anreicherung der feinen Bodenbestandteile beschrieben, treten in den ersten Minuten nach Abtragsbeginn auch die höchsten $P_{part.}$-Gehalte und die größten P-Anreicherungsbeträge im Sediment des Oberflächenabflusses auf (s. Abb. 45 und 46, mittlere Spalte). Dies gilt sowohl für das partikuläre Gesamtphosphat als auch für das CAL-extrahierbare Phosphat. In beiden Fällen traten in dem hier vorgestellten Beregnungsversuch etwa gleich hohe Anreicherungsfaktoren (1,5 bis 1,7) auf.

3. Die Anreicherungsfaktoren für die Feinbodensubstanz und das partikuläre Phosphat ändern sich im Verlaufe des Abtragsprozesses (Abb. 46, mittlere und untere Spalte). Mit fortschreitender Dauer und Intensität des Abtrages nimmt die korngrößenspezifische Selektivität des Transportvorganges ab. Die Gehalte an Ton, organischer Substanz und Phosphat im Abtragssediment nähern sich denen des Ausgangsbodens an und weisen gegenüber diesem nur noch eine geringe Anreicherung auf. In Einzelfällen lassen sich auch negativ vom Ausgangsboden abweichende Verhältnisse beobachten. Dagegen kommt es mit Zunahme des Oberflächenabflusses zu einer starken Anreicherung der gröberen Mineralbodenbestandteile, besonders von Grobschluff und Sand. Diese sind für den partikulären Phosphattransport jedoch nur von untergeordneter Bedeutung.

6.3.2 Ansätze zur Abschätzung des partikulären Phosphortransportes bei Erosionsereignissen - Das Konzept des Anreicherungsverhältnisses ("enrichment ratio")

Die am Beispiel der Beregnungsversuche dargestellte korngrößenspezifische Selektivität des Phosphattransportes bei Erosionsereignissen läßt sich auch unter realen Geländebedingungen beobachten. So konnten u.a. A. N. SHARPLEY & S. J. SMITH (1990) im Rahmen von Felduntersuchungen in zahlreichen Einzugsgebieten nachweisen, daß sowohl der partikuläre Gesamt-Phosphorgehalt als auch der Gehalt an partikulär verlagertem bioverfügbarem Phosphor bei erosiven Einzelereignissen mit steigender Sedimentkonzentration im Oberflächenabfluß abnimmt. Als Erklärung hierfür weisen sie auf den zunehmenden Anteil der Partikelgrößen von mehr als

2 µm ("silt-sized particles") mit anwachsender Sedimentkonzentration im Abfluß hin. Im Unterschied zu den kleineren Tonpartikeln weisen diese Teilchen eine geringere P-Beladung auf. Ebenso wie früher von H. F. MASSEY & M. L. JACKSON (1952), R. G. MENZEL (1980) und A.N. SHARPLEY (1980) festgestellt, ergab sich bei den Untersuchungen von A. N. SHARPLEY & S. J. SMITH (1990) ein logarithmischer Zusammenhang zwischen der Sedimentkonzentration und dem P-Gehalt in dem im Oberflächenabfluß verfrachteten Abtragsmaterial. Eine solche logarithmische Beziehung zeigte sich auch bei den hier durchgeführten Beregnungsversuchen (s. Abb. 44).

Ausgehend von den zu beobachtenden Zusammenhängen zwischen der Abtragsmenge und dem Phosphorgehalt im Sediment, entstand das Konzept des "enrichment ratio" (ER; Anreicherungsverhältnis) für partikelgebunden transportierten Phosphor (s. H. F. MASSEY & M. L. JACKSON 1952; A. N. SHARPLEY & S. J. SMITH, 1990). Dieses "enrichment ratio" drückt das Verhältnis des P-Gehaltes im Sediment des erodierten Bodens zum P-Gehalt des unbeeinflußten Ausgangsbodens aus. Es läßt sich nach der von H. F. MASSEY & M. L. JACKSON (1952) beschriebenen Grundgleichung wie folgt ermitteln:

$$\ln(ER) = a + b \times \ln(SED)$$

mit

ER   enrichment ratio
a, b   Koeffizienten
SED   abgetragene Sedimentmenge

Mittlerweile existiert eine Reihe von Formeln, mit denen nicht nur die Anreicherung des partikulären Gesamt-Phosphors berechnet, sondern auch Anreicherungsfaktoren für das bio- und pflanzenverfügbare P im Abtrag bestimmt werden kann (R. G. MENZEL, 1980; A. N. SHARPLEY, 1980; A. N. SHARPLEY u.a., 1985; D. W. NELSON & T. J. LOGAN, 1983). Durch Verknüpfung dieser Gleichungen mit gemessenen oder berechneten Bodenabtragsmengen ist es bei bekanntem P-Gehalt des Ausgangsbodens möglich, eine Abschätzung des Phosphoraustrages bei Erosivereignissen vorzunehmen. Als Beispiel für die Berechnung der Anreicherungsverhältnisse (ER) von Gesamtphosphat und bioverfügbarem Phosphat bei Einzelereignissen sei hier die folgende von A. N. SHARPLEY & S. J. SMITH (1990) ermittelte Gleichung genannt:

$$\ln(ER) = 1{,}21 - 0{,}16 \times \ln(SED) \quad \Rightarrow \quad ER = 3{,}35 \times SED^{-0{,}16}$$

mit

ER   enrichment ratio (P-Anreicherungsfaktor)
SED   Bodenabtrag (kg/ha)

Eine umfassende Überprüfung und Anpassung dieser enrichment ratios unter Feldbedingungen steht für mitteleuropäische Verhältnisse noch aus. Neuere Untersuchungen von B. WILKE & D. SCHAUB (1996) an verschiedenen Standorten im Schweizer Mittelland ergaben zwar eine P-Anreicherung im Abtragsmaterial, ein Zusammenhang zwischen P-Anreicherung und Bodenabtragsmenge, wie er für nordamerikanische Verhältnisse festgestellt wurde, war jedoch nicht nachweisbar. Zu ähnlichen Ergebnissen kamen auch K. GERLINGER & U. SCHERER (1997) nach Beregnungsversuchen auf landwirtschaftlich genutzten Lößböden im Kraichgau. Auch dort zeigte sich kein Zusammenhang zwischen dem Bodenabtrag und den gemessenen sowie berechneten enrichment ratios.

Obwohl der Zusammenhang zwischen dem Ton- und Phosphorgehalt im abgetragenen Sediment immer wieder herausgestellt wird (s. A. N. SHARPLEY & S. J. SMITH, 1990; R. G. MENZEL, 1980), mag es erstaunen, daß die angegebenen Anreicherungsverhältnisse ausschließlich eine Funktion der Abtrags- bzw. Sedimentmenge darstellen. Die für die $P_{part.}$-Anreicherung im Sediment ursächliche, von der Abtragsintensität abhängige Anreicherung von Ton und organischer Substanz wird dabei nicht berücksichtigt.

Heute verfügbare Modellsysteme wie das Modell EROSION-3D sind in der Lage, die Ton-, Schluff- und Sandanteile im abgetragenen und deponierten Sediment zu berechnen, da sie den korngrößenspezifischen Abtrags- und Sedimentationsprozeß und damit die Selektivität des Transportvorganges mit berücksichtigen (s. J. SCHMIDT, 1996). Zusätzlich zur Abschätzung der umgelagerten Phosphatmengen mit den üblicherweise verwendeten ER, bietet der Einsatz von EROSION-3D die Möglichkeit, den P-Gehalt im abgetragenen und akkumulierten Feinboden über die Tonanreicherung im Sediment zu ermitteln. In Verbindung mit den simulierten Bodenabtrags- und Depositionsmengen ist so eine direkt an den Tonanteil gekoppelte Bestimmung der partikelgebunden transportierten P-Menge möglich.

Voraussetzung für die an den Tongehalt geknüpfte Abschätzung des $P_{part.}$-Gehaltes im Abtragssediment und die Vorhersage des P-Austrages ist die Kenntnis einer Ton-/Phosphor-Anreicherungsbeziehung. Zur Bestimmung einer solchen Anreicherungsbeziehung wurden im DFG-Projekt „Partikelgebundene Stofftransporte" Felduntersuchungen mit Sedimentauffangvorrichtungen und Feldberegnungsexperimente durchgeführt, deren Ergebnisse im folgenden beschrieben werden sollen.

Das im Rahmen dieser Untersuchungen ermittelte und bei der späteren flächenhaften Abschätzung des partikulären Phosphorabtrages verwendete Ton-/Phosphor-Anreicherungsverhältnis bezieht sich auf das mit der CAL-Methode (H. SCHÜLLER, 1969; VDLUFA, 1991) bestimmte Bodenphosphat. Ausschlaggebend für die Auswahl dieser Methode waren vor allem praktische Gründe. Da die CAL-Methode standardmäßig bei landwirtschaftlichen Routineuntersuchungen zur Bestimmung des pflanzenverfügbaren Phosphates eingesetzt wird, liegen vergleichbare Angaben über den P-Gehalt des Bodens in Parzellenschärfe vor. Auf eine aufwendige flächendeckende Beprobung und Analyse konnte somit weitgehend verzichtet werden.

Die im Oberboden von Ackerparzellen des Untersuchungsgebietes auftretenden P(CAL)-Gehalte

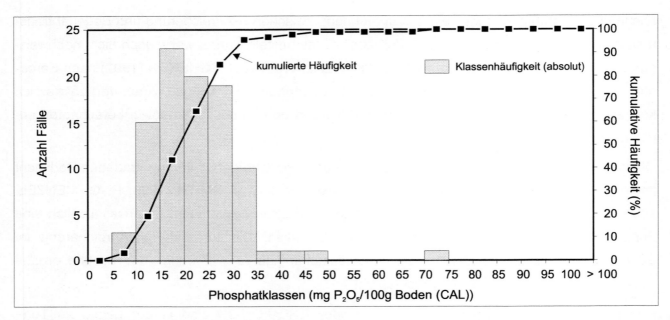

Abb. 47 Häufigkeitsverteilung der Phosphatgehalte in Oberböden von Ackerstandorten im Raum Ilde (n=100)

sind in Abb. 47 für eine nach dem Zufallsprinzip ausgewählte Stichprobe von n = 100 dargestellt. Für die ausgewählten Flächen wurde ein durchschnittlicher P(CAL)-Gehalt von 22 mg P_2O_5 (CAL)/100 g Boden (9,6 mg P(CAL)/100 g Boden) ermittelt. Ackerböden mit P(CAL)-Gehalten von 9 bis 15 mg P_2O_5/100 g (4-6,5 mg P/100 g Boden) gelten nach gängigen Düngungsempfehlungen als optimal versorgt (H. STUMPE u.a., 1994). In diesen Bereich fallen weniger als 20 % der erfaßten Parzellen. Mehr als 80 % der untersuchten Oberböden weisen dagegen P-Gehalte auf, die z.T. deutlich über den empfohlenen Werten liegen.

6.3.3 Phosphat-Verteilungsmuster in Oberböden als Indikatoren erosionsbedingter Stofftransporte

Auf die Verwendbarkeit des Phosphats als Zeiger für Erosionsprozesse und daran gebundene Nährstofftransporte wiesen bereits H. KURON (1953) und G. RICHTER (1965) hin. Die gute Eignung des Phosphats als Indikator für oberirdische Stoffumlagerungen erklärt sich aus seiner geringen Vertikalverlagerung im Bodenprofil, die eine P-Anreicherung im obersten Zentimeterbereich des Bodens zur Folge hat. Das durch Düngung aufgebrachte Phosphat verbleibt somit zum größten Teil an der Bodenoberfläche, bis es durch Bodenerosionsvorgänge umgelagert wird. Als Ergebnis dieser Prozesse kommt es zur Ausbildung typischer Raummuster der P-Verteilung, über die sich Abtrags- und Akkumulationsbereiche identifizieren lassen. So beobachtete H. KURON (1953) an mehreren Hangprofilen mit ackerbaulich genutzten Böden eine mehr oder weniger starke Abnahme des Phosphatgehaltes in den mittleren Hangabschnitten und erhöhte P-Gehalte in

Akkumulationsarealen in Senkenlagen. Ähnliche Phosphatverteilungen beschrieben N. PEINE-MANN & E. BRUNOTTE (1982) für Lößboden-Toposequenzen in Südniedersachsen und Franken. Auch dort waren die Gehalte an Phosphat und organischer Substanz im Erosionsbereich von Hängen geringer als auf Hochflächen und am Hangfuß.

Der P-Gehalt in der Krume erodierter Bereiche kann zudem Hinweise auf die Abtragsintensität geben. Für den Akkumulationsbereich gilt die Aussage dagegen nur eingeschränkt. Vor allem bei stärkeren Abtragsereignissen wird auch Feinmaterial aus den tieferen Schichten des Oberbodens in das Abtragsgeschehen einbezogen, so daß in den typischen Depositionsbereichen in Senken oder am Hangfuß nährstoff- und humusärmeres Sediment an der Bodenoberfläche liegt (H. KURON, 1953, S. 76).

Ausgehend von den bei H. KURON (1953) und N. PEINEMANN & E. BRUNOTTE (1982) für einzelne Hangprofile beschriebenen Stoffverteilungen soll anschließend am Beispiel von Testparzellen der Frage nachgegangen werden,

- ob solche typischen P-Verteilungsmuster auch bei flächenhafter Betrachtung nachweisbar sind und

- in welchem Maße die im vorigen Kapitel dargestellten Zusammenhänge zwischen dem Phosphat- und Tongehalt einerseits und dem Phosphat- und Humusgehalt des abgetragenen oder deponierten Bodens andererseits zur Erklärung der P-Verteilungen unter Feldbedingungen beitragen können.

6.3.3.1 Methodik

Zur Erfassung von Phosphatverteilungsmustern wurden in unregelmäßigen Zeitabständen Rasterbeprobungen auf Testflächen unter realen Nutzungs- und Bewirtschaftungsbedingungen durchgeführt. Eine Kurzbeschreibung der Testflächen gibt Tab. 18. Die Beprobungen fanden so-

Testfläche	Position	Bodentyp	Bodenart	Nutzung bei Beprobung	Neigung	Länge/Breite
Parzelle 1	Oberhang	Braunerde	Ut3/Ut4	4.7.95 Winterweizen	7 - 10°	
Schieferkamp	Mittelhang	Braunerde	Ut3	22.2.96 Winterweizen	2 - 5°	300/100 m
Klein Ilde	Unterhang	Kolluvisol	Ut3		1 - 2°	
Parzelle 2	Oberhang	Rendz.-Braun.	Tu3/Tu4	21.6./21.7.95 Z.-Rüben	6 - 7°	
Bruchkamp	Mittelhang	Pseud.-Parab.	Ut4	22.2.96 Winterweizen	3 - 5°	150/100 m
Groß Ilde	Unterhang	Pseud.-Parab.	Ut4	12.2.97 Schwarzbrache	2 -3°	
Parzelle 3	Oberhang	Rendz.-Braun.	Ut4	21.6./21.7.95 Z.-Rüben	6 - 7°	
Steinberg	Mittelhang	Braunerde	Ut3	22.2.96 Winterweizen	3,5 - 4°	225/75 m
Wöllersheim	Unterhang	Kolluvisol	Ut3	5.6.97 Winterweizen	1,5 - 3°	

Tab. 18 Ausstattungsmerkmale der Testflächen für die Untersuchung von Phosphatverteilungsmustern

wohl vor als auch nach Erosionsereignissen statt. Die Entnahme der Krumenproben erfolgte an den Knotenpunkten eines gleichmäßigen 25-m-Rasters. Für jeden Beprobungsstandort wurde eine Mischprobe aus den obersten 2-3 cm der Krume hergestellt. Die Entnahme des Probenmaterials erfolgte an 10-15 Beprobungsstellen in einem Umkreis von höchstens einem halben Quadratmeter um die jeweiligen Knotenpunkte des Beprobungsgitters herum. Das Probenmaterial wurde direkt im Anschluß an die Beprobungskampagnen analysiert. Zum Standardanalysenumfang gehörte die Bestimmung des pflanzenverfügbaren Phosphats (nach CAL-Methode), die Korngrößenanalyse, die C_{org}- und Kalkgehaltsbestimmung sowie die Messung des pH-Wertes (Labormethoden s. Kap. 2.4.3).

6.3.3.2 Ergebnisse

Die auf der Grundlage der Rasterbeprobungen ermittelten Phosphatverteilungsmuster zeigt Abb. 48. Als Interpolationsverfahren für die räumlich differenzierte Abbildung der P-Verteilungen wurde das Punkt-Kriging verwendet.

Wie die in Abb. 48 dargestellten Stoffverteilungsmuster veranschaulichen, waren die von H. KURON (1953) sowie von N. PEINEMANN & E. BRUNOTTE (1982) beschriebenen Regelhaftigkeiten der P-Verteilung auch auf den hier untersuchten Hangflächen in eindeutiger Weise nachweisbar. So traten in den Akkumulationsbereichen an den unteren Parzellenrändern im Durchschnitt aller Beprobungen signifikant höhere ($\alpha = 0,05$) Phosphatgehalte auf als in den Mittelhangbereichen. Die Oberhangbereiche der Testflächen Bruchkamp (Fläche 2) und Steinberg (Fläche 3) wiesen dagegen zu allen Zeitpunkten höhere Phosphatgehalte auf als die Mittelhangabschnitte. Als Ursache hierfür lassen sich die höheren Tonanteile des Oberbodens anführen, die eine höhere P-Sorptionskapazität besitzen (s. H. WIECHMANN, 1973). Im Oberhangbereich beider Testparzellen sind flachgründige Braunerden und Rendzina-Braunerden entwickelt, deren toniger und kalkreicher Unterboden bei größerer Pflugschartiefe an die Oberfläche befördert und mit dem humosen Oberboden vermischt wird. Ein weiterer Grund für die höheren Phosphatgehalte in der Bodenkrume der oberen Hangabschnitte ist eine noch vergleichsweise geringe Intensität des Abfluß- und Abtragsprozesses. In beiden Fällen grenzt das obere Parzellenende an Grünland- bzw. Grünbracheflächen. Daß bei höherer Abflußintensität auch Oberhangbereiche stärker an Phosphat verarmen können, zeigt sich am Beispiel von Hangfläche 1 (Schieferkamp). Diese Testparzelle erhält bei intensiveren Niederschlägen oder bei Schneeschmelze auf größerer Breite Zufluß von einem parallel zur oberen Schlaggrenze verlaufenden Weg. Wie die für ein Schneeschmelzereignis im Februar 1996 in Abb. 48 dargestellten Stoffverteilungen veranschaulichen, zeichnet sich der Oberhang durch eine flächenhafte P-„Verarmung" aus. Die geringsten P-Gehalte (11 mg P_2O_5 / 100 g Boden) treten dabei in einem schwach konvex geformten Bereich auf, in dem das vom Feldweg her in gebündelter Form zufließende Wasser seitlich verteilt und so zu einer größerflächig beobachtbaren Abschwemmung des phosphatreicheren Krumenmaterials

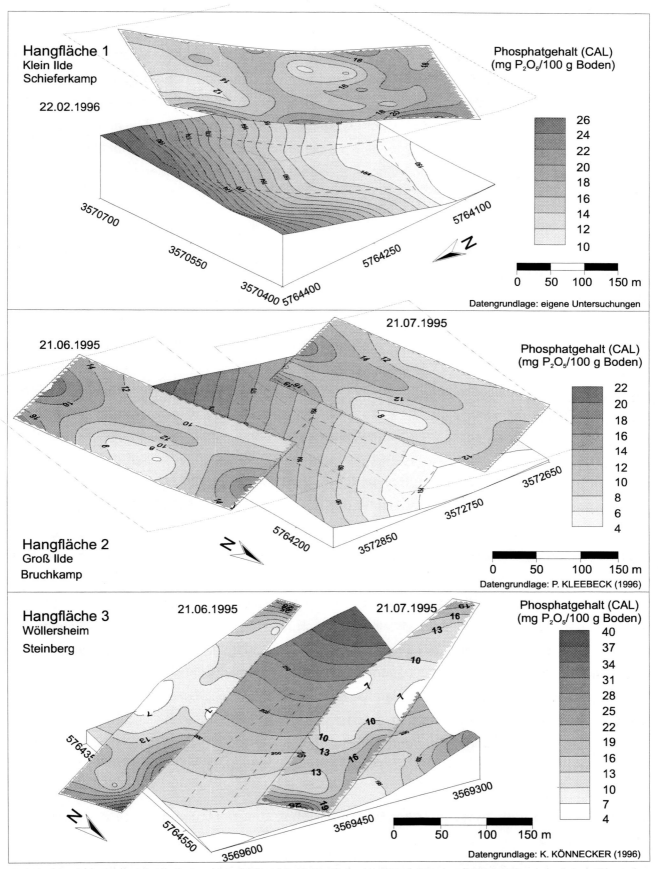

Abb. 48　Flächenhafte Verteilung der Phosphatgehalte von Oberböden ackerbaulich genutzter Hangparzellen (Phosphatverteilungsmuster)

führt. Im Unterschied dazu ist die Phosphatverteilung im Mittelhang uneinheitlich. Hier sind Areale mit geringfügig höheren P-Gehalten eng mit phosphatärmeren Bereichen verzahnt. Dies deutet darauf hin, daß der Mittelhangbereich als Übergangszone für den oberirdischen Stofftransport fungiert, in dem kleinflächige Stoffabtrags- und Depositionsvorgänge nebeneinander auftreten. Auf die Flächendifferenziertheit oberirdischer Stofftransporte weisen auch R. DIKAU (1986) und U. BERGNER u.a. (1995) hin. Danach kann es während des Transportes zu lokalen Transportstopps mit selektiven Zwischenakkumulationen kommen, ehe das deponierte Material weiterverfrachtet wird.

Mit den geschilderten Effekten lassen sich auch die in Abb. 48 für die Testfläche „Bruchkamp" dargestellten Stoffverteilungsmuster und ihre zeitlichen Veränderungen erklären. Ebenso wie für die Fläche „Schieferkamp" (Parzelle 1) beschrieben, treten im Mittelhangabschnitt Zonen mit geringeren und höheren P-Gehalten nebeneinander auf. Durch vergleichsweise höhere Phosphatgehalte zeichnet sich eine in Gefällerichtung verlaufende, unscheinbare Senke aus. Diese fungiert offenbar als Leitbahn für einen sich schrittweise vollziehenden Abtransport des Phosphats. Das Auftreten höherer P-Gehalte in diesem konkav geformten Bereich des Mittelhanges deutet dabei auf die Zwischendeposition des Phosphats hin. Vergleicht man die Stoffverteilungsmuster zweier aufeinanderfolgender Beprobungstermine, zwischen denen drei Niederschlagsereignisse mit maximalen Intensitäten von 5 bis 10 mm/h lagen, wird diese Annahme bestätigt. So zeigt sich beim zweiten Beprobungstermin einerseits eine deutliche, dem Senkenverlauf in Gefällerichtung folgende Verlagerungstendenz des Phosphats. Andererseits wird eine auf den oberirdischen Abtragsprozeß zurückzuführende Verringerung des P-Gehaltes im Oberhangbereich sichtbar.

Im Vergleich der Stoffverteilungsmuster des Juni- und des Juli-Termins lassen sich auch die räumlichen und zeitlichen Veränderungen im Akkumulationsbereich am Hangfuß beobachten. Diese Akkumulationsfläche befindet sich am Endpunkt der oben erwähnten Senke und besitzt über eine Abbruchkante direkte Anbindung an einen Graben. Tritt dieser Akkumulationsbereich beim Juni-Termin gegenüber dem Mittelhangbereich noch durch deutlich höhere P-Gehalte hervor (19 mg P_2O_5/100 g Boden), so sind nach den Niederschlagsereignissen zwischen dem phosphatärmeren Mittelhang und der Akkumulationsfläche keine signifikanten P-Gehaltsunterschiede mehr feststellbar. In diesem Falle kommt es auch in der Akkumulationsfläche nur zu einer kurzzeitigen Zwischendeposition. Dies trifft gleichermaßen für die Testfläche „Steinberg" zu. Da sich die für diese Fläche zu beobachtenden P-Verteilungsmuster prinzipiell nicht von denen der anderen Flächen unterscheiden, soll hier der Hinweis auf Abb. 48 genügen.

6.3.3.3 Beziehungen zwischen dem Phosphatgehalt und der Zusammensetzung des Feinbodens

Nachdem die für die Testparzellen ermittelten Stoffverteilungen mit den in der Literatur beschriebenen gut korrespondieren und plausibel erklärbar sind, wurde anschließend auf statistischem

Wege untersucht, inwieweit sich die Phosphatgehalte mit dem Ton- und Humusgehalt des Bodens in Beziehung setzen lassen. Hierbei zeigte sich, daß die Phosphatgehalte positiv mit dem Gehalt an organischer Substanz korrelieren. Die Ergebnisse bestätigen damit die früheren Beobachtungen von H. KURON (1953) sowie von N. PEINEMANN & E. BRUNOTTE (1982), die ebenfalls Übereinstimmungen in der horizontalen Verteilung des Phosphats und der organischen Substanz erkannten. Allerdings sind die hier berechneten Bestimmtheitsmaße eher gering. So lassen sich mit der organischen Substanz höchstens 35 % der Varianz der bei Einzelterminen gemessenen Phosphatgehalte erklären. Bezieht man die Meßwerte aller Beprobungstermine in die parzellenbezogen durchgeführte Korrelationsanalyse ein, liegt der Erklärungsanteil der organischen Substanz nur bei wenig mehr als 20 %. Demgegenüber war eine Beziehung zwischen dem Tongehalt und dem Phosphatgehalt des Bodens an keinem der Beprobungstermine nachweisbar.

Die Verteilungen von Phosphat-, Humus-, Ton- und Grobschluffgehalten im Hangverlauf der Testparzellen „Steinberg" und „Bruchkamp" zeigt Abb. 49. Bei den in den Toposequenzen für die einzelnen Hangpositionen („Reihe") dargestellten Stoffgehalten handelt es sich um Mittelwerte aus den Parallelproben einer Reihe. Sie umfassen die Meßwerte aller Beprobungstermine. Vergleicht man die Verteilung der Phosphatgehalte entlang der dargestellten Hangprofile, zeigt sich in beiden Fällen ein etwa U-förmiger Verlauf mit den höchsten P-Gehalten am Oberhang und im Akkumulationsbereich des unteren Parzellenabschnittes. Dieser Verlauf wird, wenn auch in deutlich schwächerer Ausprägung, von der organischen Substanz nachgezeichnet. Im Falle des Tons zeigt sich dagegen eine andere Verteilung. So liegen die Tongehalte im Akkumulationsbereich der untersuchten Parzellen z.T. deutlich unter den im Erosionsbereich des Mittelhanges gemessenen Werten (s. Tab. 19). Verglichen mit den Abtragsbereichen im Mittelhang, betrug die Tongehaltsdifferenz im Durchschnitt aller Messungen 1,9 („Steinberg") bis 6,4 Gew.-% („Bruchkamp").

Die Annahme, daß die Phosphatanreicherung im Akkumulationsbereich auf eine Zunahme des Tongehaltes zurückzuführen ist, läßt sich mit der beschriebenen Vorgehensweise nicht bestätigen (vgl. auch Abb. 50). Offensichtlich sind für die dort auftretenden höheren Phosphatgehalte Mechanismen verantwortlich, die sich einer Interpretation auf der Basis der hier beschriebenen Untersuchungsmethodik und des verfügbaren Datenmaterials entziehen. Denkbar wäre zumindest auch eine von den mineralischen und organischen Bodenbestandteilen unabhängige Akkumulation des Phosphors im Hangfußbereich nach Abschwemmung P-haltiger Mineraldüngerteilchen oder Düngerreste aus den höher gelegenen Hangabschnitten.

A. N. SHARPLEY (1985) beobachtete bei Modellexperimenten ebenfalls eine Anreicherung von pflanzenverfügbarem Phosphat (n. BRAY-1-Methode), die sich nicht mit einer Tonanreicherung erklären ließ. Als Ursache für dieses Phänomen nimmt er eine erhöhte Extrahierbarkeit des Phosphats nach der Zerstörung von Aggregaten an. Diese bilden gewissermaßen einen Schutz

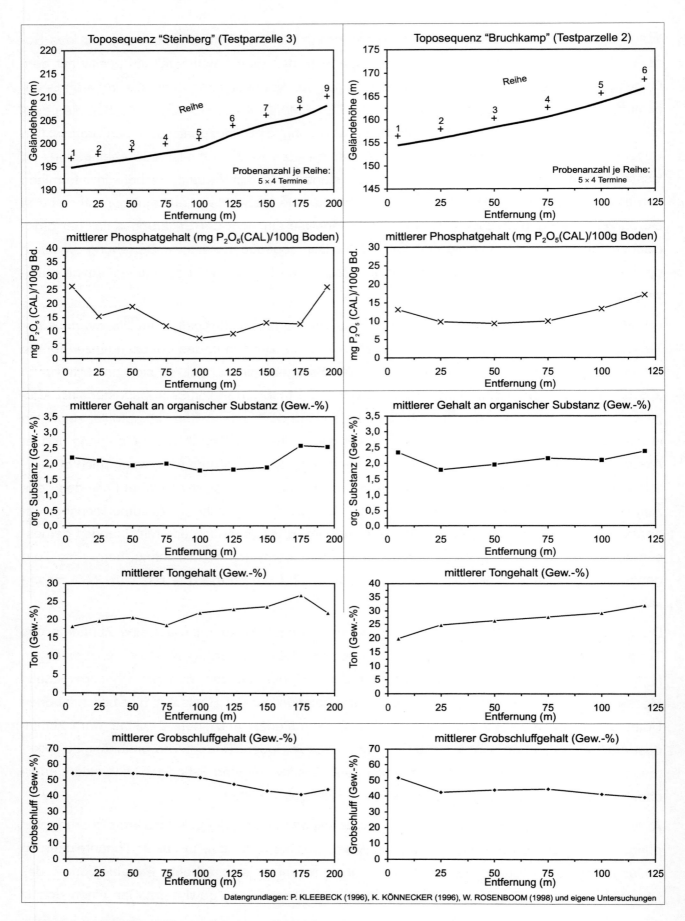

Abb. 49   Phosphat-, Ton-, Schluff- und Humusgehalte von Toposequenzen der Testparzellen „Bruchkamp" und „Steinberg"

	Ton	fU	mU	gU	fS	mS	gS	o.S.	P$_2$O$_5$
	Gew.-%								mg/100 g
Hangfläche 2 (Bruchkamp/Groß Ilde)									
Erosionsbereich (nur Mittelhang) (n = 60)									
Mittelwert	27,4	5,3	19,8	41,1	1,8	1,1	0,5	2,1	9,0
Std.-Abweichung	5,6	1,9	1,5	4,9	0,6	0,5	0,3	0,3	1,9
Akkumulationsbereich (n= 40)									
Mittelwert	21,0	5,7	19,6	49,8	2,1	1,3	0,5	2,2	11,9
Std.-Abweichung	6,3	1,6	1,5	7,8	0,8	0,8	0,1	0,5	1,5
Hangfläche 3 (Steinberg/Wöllersheim)									
Erosionsbereich (nur Mittelhang) (n = 80)									
Mittelwert	20,4	5,1	20,5	51,8	1,4	0,5	0,3	1,9	9,6
Std.-Abweichung	3,1	0,9	2,0	3,1	0,2	0,2	0,2	0,4	4,7
Akkumulationsbereich (n = 40)									
Mittelwert	18,5	4,5	19,5	54,3	1,8	0,9	0,5	2,1	23,2
Std.-Abweichung	3,9	0,8	3,6	3,5	0,4	0,5	0,4	0,3	8,6

Tab. 19 Mittelwerte und Standardabweichungen von mineralischen Feinbodenanteilen, Humus- und Phosphatgehalten in Erosions-(Mittelhang-) und Akkumulations-(Hangfuß-) Bereichen der Testflächen „Bruchkamp" und „Steinberg"

gegenüber der Extraktion des Phosphors beim Transport. Geht man davon aus, daß der Transport feinerer Mineralbodenpartikel und der daran gebundenen Stoffe auch in Form von Aggregaten erfolgt, die bei abnehmender Fließgeschwindigkeit im flacheren Unterhang eher sedimentieren als die feineren Tonteilchen, so wäre die im Akkumulationsbereich gemessene P-Anreicherung auch durch einen höheren Anteil des in Aggregaten verlagerten Phosphors erklärbar. Die Aggregate werden bei der Probenaufbereitung im Labor zerstört, wodurch die Extrahierbarkeit des pflanzenverfügbaren Phosphors steigt.

Betrachtet man die höheren Anreicherungsverhältnisse der Mineralbodenfraktionen vom Grobschluff bis zum Grobsand (Abb. 50), liegt der Schluß nahe, daß die untersuchten Akkumulationsbereiche zwar mögliche Endpunkte für den Transport der gröberen Kornfraktionen (und von Aggregaten) darstellen. Die feineren, phosphatreicheren Tonpartikel werden dagegen über diese in Hangfußlage befindlichen Depositionsflächen hinaus verlagert. Das zeigen auch die von M. FRIELINGHAUS (1990, S. 592) durchgeführten Feldexperimente, bei denen „das feine Bodenmaterial, das vorrangig bis in Senken und Vorfluter gelangt, eine höhere Nährstoffkonzentration aufweist als das am Hangfuß abgesetzte Material".

Demnach lassen sich mit der hier eingesetzten Beprobungsmethodik nur Teilaspekte des oberirdischen Stofftransportes flächendifferenziert abbilden. Zur Erfassung der mit der Tonanreicherung im Abtragssediment einhergehenden Phosphatanreicherung ist das beschriebene Vorgehen

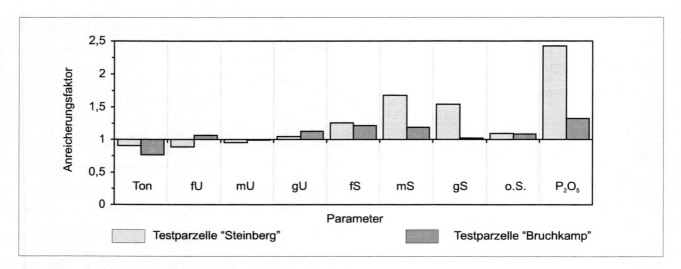

Abb. 50 Anreicherungen von mineralischen und organischen Feinbodenbestandteilen sowie von Phosphat in den Akkumulationsbereichen der Testparzellen „Bruchkamp" und „Steinberg"

Bei der Berechnung der Anreicherungsverhältnisse wurden nur die im Erosionsbereich am Mittelhang und die in den Depositionsflächen am Hangfuß gemessenen Werte berücksichtigt.

dagegen nicht geeignet. Um die „Lücke" zwischen den Akkumulationen am Hangfuß und dem Weitertransport des feineren Materials zu schließen und damit Aufschluß über mögliche Ton-/ Phosphat-Anreicherungsverhältnisse im abgetragenen Sediment zu gewinnen, wurden einerseits Auffangvorrichtungen in Erosionsrillen und -rinnen installiert, die in Depositionsflächen mündeten. Zum anderen erfolgte ein Einbau von Sedimentsammlern in den Fließwegen, die aus den Akkumulationsbereichen herausführten. Die hierbei gemachten Beobachtungen beschreibt das nächste Kapitel.

6.3.4 Einsatz von Feinbodenauffangvorrichtungen zur Erfassung von Stoffanreicherungen im Abtragsboden

Zur Gewinnung von Probenmaterial unter realen Nutzungsbedingungen kamen sowohl Materialfangkästen nach dem bei M. RÜTTIMANN & V. PRASUHN (1993) beschriebenen Bauprinzip (Photo 4) als auch speziell für den Sedimentauffang in linienhaften Erosionssystemen entwickelte Feinmaterialsammler zum Einsatz (Photo 5, Abb. 51). Die „Feinerdeauffangzylinder für linearen Bodenabtrag (FAZLA)" wurden von den im DFG-Projekt „Partikelgebundene Stofftransporte" tätigen Mitarbeitern der Abteilung Physische Geographie und Landschaftsökologie am Geographischen Institut der Universität Hannover entwickelt. Aufgrund einer geringen Zahl an Erosivniederschlägen im Projektzeitraum, die in der Mehrzahl nur mit geringen flächenhaften Bodenabträgen verbunden waren, konnten mit Hilfe der Materialfangkästen nur kleine Mengen Probenmaterial gewonnen werden. Dieses war in den meisten Fällen weder qualitativ (Verunreinigungen durch Tierkadaver) noch quantitativ für die stoffliche Analyse tauglich.

Photo 4   Feldkästen zum Auffang von Bodenabtrag und Oberflächenabfluß

Da die Materialtransporte bei weniger intensiven Abtragsereignissen im wesentlichen auf natürliche und künstlich geschaffene linienhafte Abflußbahnen beschränkt waren, wurden Auffangvorrichtungen entwickelt, die direkt in den Transportbahnen sowie in den Übertrittstellen des Feinbodentransportes an Parzellenrändern installiert werden können. Aufgrund ihrer Bauweise und ihres Konstruktionsprinzips ermöglichen diese Materialsammler eine flexible Handhabung (rascher Einbau an neuen Einsatzorten) und eine einfache Wartung im Gelände.

6.3.4.1 Bauweise der Feinerdeauffangzylinder und Beprobungsmethodik

Die Bauweise des Feinerdeauffangzylinders zeigt Abb. 51. Die Sammelvorrichtung besteht aus zwei ineinanderpassenden KG-Zylindern. Der äußere Zylinder besteht aus einem KG-Rohr ($\varnothing$

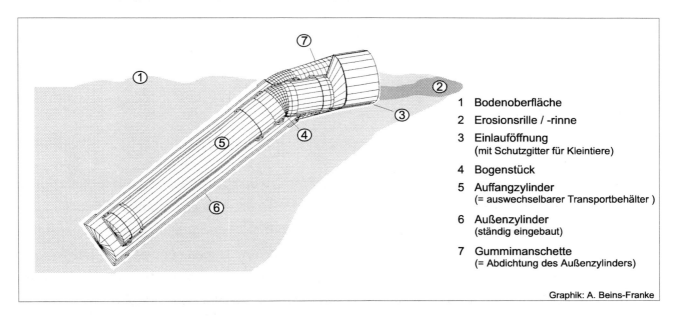

Abb. 51   Konstruktionsprinzip des Feinerdeauffangzylinders für linearen Bodenabtrag

150 mm; Länge 80 bzw. 120 cm), das am unteren Ende mit einem Verschlußstopfen versehen ist. Er wird in den Boden eingegraben und dient der Aufnahme des eigentlichen Auffangzylinders Abb. 51). Hierbei handelt es sich um ein KG-Rohr (∅ 100 mm; Länge 70 bzw. 110 cm), das an einem Ende durch einen kalt verschweißten Muffenstopfen geschlossen ist. An der Öffnung des Rohres ist ein KG-Bogen (30°) fest angebracht. Auf ihn wird ein abnehmbares KG-Reduzierstück (150 auf 100 mm) als Einlauföffnung gesteckt. Diese wird in die jeweilige Erosionsrille oder -rinne eingepaßt. Der innere Zylinder ist komplett austauschbar, so daß aufwendige Probenentnahmen und Reinigungsarbeiten im Gelände entfallen können. Der Vermeidung größerer äußerer Verschmutzungen am transportierbaren Auffangzylinder dient eine Gummimanschette. Sie verhindert ein Einfließen von Wasser und Boden in das äußere Rohr. Das Auffangvolumen der Sammelvorrichtungen beträgt je nach eingesetzter Zylindervariante zwischen 5 und 9 Liter. Der Austausch der Auffangzylinder erfolgte in wöchentlichem Rhythmus und ereignisbezogen unmittelbar nach Erosivniederschlägen. Insgesamt befanden sich seit 1996 zwanzig Feinerdeauffangzylinder an wechselnden Standorten im Einsatz. Parallel zum Austausch der Probensammler erfolgte die Entnahme von Krumenproben aus dem Einzugsgebiet der Abflußsysteme. Dabei wurden 15 bis 20 Einzelproben zu einer Mischprobe vereinigt. Ihre Analysenwerte wurden als Bezugsgrundlage für die Berechnung der Anreicherungsfaktoren verwendet.

Photo 5   In lineare Erosionsform installierter Feinerdeauffangzylinder

6.3.4.2 Ergebnisse

Die Feinerdeauffangzylinder wurden an den Endpunkten linearer Abflußwege im Hangfußbereich und in Übertrittstellen des Feinmaterialtransportes an Gräben und Gewässerrändern installiert. Mit ihrer Hilfe konnten zwischen 1996 und 1997 mehr als 120 Sedimentproben gewonnen werden, von denen wegen Verunreinigungen durch tote Kleinnager und andere Lebewesen letztlich nur etwa ¼ laboranalytisch verwertbar waren. Trotz des Einbaus von Schutzgittern mit Maschenweiten von 5 mm ließ sich das Problem dieser Verunreinigungen nicht lösen. Der Beschreibung der Untersuchungsergebnisse liegt deshalb nur ein kleines Datenkollektiv von 30 Proben zugrunde.

Anreicherungsfaktor (n=30)	Ton	fU	mU	gU	fS	mS	gS	o.S.	P$_2$O$_5$
Mittelwert	1,47	1,52	1,13	0,79	0,79	0,65	0,61	1,25	1,78
Minimum	0,95	0,25	0,37	0,17	0,04	0,03	0,04	0,59	0,92
Maximum	2,5	3,61	1,92	1,86	3,07	1,78	2,53	2,44	3,56
Standardabweichung	0,46	0,96	0,36	0,36	0,73	0,47	0,59	0,37	0,67

Tab. 20   Anreicherungen der mineralischen Feinbodenfraktionen, der organischen Substanz und des Phosphats in den mit Feinerdeauffangzylindern erfaßten Abtragssedimenten

Im Unterschied zu den direkt aus den Akkumulationsflächen im Hangfußbereich entnommenen Proben, zeigen die mit den Materialsammlern erfaßten Sedimentproben bis auf wenige Ausnahmen eine mehr oder weniger deutliche Anreicherung des Ton- und Feinschluffgehaltes (Tab. 20 und Abb. 52). Wie die Ergebnisse des T-Tests ergaben, weichen die Ton- und Feinschluffgehalte in den aufgefangenen Sedimenten signifikant von denen der Ausgangsböden ab (Irrtumswahrscheinlichkeit < 5 %). Gleiches gilt für den Gehalt an organischer Substanz und den Phosphatgehalt. Auch sie sind im Vergleich zum Ausgangsboden erhöht. Demgegenüber nehmen die Anteile der gröberen Kornfraktionen vom Grobschluff bis zum Grobsand im Sediment erwartungsgemäß ab (Abb. 52).

Für den Ton- und Feinschluffgehalt in den Sedimentproben ergab sich ein durchschnittlicher Anreicherungsfaktor von 1,5. Das Anreicherungsverhältnis von Phosphat lag bei 1,78. Es entspricht damit der Größenordnung, die auch von B. WILKE & D. SCHAUB (1996) für das "enrichment ratio" von Phosphat genannt wird (dort 1,86). Für eine möglichst realitätsnahe Abschätzung des partikelgebundenen Phosphatabtrages ist die Verwendung eines „fixen Wertes" der P-Anreicherung, wie er von B. WILKE & D. SCHAUB (1996) vorgeschlagen wird, allerdings nicht ausreichend. Die korngrößenspezifische Selektivität des P-Transportes würde bei einer solchen Vorgehensweise nicht berücksichtigt.

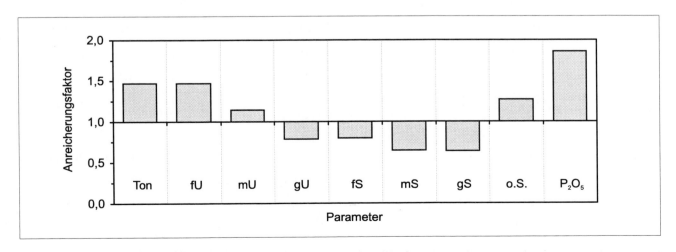

Abb. 52   Vergleich der Anreicherungsfaktoren von Feinbodenbestandteilen und Phosphat im aufgefangenen Sediment (n = 30)

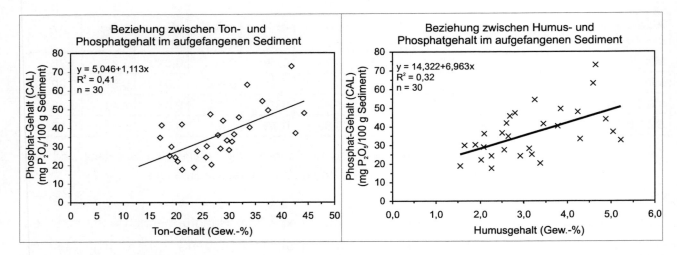

Abb. 53   Zusammenhänge zwischen Ton-, Humus- und Phosphatgehalt im Sediment der Feinerdeauffangvorrichtungen

Da die Phosphatanreicherung im Sediment wesentlich vom Tongehalt abhängt, ist es naheliegend, die Zusammenhänge zwischen beiden Komponenten statistisch zu untersuchen. Die Ergebnisse der Regressionsanalyse zeigt Abb. 53. Wie aus den dort dargestellten Diagrammen hervorgeht, nimmt der Phosphatgehalt im Sediment linear mit der Erhöhung des Tongehaltes und des organischen Substanzgehaltes zu. Mit dem Tonanteil lassen sich dabei 41 % der Varianz der Phosphatgehalte erklären. Der Humusgehalt liefert einen Erklärungsanteil von 32 %. Bezieht man sowohl den Ton- als auch den Humusgehalt in eine schrittweise multiple Regression ein, so führt die Hinzunahme des Humusgehaltes nur zu einem geringfügig besseren "fit" der Gleichung. Das Bestimmtheitsmaß steigt lediglich von 41 % auf 44 %.

Obwohl die Felduntersuchungen noch einen statistischen Zusammenhang zwischen der Tonanreicherung und der Phosphatanreicherung ergaben, war eine Beziehung zwischen den auf den Ausgangsboden bezogenen Ton- und Phosphatanreicherungsfaktoren nicht feststellbar. Ebenso wenig war ein Zusammenhang zwischen der Phosphatanreicherung im Sediment und der Abtragsmenge feststellbar. Bedingt durch unterschiedliche Abfluß- und Transportbedingungen mit differierenden Stoffabtragsmengen und -anreicherungen sowie durch eine starke Variabilität der Ausgangsbedingungen (z.B. Bodenzusammensetzung, Düngezustand, Phosphatgehalt) ergab sich eine starke Wertestreuung im analysierten Probenmaterial.

6.3.5   Experimentelle Untersuchungen zur Bestimmung von Feststoff-/Phosphat-Anreicherungsbeziehungen - Feldberegnungsversuche

6.3.5.1   Vorgehensweise und Untersuchungsmethodik

Eine geeignete Methode, Zusammenhänge zwischen den Anreicherungsfaktoren von Ton und Phosphat unter bekannten Ausgangsbedingungen erfassen und letztlich modellhaft beschreiben zu können, stellen Feldberegnungsversuche dar (s. V. PRASUHN, 1991). Im Rahmen einer Projektkooperation mit der Biologischen Bundesanstalt bestand die Möglichkeit, an zwei Feldberegnungskampagnen teilzunehmen. Insgesamt wurden 10 Beregnungsversuche für 5 Standortvarianten mit einer Wiederholung auf einem Vergleichsstandort durchgeführt. Bei dem eingesetzten Regensimulator handelte es sich um einen Schwenkdüsenregner (Bauart: „Weihenstephan") nach dem von M. KAINZ & A. EICHER (1990) beschriebenen Funktionsprinzip. Die Größe der Versuchsparzellen betrug ca. 7,5 m². Jede Parzelle wurde mit einer Niederschlagsintensität von 50 mm/h beregnet. Die Beregnungsdauer variierte zwischen 40 und 60 Minuten. Aus Kostengründen wurden nur „Trockenläufe" durchgeführt. Die Oberböden aller Testparzellen wiesen zu Versuchsbeginn Wassergehalte zwischen 75 und 85 % der Feldkapazität auf.

Die oberirdisch abfließende Wassermenge wurde kontinuierlich über die Versuchsdauer hinweg am Abflußtrichter mit 1-Liter-Glasflaschen aufgefangen. Die Bestimmung von Abflußmenge und Sedimenttrockengewicht erfolgte an der Biologischen Bundesanstalt. Das mittels Filternutsche abgetrennte Sediment der Einzelproben wurde anschließend am Geographischen Institut der Uni-

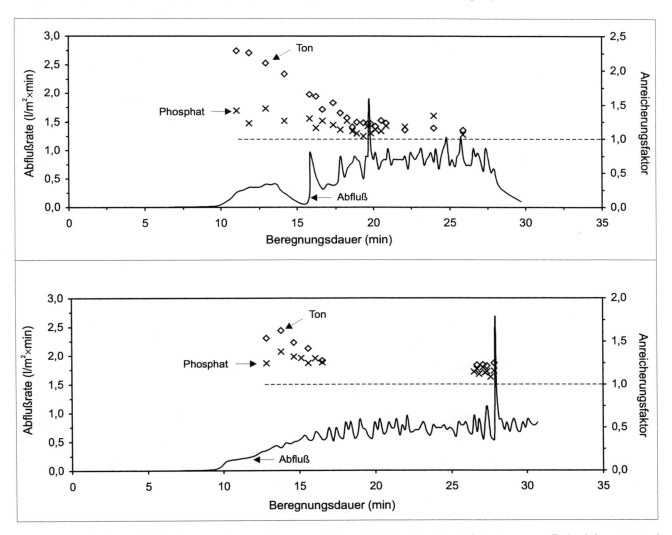

Abb. 54 Zeitliche Veränderungen der Ton- und Phosphatanreicherungsfaktoren am Beispiel von zwei Beregnungsversuchen

versität Hannover auf seine Korngrößenzusammensetzung sowie auf seinen Gehalt an Gesamtphosphat, CAL-Phosphat und organischem Kohlenstoff analysiert. Da das Trockengewicht des abgefilterten Sedimentes der Einzelproben zumeist geringer war als die für das Analysenprogramm im Minimum erforderlichen 30 Gramm, wurden Mischproben aus dem Material aufeinanderfolgender Sedimentproben hergestellt.

Als Vergleichsgrundlage für die Berechnung von Ton- und Phosphatanreicherungen im ausgetragenen Sediment dienten die Analysedaten der vor Versuchsbeginn entnommenen Bodenproben. Die Probenahme erfolgte jeweils an 8 unregelmäßig über die Beregnungsparzellen verteilten Orten. Die Entnahmetiefe betrug 1 - 1,5 cm.

6.3.5.2 Ergebnisse

Von den insgesamt 10 Feldberegnungsversuchen wurden sechs zur Bestimmung der Ton-/Phosphatanreicherungsbeziehungen herangezogen. Zwei Beregnungsversuche lieferten keine für die Analyse ausreichende Sedimentmenge. Die Ergebnisse von zwei weiteren Beregnungsexperimenten wurden zur Überprüfung der mittels Regressionsanalyse abgeleiteten Ton-/Phosphatanreicherungsbeziehung verwendet (s. Abb. 55).

Zur Berechnung der Anreicherungsfaktoren wurden die im Abtragssediment der Beregnungsexperimente gemessenen Ton- und Phosphatgehalte mit denen des Ausgangsbodens in Beziehung gesetzt. Wie in Abb. 54 exemplarisch für zwei Beregnungsversuche dargestellt, weisen die ermittelten Ton- und Phosphatanreicherungsfaktoren im Abtragssediment einen ähnlichen Verlauf auf. Die höchsten Anreicherungsbeträge lassen sich dabei zu Beginn des Abtragsereignisses beobachten. Nach Erreichen der maximalen Abflußintensität und dem Einsetzen eines "steady-state"-Zustandes im Abflußgang bewegen sich die Anreicherungsfaktoren von Ton und Phosphat gegen 1. Für die Ableitung einer Regressionsbeziehung zwischen den Anreicherungsfaktoren von Ton und Phosphat wurden deshalb nur die Sedimentproben herangezogen, die zwischen dem Abflußbeginn und dem Einsetzen des Maximalabflusses entnommen wurden.

Bestehenden Ansätzen zur Abschätzung von Phosphattransporten liegt die Annahme zugrunde, daß die Anreicherung des Phosphats statistisch in einem 1:1-Verhältnis mit der Tonanreicherung steht. Auch bei den hier durchgeführten Beregnungsversuchen ging die Zunahme des Ton-Anreicherungsfaktors im Sediment mit einer Erhöhung des Phosphat-Anreicherungsfaktors einher.

Vergleicht man die in Abb. 55 dargestellten Beziehungen zwischen der Anreicherung von Ton und Phosphat, so errechnet sich ein Verhältnis von etwa 1,3 (Ton) :1 (CAL-Phosphat) bzw. 1,5 (Ton) : 1 (Gesamtphosphat). Für die Beziehung zwischen den Ton- und P(CAL)-Anreicherungsfaktoren ergab sich ein Korrelationskoeffizient von 0,78. Dagegen sind die Anreicherungsfaktoren von Ton und Gesamt-P deutlich schwächer miteinander korreliert (r = 0,68).

Da im allgemeinen nur die P(CAL)-Gehalte der Böden in Parzellenschärfe zur Verfügung stehen,

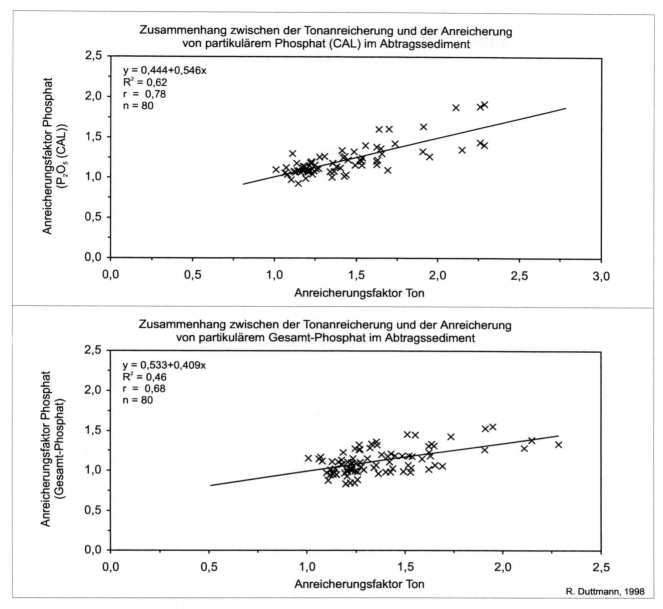

Abb. 55 Regressionsbeziehungen zwischen Ton- und Phosphatanreicherungsfaktoren in Abtragssedimenten von Beregnungsversuchen

wird bei der im nächsten Kapitel beschriebenen flächenhaften Abschätzung partikelgebundener Phosphattransporte die folgende für CAL-Phosphat ermittelte Ton-/P-Anreicherungsbeziehung verwendet:

$$AF_{Ppart.} = 0,556 \, (AF_{Ton}) + 0,444$$

mit

$AF_{Ppart.}$ Anreicherungsfaktor für partikelgebundenes Phosphat

AF_{Ton} Anreicherungsfaktor für Ton (Anreicherung gegenüber dem Ausgangsboden)

Grundlage für die Berechnung der P-Anreicherung ist die Kenntnis der Tonanreicherung im Abtragsboden. Diese ergibt sich aus der Division des Tongehaltes im Abtragssediment durch den

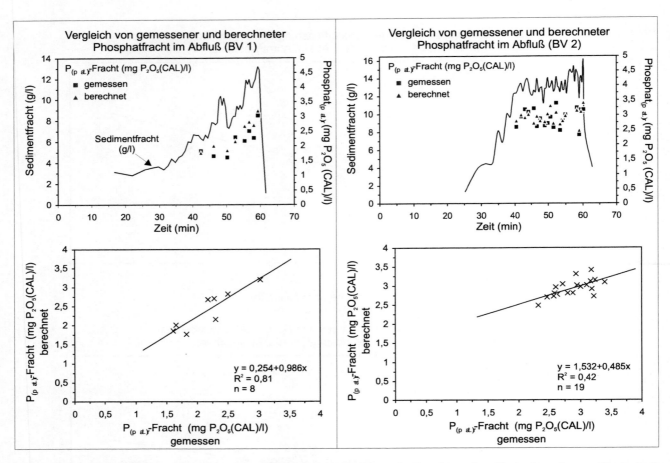

Abb. 56   Vergleich von gemessenen und berechneten Phosphatfrachten (partikelgebundenes Phosphat) im Oberflächenabfluß von Feldberegnungsexperimenten

Tongehalt im Ausgangsboden. Durch Multiplikation des P-Anreicherungsfaktors mit dem Phosphatgehalt des Ausgangsbodens läßt sich der Phosphatgehalt im transportierten Sediment bestimmen. Die nachfolgende Multiplikation des so ermittelten P-Gehaltes mit der ausgetragenen Sedimentmenge ergibt den Gesamtaustrag für das partikuläre Phosphat (CAL-Phosphat).

Zur Überprüfung der Berechnungsergebnisse wurden die auf der Grundlage der P-Anreicherungsfaktoren abgeschätzten partikulären P-Austräge bzw. P-Frachten (mg P_2O_5/l) mit den gemessenen Werten von zwei Beregnungsversuchen verglichen (Abb. 56). Dabei zeigte sich beim ersten Beregnungsversuch (BV1) eine hohe Übereinstimmung zwischen den berechneten und den gemessenen $P_{part.}$-Frachten im Oberflächenabfluß. Dagegen sind die berechneten und die gemessenen Phosphat-Frachten des zweiten Versuchs (BV 2) geringer miteinander korreliert. Die zuvor beschriebenen Zusammenhänge lassen sich aber auch hier deutlich beobachten. Ursache für die vergleichsweise schwache Korrelation zwischen den berechneten und den gemessenen Phosphatwerten ist eine starke Streuung der Phosphatgehalte im Sediment bei gleichzeitig geringen Tongehaltsunterschieden besonders während der Phase des Maximalabflusses.

Die berechneten Phosphatgehalte (in mg P_2O_5/100 g Sed.) wichen im ersten Beregnungsversuch um ± 2,4 mg von den gemessenen ab. Bei einem Ausgangsgehalt von 23,8 mg P_2O_5/100 g Boden entspricht dieses einem Schätzfehler von ± 10 %. In der gleichen Größenordnung lagen auch die Abweichungen der berechneten Phosphatgehalte des zweiten Versuchs (Abweichung: ± 1,7 mg P_2O_5/100 g Boden; Ausgangsgehalt: 19,2 mg P_2O_5/100 g Boden).

6.4 Flächendifferenzierte Abschätzung des partikelgebundenen Phosphattransportes - Modellergebnisse

Als Eingangsdaten für die rechnergestützte Abschätzung partikelgebundener Phosphattransporte werden folgende Größen benötigt:

- die mit Erosion-3D rasterzellenbezogen ermittelten Feststoffein- oder -austräge (in kg/m^2) und die Tonanteile im erodierten bzw. akkumulierten Boden,
- die Tongehalte der Ausgangsböden (in %) und
- die Phosphatgehalte (mg P_2O_5(CAL)/100 g) der Ausgangsböden.

Die in Rasterzellenform vorgehaltenen Größen werden in einer Datenbanktabelle zusammengeführt. Auf diese Datenbankdatei greift ein Auswerteprogramm zu, das rasterzellenweise folgende Berechnungsschritte durchläuft:

1. Bestimmung des Ton-Anreicherungsfaktors: $AF_{Ton} = Tonanteil_{Sediment} / Tonanteil_{Ausgangsboden}$
2. Ableitung des P-Anreicherungsfaktors: $AF_P = 0{,}546 \, (AF_{Ton}) + 0{,}444$
3. Umrechnung des Phosphatgehaltes im Ausgangsboden von mg/100 g auf mg/kg
4. Berechnung des Phosphatgehaltes im transportierten Sediment:

    $Phosphatgehalt_{Sediment}$ (mg P_2O_5/kg) $= AF_P \times Phosphatgehalt_{Ausgangsboden}$

5. Ermittlung der Gesamtmenge an erodiertem oder deponiertem partikulärem Phosphat:

    P-Abtrag/-Deposition (mg P_2O_5/m^2): Feststoffaustrag/-eintrag (kg/m^2) $\times Phosphatgehalt_{Sediment}$ (mg P_2O_5/kg)

6. Umrechnung von P_2O_5- auf P-Gehalt: $P = P_2O_5 \times 0{,}4364$

Die nach dem beschriebenen Verfahren für einzelne Niederschlagsereignisse berechneten Phosphorabträge und -depositionen stellt Karte 14 dar. Bezogen auf die gesamte ackerbaulich genutzte Fläche wurden für diese Erosivereignisse P(CAL)-Abträge von 0,35 bis 0,6 kg/ha (1996) bzw. 1,1 kg P/ha für den Starkniederschlag vom 17.5.1997 ermittelt. Allerdings ist zu berücksichtigen, daß mit dem CAL-löslichen P nur etwa ¼ des mit H_2SO_4 extrahierbaren anorganischen Gesamt-P erfaßt wird (SCHEFFER/SCHACHTSCHABEL, 1982). Der tatsächliche partikelgebundene P-Abtrag liegt somit um den entsprechenden Faktor höher. Eigene Untersuchungen ergaben zwischen dem P(CAL)- und dem Gesamt-P-Gehalt ein Verhältnis von 1:5 (Abb. 57).

Karte 14 Austrags- und Depositionsmengen von partikelgebundenem Phosphor (rasterzellenbezogen) für Starkniederschlagsereignisse in den Jahren 1996 und 1997 (in g/m²)

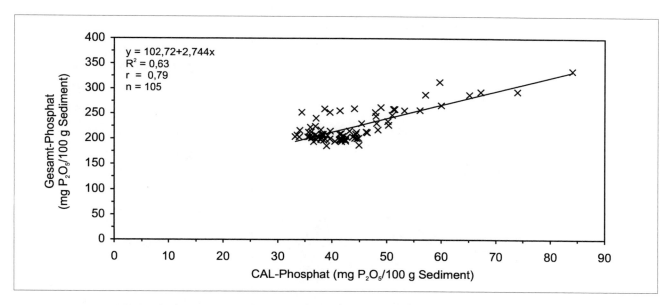

Abb. 57   Beziehung zwischen dem CAL-Phosphatgehalt und dem Gesamt-Phosphatgehalt im Austragssediment von Beregnungsversuchen

Wie der Vergleich der Karten zeigt, treten die höchsten P-Abtragsmengen in den reliefbedingten Abflußbahnen auf. Für einzelne dieser Tiefenlinienbereiche (s. Parzellen 26, 27, 59) wurden P(CAL)-Austräge zwischen 5 und 20 kg P/ha ermittelt.

Zahlreiche der reliefbedingten Transportbahnen sind direkt an Gewässer und Gräben angebunden. Zur Bewertung von P-Eintragspotentialen in den Mündungsbereichen der oberirdischen Transportwege ist die Kenntnis der an den Gewässerrand herantransportierten und dort akkumulierten P-Menge erforderlich. Diese läßt sich nach dem oben beschriebenen Verfahren für die Akkumulationsflächen am Gewässerrand abschätzen und flächendifferenziert abbilden. Die insgesamt für das Jahr 1996 berechneten P(CAL)-Anlieferungsbeträge sind in Karte 15 dargestellt. So wurden für die Akkumulationsflächen an den Endpunkten der Hauptabflußbahnen Anlieferungsbeträge zwischen 5 bis 10 g P_{CAL}/m^2 ($\approx$ 20-40 g P_{Ges}/m^2), in Einzelfällen bis zu 20 g P_{CAL}/m^2 ($\approx$ 80 g P_{Ges}/m^2) ermittelt.

Eine Überprüfung der mit dem o.g. Verfahren berechneten P-Abträge und -akkumulationen mit Hilfe von Felduntersuchungen steht noch aus. Es bleibt somit nur ein Vergleich der Ergebnisse mit den Werten, die sich bei Anwendung der in der Literatur beschriebenen enrichment ratios ergeben. Im vorliegenden Fall wurde das in den Modellen CREAMS und AGNPS verwendete ER (ER = 7,4 × Sedimentmenge$^{-0,2}$) nach M. H. FRERE u.a. (1980) zum Vergleich herangezogen. Als Datengrundlage für die Vergleichsrechnungen dienten die mit EROSION-3D für ein Ereignis simulierten Bodenabtragsmengen. Wie die Gegenüberstellung der Berechnungsergebnisse zeigt, korrelieren die auf der Basis der Ton-/Phosphat-Anreicherungsbeziehung bestimmten P-Austräge eng mit den nach M. H. FRERE u.a. (1980) berechneten (Abb. 58). Allerdings liegen die mit der Ton-/Phosphat-Anreicherungsbeziehung ermittelten P-Austräge um den Faktor 1,5 (bei P-Austrä-

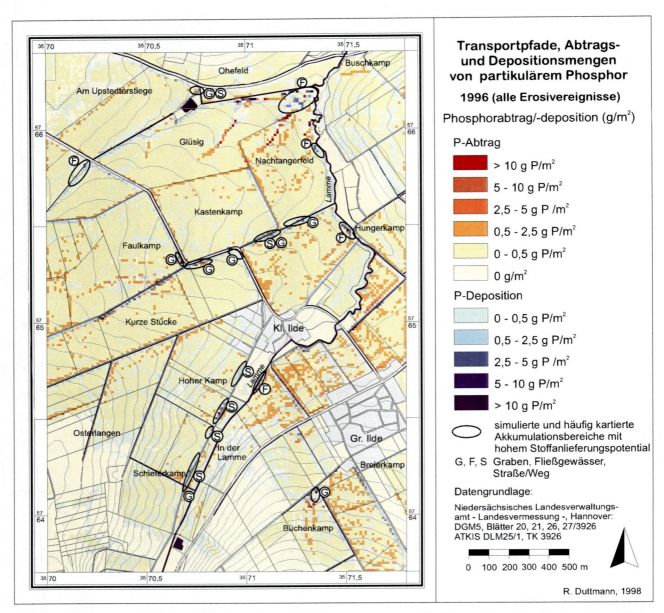

Karte 15 Bilanzierung der Abtrags- und Depositionsmengen von partikulärem Phosphor für das Jahr 1996

trägen < 4 kg P/ha) bis 2 über den nach M. H. FRERE u.a. (1980) bestimmten Werten. Unter der Voraussetzung, daß die Korngrößenanteile im umgelagerten Sediment vom Erosionsmodell realitätsnah wiedergegeben werden, führt die Anwendung der Ton-/Phosphat-Anreicherungsbeziehung zu Ergebnissen, welche größenordnungsmäßig mit denen vergleichbar sind, die mit dem o.g. Enrichment-Ratio-Ansatz berechnet werden. Im Unterschied zu dem herkömmlichen Verfahren wird die P-Anreicherung dabei nicht als Funktion der Sedimentmenge aufgefaßt, sondern über den Tonanteil im Sediment definiert. Auf diese Weise läßt sich die korngrößenspezifische Selektivität beim partikelgebundenen P-Transport in stärkerem Maße als bisher berücksichtigen. Es sind jedoch weitere Untersuchungen erforderlich, um die beschriebenen Zusammenhänge auf einer größeren Datenbasis statistisch abzusichern.

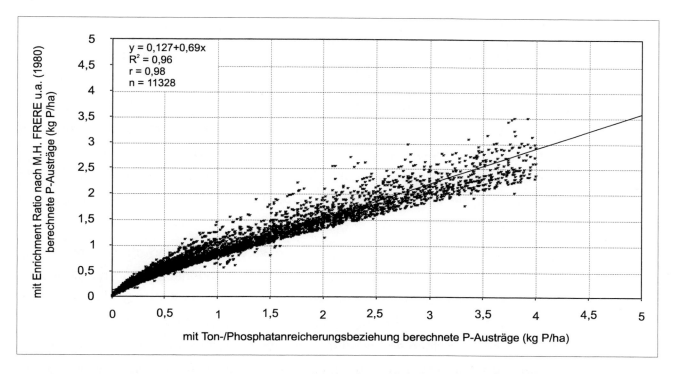

Abb. 58 Vergleich der mit dem enrichment ratio (n. M. H. FRERE u.a., 1980) berechneten und mit der Ton-/Phosphat-Anreicherungsbeziehung bestimmten P-Austräge

6.5 Anwendungsmöglichkeiten ereignisbezogener Erosionsmodelle in der Praxis

Voraussetzung für die Entwicklung ursachenbezogener Maßnahmenkonzepte zur Reduzierung des Bodenabtrages und zur Verringerung der Gewässerbelastung durch erosionsbedingte Nähr- und Schadstoffeinträge ist die flächendifferenzierte Erfassung möglicher Belastungsquellen (Liefergebiete), die Vorhersage möglicher Übertrittsbereiche des erodierten Sediments in benachbarte Flächen und Gewässersysteme und die Erfassung der oberirdischen Transportpfade. Eine Möglichkeit, das oberirdische Wasser- und Stofftransportgeschehen in Einzugsgebieten zu erfassen und Übertrittsbereiche und Transportpfade auszuweisen, bieten Kartierungen nach dem DVWK-Verfahren (DVWK, 1995). Ihre Anwendung ist allerdings mit einem hohen zeitlichen Aufwand verbunden. So reicht eine einmalig im Anschluß an ein Erosivereignis durchgeführte Erosionskartierung erfahrungsgemäß nicht aus, um alle abtragswirksamen und Stoffeintrag liefernden Flächen zu erfassen. In Abhängigkeit vom Bodenbedeckungsgrad und dem zum Zeitpunkt eines Erosivniederschlages herrschenden Kultur-, Bearbeitungs- und Bodenzustand fungieren jeweils nur einzelne Felder als "active sources of water and sediment, whereas others remain inactive" (V. JETTEN u.a., 1996, S. 580). Dies gilt in gleicher Weise für die Hauptleitbahnen des oberirdischen Wasser- und Stofftransportes und für die an Gewässerrändern gelegenen Übertrittstellen. Auch sind Aussagen über die Gewässeranbindung der nicht direkt an Vorfluter grenzenden

Ackerschläge in der Regel nur nach wiederholten und über einen längeren Zeitraum durchgeführten Kartierungen mit größerer Sicherheit möglich.

Eine sinnvolle Alternative zu den Kartierverfahren stellen gegliederte Wasser- und Stofftransportmodelle mit Ereignisbezug dar. Die Anwendung solcher Modelle gestattet eine parzellenübergreifende Betrachtung des Stofftransportgeschehens. Über die Erfassung der abtragwirksamen Flächen und die Abschätzung von Bodenabtrags- und -depositionsmengen hinaus, geben die Modellergebnisse auch Aufschluß über mögliche off-site-Effekte (z.B. punktuelle oder flächenhafte Übertritte von Feinboden, Nähr- und Schadstoffen in Oberflächengewässer, Zufluß von Oberflächenwasser aus Nachbarparzellen).

Die Lokalisierung der abfluß- und abtragsaktiven Flächen ist Voraussetzung für die Erarbeitung ursachenbezogener Maßnahmenkonzepte zur Verringerung von Bodenabträgen und stofflichen Gewässerbelastungen. Erosionsmodelle wie das hier eingesetzte Modell EROSION-3D können hierbei als Entscheidungshilfe dienen. Eine Möglichkeit, die Wirksamkeit von Erosionsschutzmaßnahmen abzuschätzen und die Folgen veränderter Landnutzungs- und Bewirtschaftungspraktiken zu beurteilen, ist die Durchführung von Szenaranalysen. Beispiele für Erosionsbekämpfungsmaßnahmen, die im Rahmen von Szenaranalysen modellgestützt simuliert werden können, sind:

- Erhöhung der Bodenbedeckung auf den Parzellen, für die sowohl unter Real- als auch unter "worst-case"-Bedingungen starke Bodenabträge ermittelt werden und die durch Übertritte mit Nachbarschlägen oder Gewässern in Verbindung stehen,

- Erhöhung der Bodenbedeckung und der Oberflächenrauhigkeit in den in Fallrichtung verlaufenden, abflußleitenden Senken- und Muldenbereichen mit hohem Bodenabtrag und hoher Stoffanlieferung an Gräben und Gewässer,

- Erhöhung des Erosionswiderstandes des Bodens durch Anwendung entsprechender Bodenbearbeitungstechniken und

- Reduzierung der Schlaggröße durch Verändern der Parzellen- oder Flureinteilung.

Die Ergebnisse einer solchen Szenaranalyse sind in Abb. 59 für zwei ausgewählte Ackerschläge dargestellt. Beide Flächen weisen in Gefällerichtung verlaufende Senken auf, die in die Lamme einmünden. Bei Starkniederschlägen zu Zeitpunkten mit geringer Bodenbedeckung kommt es in diesen Geländedepressionen zu einer Bündelung des Oberflächenabflusses und zu intensiven, bis an das Gewässer heranreichenden Sedimentumlagerungen. Ein solches Starkregenereignis trat im Mai 1997 auf (35,6 mm Niederschlag in 2 Stunden; Abb. 59, Szenario 2). Ausgehend von diesem Ereignis bietet der Einsatz eines ereignisbezogenen Modells nun die Möglichkeit abzuschätzen, in welchem Maße die Erhöhung der Oberflächenrauhigkeit, des Bedeckungsgrades und des Erosionswiderstandes zu einer Verringerung des Bodenabtrages führen würde. Dazu wurden sechs Varianten simuliert, wobei jeweils gleiche Niederschlagsintensitäten und Anfangswassergehalte angenommen wurden:

Variante	Kulturart	Bodenbearbeitung	Bedeckungsgrad	Rauhigkeitsbeiwert $(s/m^{1/3})$	Erosionswiderstand (N/m^2)
1	Zuckerrüben	gepflügt, Saatbettkombination	0	0,012	0,00021
2	Zuckerrüben (real)	konventionell (Pflug)	15	0,015	0,00020
3	Zuckerrüben	Direktsaat	40	0,046	0,00430
4	Zuckerrüben	wie Var. 2, konservierend in Hangsenken	40 in Senken, übrige Fläche 15	0,046 Senken 0,015 übrige Fl.	0,0043 Senken 0,0002 übrige Fl.
5	Zuckerrüben	konventionell (Pflug)	85	0,040	0,00060
6	Zuckerrüben	konventionell (Pflug)	100	0,080	0,00080

Wie die in Abb. 59 dargestellten Beispiele zeigen, gestattet die Anwendung eines (hinreichend überprüften) Modells mit Ereignisbezug nicht nur Aussagen über die zu erwartende Verringerung des Bodenabtrages unter verschiedenen Bewirtschaftungs- und Nutzungsbedingungen (z.B. Erhöhung von Bodenbedeckung und Oberflächenrauhigkeit). So berechnet das Modell für das Szenario „Zuckerrüben/Direktsaat" gegenüber dem Szenario „Realnutzung" eine Verringerung des Bodenabtrages um 80%, was vor allem auf eine deutliche Reduzierung der Bodenumlagerungen in den in Fallrichtung verlaufenden Senken zurückzuführen ist. Wie die Modellergebnisse des Szenarios Nr. 4 (reduzierte Bodenbearbeitung in den in Gefällerichtung verlaufenden Senken) zeigen, wäre auf beiden Schlägen durch gezielte Behandlung der besonders erosionsanfälligen Senkenbereiche rechnerisch eine Abtragsminderung zwischen 30 % und 60 % möglich (s. Tab. 21).

Bodenabtrag	Szenario 1		Szenario 2 (real)		Szenario 3		Szenario 4		Szenario 5		Szenario 6	
	P 27	P 59	P 27	P 59	P 27	P 59	P 27	P 59	P 27	P 59	P 27	P 59
mittlerer Bodenaustrag (kg/m^2)	10,2	5,9	3,9	2,4	0,8	0,6	1,5	1,6	1,5	1,0	1,1	0,7
Veränderung gegenüber Realnutzung (Szenario 2) (in %)	+162	+146	-	-	-79	-75	-61	-33	-61	-60	-72	-71

Tab. 21 Vergleich der Bodenabträge ausgewählter Parzellen bei unterschiedlichen Nutzungs- und Bearbeitungsvarianten

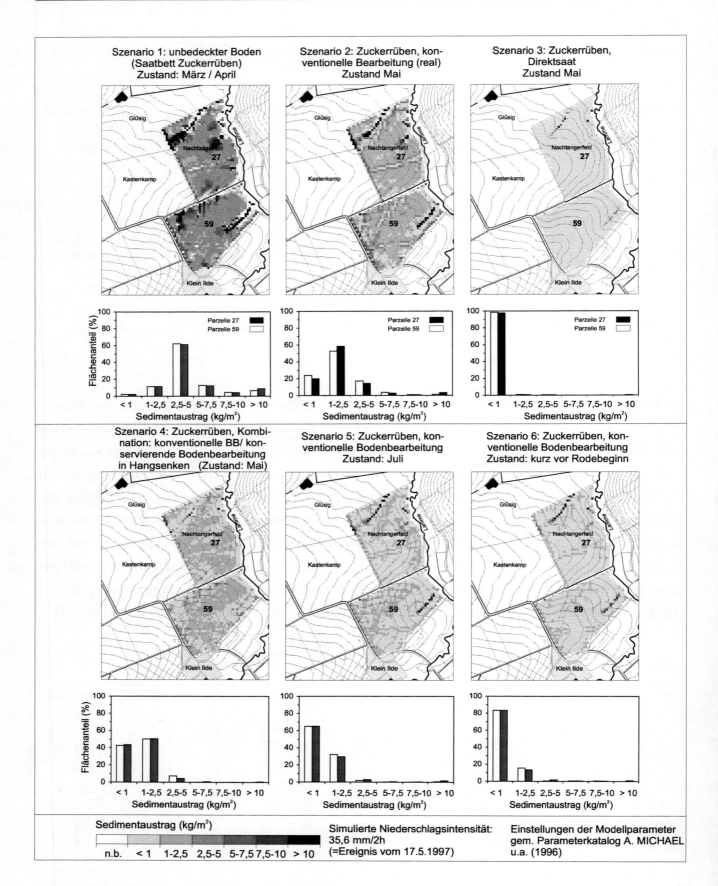

Abb. 59 Beispiele für die Veränderung des Bodenabtrages auf Zuckerrübenschlägen bei unterschiedlichen Nutzungs- und Bewirtschaftungsszenarios

Neben der zeitpunktbezogenen Abschätzung des Bodenabtrages für die unterschiedlichsten Nutzungs- und Bearbeitungsbedingungen ermöglicht die Anwendung ereignisbezogener Gebietsmodelle zudem eine zeitlich und räumlich differenzierte Abbildung der Leitbahnen des oberirdischen Wasser- und Sedimenttransportes und die Lokalisierung daran angeschlossener Übertrittsbereiche an Graben- und Gewässerrändern. Unter der Voraussetzung, daß die Übertrittstellen lagerichtig vorhergesagt und ihr stoffliches Eintragspotential plausibel abgeschätzt werden kann, kann die Anwendung von Simulationsmodellen somit auch wichtige Sachargumente für eine flexiblere, sowohl an einzelbetrieblichen Belangen als auch an den natürlichen Ausstattungsbedingungen orientierte Planung und Bemessung eintragreduzierender Schutzvorrichtungen an Gewässerrändern liefern.

6.6   Kurzfazit

Grundlage für die flächendifferenzierte Abschätzung des oberirdischen Feststoff- und Phosphattransportes auf ackerbaulich genutzten Flächen bildete das Erosionsmodell E-3D. Trotz zahlreicher Vereinfachungen bei der Beschreibung des Abfluß-, Abtrags- und Infiltrationsprozesses zeigt der Vergleich mit den Ergebnissen aus Erosionsschadenkartierungen, daß sowohl die Lage von Bodenabtrags- und -depositionsflächen als auch die reliefbedingten Wasser- und Stofftransportbahnen vom Modell in realistischer Weise wiedergegeben werden. Gleiches gilt für die Abbildung der im Jahresverlauf zu beobachtenden Veränderungen im räumlichen Verteilungsmuster der Erosionsanfälligkeit (Karten 12 u. 13). Bei vorherrschend flächenhafter Bodenerosion entsprechen die berechneten Bodenabträge größenordnungsmäßig den bei der Erosionsschadenkartierung abgeschätzten Abtragsmengen. Stärkere Abweichungen zwischen Modell- und Kartierergebnissen treten dagegen in solchen Schlägen auf, in denen linienhafter Abtrag in Rillen und Rinnen dominierte. Rillenerosion wird vom hier eingesetzten Modell nicht erfaßt. So weist u.a. M. v. WERNER (1995) darauf hin, daß eine Vorhersage der Rilleninitiierung im Einzugsgebietsmaßstab bislang nicht möglich ist. Angesichts der Probleme, Ort und Zeitpunkt der Rillenentstehung exakt vorherzusagen, könnten hier möglicherweise stochastische Ansätze weiterhelfen (S. M. LEWIS u.a., 1994; s. K. GERLINGER, 1997). Mit Blick auf die bisweilen bei Einzelereignissen feststellbaren hohen Ausräumungsbeträge durch linienhaften Bodenabtrag wäre eine Erweiterung des Modells um ein Teilmodell „Rillenerosion" sinnvoll.

Die mit E-3D rasterzellenbezogen berechneten Sedimentein- und -austräge und die ihnen zugeordneten Tonanteile bilden die Grundlage für die großmaßstäbige Abschätzung des partikelgebundenen Phosphattransportes. Der Bestimmung der partikelgebunden transportierten Phosphatmenge liegt ein Regressionsmodell zugrunde, das auf Ergebnissen von Feldberegnungsversuchen beruht. Anders als die häufig verwendeten Enrichment-Ratio-Verfahren, basiert dieses Modell nicht auf dem Zusammenhang zwischen der Bodenabtragsmenge und der Phosphatanreicherung. Wie von K. GERLINGER & U. SCHERER (1997) für Beregnungsversuche auf Lößböden im Kraichgau und von B. WILKE & D. SCHAUB (1996) anhand von Feldversuchsdaten aus der Schweiz beschrieben, war eine Beziehung zwischen dem Bodenabtrag und der P-Anreicherung auch bei den hier durchgeführten Untersuchungen nicht nachweisbar. Dagegen ergab sich bei den Beregnungsversuchen ein statistischer Zusammenhang zwischen der Ton- und P-Anreicherung im Abtragssediment. Unter Berücksichtigung des Ton- und Phosphatgehalts im Ausgangsboden und des Tonanteils im umgelagerten Sediment läßt sich diese Regressionsbeziehung zur Abschätzung der pro Rasterzelle ausgetragenen oder deponierten P-Menge heranziehen.

7 Langfristabschätzung von Bodenabtrags-, Stoffeintrags- und Bodenfruchtbarkeitsgefährdungen im großen Maßstabsbereich - Beispiele für Anwendungen der Allgemeinen Bodenabtragsgleichung (USLE/ABAG) in der Praxis

7.1 Parzellenbezogene Abschätzung des Feststoffabtrages mit der Allgemeinen Bodenabtragsgleichung (ABAG)

Wegen ihrer einfachen Anwendbarkeit ist die Universal Soil Loss Equation (USLE, W. H. WISCHMEIER & D. D. SMITH, 1978) auch heute noch das am häufigsten eingesetzte Erosionsmodell. So bildet die Allgemeine Bodenabtragsgleichung beispielsweise die Grundlage für den von Th. MOSIMANN & M. RÜTTIMANN (1995, 1996) entwickelten „Schlüssel" zur Abschätzung der Bodenerosion in der landwirtschaftlichen Praxis, der gemäß der schweizerischen Verordnung über Belastungen des Bodens (Entwurf März 1997) als verbindliche Methode zur Abschätzung der Erosionsgefährdung und zur Bestimmung von Gefährdungsstufen der Bodenfruchtbarkeit in Ackerbaugebieten herangezogen werden kann.

Dieses empirische Modell dient der Abschätzung des langjährigen mittleren Bodenabtrages durch Flächenspülung und Rillenerosion für Einzelschläge unter realen Nutzungsbedingungen. Im Rahmen von Szenaranalysen lassen sich mit dem Modell prinzipiell auch die Auswirkungen von Nutzungsänderungen und in begrenztem Maße die Einflüsse von Erosionsschutzmaßnahmen auf das Abtragsgeschehen einzelner Ackerschläge prognostizieren. Voraussetzung für die Anwendung der USLE ist allerdings eine ausreichende Überprüfung im jeweiligen Einsatzgebiet.

Neben einer ungenügenden flächendeckenden Überprüfung der Einzelfaktoren der USLE in Gebieten außerhalb der USA sind bei der Anwendung des Modells u.a. folgende Einschränkungen zu beachten (W. H. WISCHMEIER & D. D. SMITH, 1978; U. SCHWERTMANN u.a., 1990; H.-R. BORK, 1988, 1991; W. DETTLING, 1989; V. PRASUHN, 1991; Th. MOSIMANN u.a., 1991; und H.-R. BORK & A. SCHRÖDER, 1996):

— Lineare Bodenabträge durch Rinnen- und Grabenerosion werden nicht berücksichtigt.

— Der Oberflächenabfluß geht nur indirekt in das Modell ein.

— Die Länge der erosiven Fließstrecke ist besonders auf unregelmäßig geformten Hängen nur schwer bestimmbar.

— Die durch Hangnässe oder Hangwasseraustritte bewirkte Bodenerosion wird nicht erfaßt.

— Die Gültigkeit des Modells ist auf Böden mit Schluff- und Feinsandgehalten bis 70 Gew.-% beschränkt.

— Außer bei der Berechnung des Fruchtfolgefaktors wird die zeitliche Variabilität anderer für den Abtragsprozeß relevanter Größen nicht berücksichtigt.

– Die durch schmelzenden Schnee ausgelöste Erosion wird nur bedingt erfaßt.

– Die deponierte bzw. akkumulierte Feinbodenmenge wird nicht berechnet.

Einigen der genannten Probleme soll mit der Revised Universal Soil Loss Equation (RUSLE) als überarbeiteter und ergänzter Form der USLE begegnet werden (s. K. G. RENARD u.a., 1997). Über ihre Anwendung ist jedoch bisher nur wenig bekannt (s. H.-R. BORK & A. SCHRÖDER, 1996). Trotz aller Defizite ist die USLE/ABAG nach wie vor das einzige Anwendungsmodell, „mit dessen Hilfe kurzfristig und mit vergleichsweise geringem Aufwand Ausmaß und Verteilung der mittleren Erosionsgefährdung geschätzt werden können" (H.-R. BORK & A. SCHRÖDER, 1996, S. 8). Dieses Modell ist deshalb auch Bestandteil des für das Gebiet Ilde pilotmäßig aufgebauten und als Planungswerkzeug einsetzbaren GIS-basierten Prognose- und Managementsystems.

Umfangreiche Beschreibungen dieses Verfahrens finden sich in der Originalarbeit von W. H. WISCHMEIER & D. D. SMITH (1965, 1978) und bei U. SCHWERTMANN u.a. (1990), die das Modell als „Allgemeine Bodenabtragsgleichung" (ABAG) für Anwendungen in Mitteleuropa angepaßt haben. Auf eine ausführlichere Darstellung der USLE bzw. ABAG und der Parameterbestimmung wird deshalb an dieser Stelle verzichtet.

7.1.1 Übersicht über die gebietsbezogene Ausprägung der ABAG-Faktoren

Die Bestimmung der Einzelfaktoren für die schlagbezogene Anwendung der allgemeinen Bodenabtragsgleichung erfolgte nach den bei U. SCHWERTMANN u.a. (1990) beschriebenen Verfahren. Grundlage für die Ableitung von K- , LS-, C- und P-Faktoren bildeten die in der Flächen- und Standortdatenbank des Geoökologischen Informationssystems vorgehaltenen Basisdaten.

Als **R-Faktor** wurde nach P. SAUERBORN (1994) ein Wert von 45 angenommen. Die zur Berechnung der Fruchtfolgefaktoren herangezogenen Summenprozente der R-Faktoranteile beruhen auf den bei Th. MOSIMANN & M. RÜTTIMANN (1996) für Südniedersachsen beschriebenen Werten.

LS-Faktor

Die zur Ableitung des gewichteten LS-Faktors benötigten Reliefparameter Hanglänge und Hangneigung wurden unter Anwendung des ARC/INFO GRID-Moduls auf der Grundlage eines 12,5×12,5-m-Rasters berechnet. Um die Länge der erosiven Fließstrecke näherungsweise erfassen zu können, wurden bei der Berechnung von Hang- oder Fließlängen linien- und flächenhafte Raumstrukturelemente wie z.B. Schlaggrenzen, Gräben, Wege und Feldgehölze mit berücksichtigt. Die für die einzelnen Rasterzellen berechneten Hanglängenwerte beziehen sich somit nicht auf das gesamte oberirdische Einzugsgebiet dieser Zellen, sondern auf die innerhalb der Einzel-

LS-Faktor	Flächenanteil (in % der gesamten ackerbaulich genutzten Hangfläche)	mittlere Hangneigung (°)	mittlere Hanglänge (m)
< 0,25	9,6	1,1	42,6
0,25 - 0,5	22,1	1,9	74,6
0,5 - 1,0	25,3	2,9	106,8
1,0 - 2,5	30,3	4,3	128,9
2,5 - 5,0	10,6	6,3	165,9
> 5,0	2,1	8,3	248,8

Tab. 22   Die flächenbezogene Verteilung des Topographiefaktors (LS-Faktor) im Raum Ilde

parzellen gelegenen Einzugsgebiete. Die Flächenanteile der für das Ackerbaugebiet im Raum Ilde ermittelten LS-Faktoren sind in Tab. 22 zusammengestellt.

Beispiele für die rechnergestützte Ableitung des gewichteten LS-Faktors beschreiben K. AUERSWALD u.a. (1988) und H. HENSEL & H.-R. BORK (1988). Eine neuere Methode zur GIS-gestützten Berechnung des LS-Faktors stammt von P. J. DESMET & G. GOVERS (1996). Das hier angewandte Verfahren zur Bestimmung des LS-Faktors orientiert sich an dem bei H. HENSEL & H.-R. BORK (1988) beschriebenen.

K-Faktor

Für 75 % der Untersuchungsgebietsfläche wurden K-Faktoren zwischen 0,5 und 0,7 ($t \times h/ha \times N$) berechnet. Böden auf tonig verwitterndem Muschelkalk und Schluffböden mit Residualtonbeimengungen weisen K-Faktoren von 0,3 bis 0,5 auf (s. Abb. 16).

C-Faktor

Die C-Faktoren für die am häufigsten im Untersuchungsgebiet auftretenden Fruchtfolgen sind in Tab. 23 zusammengefaßt. Abgesehen von den Faktorwerten, die sich bei Minimalbodenbearbeitung und bei Mulchsaat ergeben, treten die niedrigsten C-Faktoren in Getreide-Raps-Rotationen auf. Ähnlich wie die Zwischenfrüchte Gelbsenf und Phazelia bewirkt der Raps über den Winter hinweg eine hohe Bodenbedeckung und vermindert so das Bodenabtragsrisiko. Die Bodenbedeckungsgrade der Hauptkulturarten Winterweizen, Wintergerste, Zuckerrüben, Raps und Mais sind als Durchschnittswerte des dreijährigen Untersuchungszeitraumes in Abb. 60 dargestellt.

Für Raps-Getreide-Fruchtfolgen wurden C-Faktoren von 0,11 bis 0,13 ermittelt. Im Unterschied dazu errechneten sich für die gebietsüblichen Getreide-Zuckerrüben-Folgen ohne Zwischenfrucht durchschnittliche C-Faktorwerte von 0,17 bis 0,19 (bei $^2/_3$ Getreideanteil) und 0,25 (bei $^2/_3$ Zuckerrübenanteil). Konventionell bearbeitete Getreide-Zuckerrüben-Fruchtfolgen mit Zwischenfruchtanbau vor den Zuckerrüben weisen C-Faktoren von 0,11 bis 0,13 auf.

Fruchtfolge	C-Faktor
Winterweizen - Zuckerrüben - Winterweizen	0,199
Winterweizen - Winterweizen - Winterweizen	0,150
Zuckerrüben - Winterweizen - Wintergerste	0,169
Zuckerrüben - Winterweizen - Zuckerrüben	0,251
Zuckerrüben - Winterweizen - Sommergerste	0,190
Zwischenfrucht - Zuckerrüben - Winterweizen - Winterweizen - Wintergerste	0,124
Raps - Winterweizen - Winterweizen	0,135
Raps - Winterweizen - Wintergerste	0,113
Raps - Winterweizen[1] - Wintergerste[1]	0,051
Winterweizen - Winterweizen - Zuckerrüben[2]	0,123
Winterweizen[1] - Winterweizen[1] Zuckerrüben[2]	0,041
Mais[3] - Zuckerrüben - Sommerweizen	0,268
Mais[3] - Zuckerrüben - Winterweizen	0,258

[1] Minimalbodenbearbeitung; [2] Direktsaat in abgefrorenem Gelbsenf; [3] mit Bodenbedeckung durch Ernteste nach der Vorfrucht und nach der Maisernte

Tab. 23   C-Faktoren gebietstypischer Fruchtfolgen

Der Berechnung der C-Faktoren liegen die Saat-, Ernte- und Bodenbearbeitungstermine der Jahre 1994 bis 1997 zugrunde.

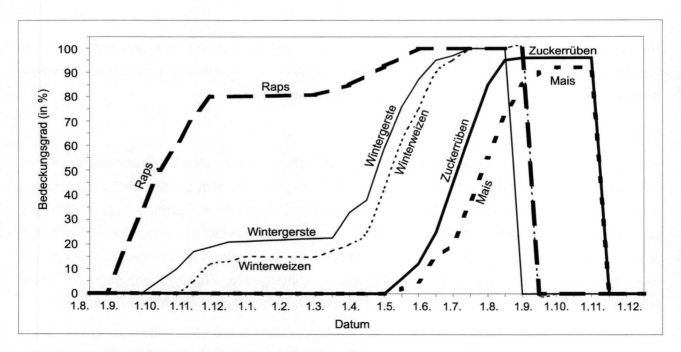

Abb. 60   Durchschnittliche Bedeckungsgrade der Hauptkulturarten im Jahresgang

Die dargestellten Bodenbedeckungsgrade für die Kulturarten Winterweizen, Wintergerste, Zuckerrüben, Raps und Mais sind Mittelwerte des Untersuchungszeitraumes von 1994 bis 1997. Die geschätzten Bodenbedeckungsgrade bilden die Grundlage zur Ableitung der gebietstypischen Fruchtfolgefaktoren. Sie werden auch als Eingangsgrößen für die prozeßorientierte Simulation des Bodenabtragsgeschehens an anderer Stelle verwendet.

7.1.2 Das Modellergebnis

Karte 16 stellt die mit der ABAG auf der Basis eines 12,5×12,5-m-Rasters abgeschätzten mittleren jährlichen Bodenabträge unter Berücksichtigung der realen Nutzungs- und Bearbeitungsbedingungen (Fruchtfolge: 1994 bis 1997) dar. Erwartungsgemäß weisen die konventionell bearbeiteten Ackerflächen mit Zuckerrüben- und Maisfruchtfolgen an den stärker geneigten Hängen die höchsten Abtragsbeträge auf. Bereiche mit höherer Abtragsgefährdung finden sich zudem an den steileren Hanglagen entlang der Lamme (z.B. Buschkamp, Hoher Kamp, Schieferkamp) und an den Nordhängen der Harplage (Büchenkamp und Bruchkamp). Die ausgedehnten, flachwelligen Beckenbereiche im Zentrum des Untersuchungsgebietes weisen dagegen nur ein vergleichsweise geringes Bodenerosionsrisiko auf.

Wie von K. AUERSWALD (1987) beschrieben, zeigen die berechneten Abtragsmengen eine starke Abhängigkeit von der Hangneigung und der Hanglänge (Tab. 24). Allein mit dem Topographiefaktor (LS-Faktor) sind zwischen 50 % und 80 % der berechneten Bodenabtragsmengen zu erklären. Aufgrund der vor allem in Hanglagen praktizierten reduzierten Bodenbearbeitung, der Einsaat von Zwischenfrüchten und dem Einsatz von Direktsaatverfahren beträgt der Erklärungsanteil des LS-Faktors nur etwa 50 %. Bei Annahme ein und derselben Fruchtfolge auf allen Ackerflächen (hier Winterweizen-Wintergerste-Zuckerrüben) nimmt er Werte um 80 % an.

Im Unterschied zur kleinmaßstäbigen Erosionsprognosekarte zeigt die auf der Grundlage der ABAG im großen Maßstabsbereich erstellte Bodenabtragskarte erwartungsgemäß einen deutlich

		Hangneigung (°)	Hanglänge (m)	Hangneigung u. -länge	LS-Faktor	K-Faktor	C-Faktor	LS- und K-Faktor	LS- und C-Faktor
aktuelle Nutzung[1]: reale Fruchtfolgen und Bodenbearbeitung									
Hanglänge 0 - max. m (n = 37351)	R^2	0,36	0,14	0,49	0,54	0,007	0,04	0,68	0,73
	r	0,60	0,37	0,70	0,74	0,08	0,21	0,83	0,85
Hanglänge 20 - 120 m (n = 20514)	R^2	0,43	0,07	0,49	0,49	0,019	0,09	0,67	0,72
	r	0,66	0,26	0,70	0,70	0,14	0,30	0,82	0,85
alle Ackerflächen mit gleicher Fruchtfolge[2] und konventioneller Bodenbearbeitung									
Hanglänge 0 - max. m (n = 37351)	R^2	0,53	0,15	0,68	0,84	0,003	-	0,94	-
	r	0,73	0,39	0,82	0,92	0,05	-	0,97	-
Hanglänge 20 - 120 m (n = 20514)	R^2	0,68	0,09	0,76	0,81	0,0004	-	0,92	-
	r	0,83	0,31	0,87	0,90	0,02	-	0,96	-

[1] Fruchtfolge für die Kulturperioden 1994 bis 1997; [2] Fruchtfolge: Winterweizen - Wintergerste - Zuckerrüben

Tab. 24 Korrelation zwischen rechnerisch ermittelter Bodenabtragsmenge und einzelnen Faktoren der Allgemeinen Bodenabtragsgleichung

höheren Detaillierungsgrad (vgl. Abb. 61). Dies ist einerseits auf die Einflüsse variabler Hanglängen, Fruchtfolgen und Bodenbearbeitungsmaßnahmen zurückzuführen, die von dem auf höherer mesoskaliger Ebene eingesetzten Schätzverfahren nach R.-G. SCHMIDT (1988) nicht berücksichtigt werden. Zum anderen trägt die höhere Auflösung des auf großer Maßstabsebene verwendeten Digitalen Geländemodells (DGM5) zu einer differenzierteren Abbildung des Bodenabtragsgeschehens bei. Im Unterschied zu dem im kleineren Maßstabsbereich herangezogenen DGM50 sind mit dem DGM5 auch die erosionsbeeinflussenden Reliefstrukturen erfaßbar, deren Durchmesser zwischen 25 und 50 m beträgt.

7.1.3 Zur Plausibilität der Modellergebnisse

Die im Raum Ilde durchgeführten Erosionsschadenkartierungen dienten dem Vergleich der rechnerisch für Einzelparzellen ermittelten Abtragsgefährdung mit der unter realen Nutzungsbedingungen beobachteten. Eine Überprüfung der mit der USLE/ABAG parzellenbezogen abgeleiteten langjährigen mittleren Bodenabtragsmengen ist allerdings wegen der Kürze des Untersuchungszeitraumes und der fehlenden Repräsentativität der Abtragsereignisse nicht möglich. Anhand des Vergleichs von Modell- und Kartierergebnissen läßt sich jedoch abschätzen, inwieweit die flächendifferenzierte Prognose der Abtragsgefährdung und die beobachtete Schadensverteilung übereinstimmen.

Vergleicht man die real auftretenden Erosionsschäden (Karten 8 und 9) mit dem auf der Grundlage der ABAG abgeschätzten Bodenerosionsrisiko (Karte 16), so zeigt sich ein guter räumlicher Zusammenhang zwischen beobachteten Schäden und Flächen mit höheren prognostizierten Abtragsbeträgen. Von den im Zeitraum von 1995 bis 1997 auftretenden Erosionsschäden waren fast ausnahmslos diejenigen Schläge in stärkerem Maße betroffen, für die sich auch nach der ABAG höhere Abtragsbeträge ergeben. Das eingesetzte Verfahren erlaubt somit insgesamt eine gute Wiedergabe von Bereichen mit höherer Schadenserwartung und eine parzellenscharfe Beurteilung des Schadensrisikos (s. Karte 17).

Die Frage, ob und inwieweit der mit der USLE/ABAG berechnete langjährige mittlere Bodenabtrag mit dem tatsächlich auftretenden übereinstimmt, läßt sich mit dem zur Verfügung stehenden Datenmaterial nicht beantworten. So deuten beispielsweise auf Testplots durchgeführte Untersuchungen (z.B. R. DIKAU, 1986; D. SCHAUB, 1989; V. PRASUHN, 1991) eine z. T. erhebliche Überschätzung des Abtrages durch die USLE/ABAG an. Ebenfalls nicht quantifizierbar war der

---

Karte 16   Mittlerer jährlicher Bodenabtrag im Raum Ilde nach der Allgemeinen Bodenabtragsgleichung (ABAG) (oben) ⇨

Karte 17   Parzellenbezogene Abschätzung der Bodenerosion und Bewertung der Bodenfruchtbarkeitsgefährdung unter realen Anbaubedingungen (Szenario 1) (unten) ⇨

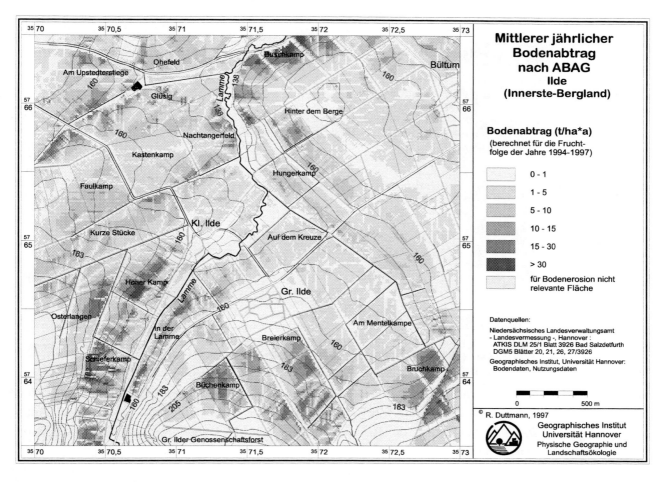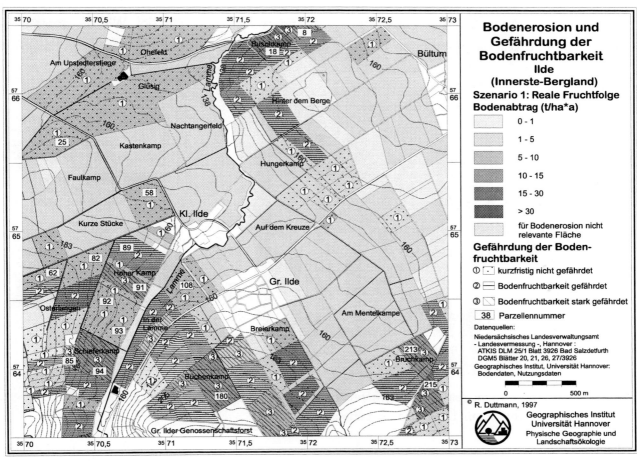

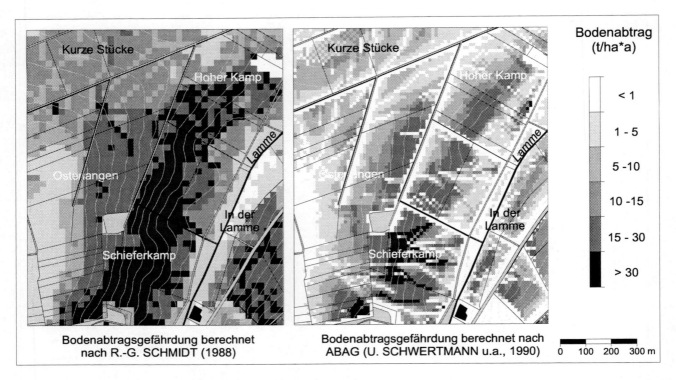

Abb. 61 Modellergebnisse im Vergleich: Abschätzung der Bodenerosionsgefährdung mit der Allgemeinen Bodenabtragsgleichung (U. SCHWERTMANN u.a., 1990) und dem Verfahren zur Bestimmung der Erosionswiderstandsfunktion (R.-G. SCHMIDT, 1988) für Hangbereiche im SW des Untersuchungsgebietes Ilde

Modellfehler, der durch Nichtberücksichtigung der linearen Erosion entsteht. Wie die gebietsweit durchgeführten Erosionskartierungen zeigten, kann der Anteil des durch Linearerosion bewirkten Bodenabtrages in Einzeljahren mehr als 30 % des Gesamtabtrages ausmachen.

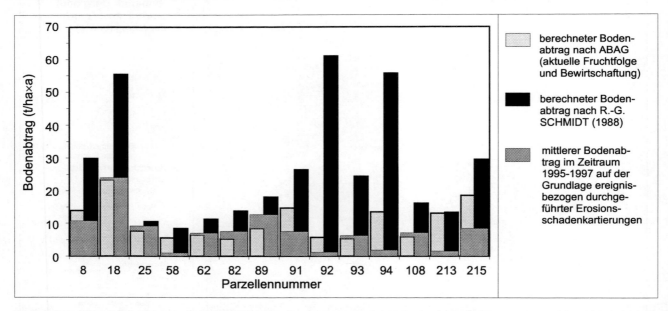

Abb. 62 Vergleich von modellgestützt berechneten und real auftretenden mittleren jährlichen Bodenabträgen (in t/(ha×a)) für Dauerbeobachtungsschläge

Daß auch eine weitere Modellvereinfachung auf der hier betrachteten Maßstabsebene mit erheblichen Schätzfehlern verbunden sein kann, zeigt der Vergleich mit den nach dem Verfahren von R.-G. SCHMIDT (1988) abgeleiteten Abtragswerten (Abb. 62, vgl. Abb. 61). So führt die Beschränkung auf wenige Strukturgrößen des Bodens und die fehlende Differenzierung der Landnutzungs- und Bearbeitungsbedingungen zu einer starken Überbewertung des Bodenabtrages. Eine Übertragung dieses von R.-G. SCHMIDT (1988) ohnehin für die Anwendung im mittleren Maßstabsbereich konzipierten Schätzverfahrens auf den großen Maßstabsbereich ist, wie allein schon die Differenzbeträge zu den mit der ABAG berechneten Abtragswerten veranschaulichen, nicht sinnvoll. So lag der für alle Dauerbeobachtungsparzellen gebildete Mittelwert des Bodenabtrages nach der Schätzmethode von R.-G. SCHMIDT (1988) bei 27 t/(ha×a). Aus den Schätzungen im Gelände ergab sich ein mittlerer Wert von 7,5 t/(ha×a), während unter Verwendung der ABAG ein Betrag von 10,5 t/(ha×a) errechnet wurde.

7.2 Bewertung der Bodenfruchtbarkeitsgefährdung durch Bodenerosion - Beispiele für die Anwendungen der ABAG in einem GIS-gestützten Prognose- und Managementsystem

Zu den gravierendsten Folgen der Bodenerosion zählt die mit dem Bodenverlust einhergehende Verringerung der Bodenfruchtbarkeit und die Abnahme der Ertragsfähigkeit. Zur Erhaltung der Produktionsfunktion des Bodens wurden deshalb von U. SCHWERTMANN u.a. (1990) Grenzwerte des tolerierbaren Bodenabtrages vorgeschlagen, bei denen die Bodengründigkeit mit berücksichtigt wird. Auch das von Th. MOSIMANN & M. RÜTTIMANN (1996) entwickelte Konzept zur Abschätzung von Gefährdungsstufen basiert auf dem Zusammenhang zwischen Bodenabtrag und pflanzennutzbarer Bodengründigkeit. Im Unterschied zu dem von U. SCHWERTMANN u.a. (1990) beschriebenen Toleranzgrenzenkonzept werden hier allerdings deutlich strengere Werte als Obergrenzen des akzeptierbaren Bodenabtrages festgelegt (zur Diskussion der Toleranzgrenzen s. Th. MOSIMANN, 1995). So liegen die Grenzwerte des „vorübergehend akzeptierbaren Bodenabtrages" zwischen 0 t/(ha×a) bei Böden mit einer physiologischen Gründigkeit von weniger als 50 cm und maximal 5 t/(ha×a) bei einer pflanzennutzbaren Gründigkeit von mehr als 1 m. Bei einer Unterschreitung dieser Grenzwerte wird von keiner wesentlichen Beeinträchtigung der Bodenfruchtbarkeit in einem Zeithorizont von 300 bis 500 Jahren ausgegangen (Gefährdungsstufe 0). Wird dieser Grenzwert überschritten, so ist der betreffende Ackerschlag in eine von maximal drei Gefährdungsstufen (Stufen 1-3) einzugruppieren. Diesen lassen sich bestimmte Dringlichkeiten für Schutzmaßnahmen zuordnen. Für die Bestimmung der Gefährdungsstufen 1 bis 3 ist entscheidend, ob und in welchem Maße der für eine Parzelle ermittelte Bodenabtrag in einem Zeitraum von 100 Jahren zur Unterschreitung einer definierten Gründigkeitsgrenze führt (Details s. Th. MOSIMANN & M. RÜTTIMANN, 1995, 1996).

In Karte 17 sind neben den für den Raum Ilde mit der ABAG berechneten mittleren jährlichen Bodenabtragsmengen die nach dem Verfahren von Th. MOSIMANN & M. RÜTTIMANN (1996) parzellenbezogen ermittelten Gefährdungsstufen der Bodenfruchtbarkeit dargestellt. Die höchsten Gefährdungsgrade (Stufe 3: Bodenfruchtbarkeit stark gefährdet) treten dabei, wie bereits oben beschrieben, vor allem an den stärker geneigten Hängen des Blattgebietes auf. Zusätzlich treten aber auch solche Areale mit stärkerer Gefährdung der Bodenfruchtbarkeit in Erscheinung, für die vergleichsweise geringere Bodenabtragsmengen berechnet wurden. Hierbei handelt es sich vor allem um Parzellen in schwach geneigten Kuppen- und Oberhangbereichen mit einer pflanzennutzbaren Gründigkeit von weniger als 50 cm (Rendzinen, Braunerde-Rendzinen, Rendzina-Braunerden). Für solche Standorte gilt generell ein „kurzfristig akzeptierbarer Bodenabtrag" von 0 t/(ha×a).

Nach Th. MOSIMANN (1995) zielt das Konzept darauf ab, auf jedem Ackerschlag mittelfristig eine Einstufung in die Gefährdungsstufe 0 (Bodenfruchtbarkeit nicht gefährdet), mindestens aber in die Stufe 1 zu erreichen. Inwieweit diese Stufen bei gegebener Landbewirtschaftung erreicht oder überschritten werden, ist sicherlich nur in Einzelfällen direkt vor Ort überprüfbar. Eine praktikable Kontrollmöglichkeit bietet der Einsatz eines GIS-gestützten Prognose- und Managementsystems. Anhand von Szenaranalysen lassen sich zudem die Auswirkungen unterschiedlicher Landnutzungs- und Bewirtschaftungsvarianten auf rationelle Weise parzellenscharf beurteilen.

Die Ergebnisse von vier Szenarien stellen Tab. 25 und Abb. 63 für ausgewählte Parzellen dar. Karten 17 bis 19 geben einen Überblick über die parzellenbezogen ermittelten Bodenabtragsraten und die Gefährdungsstufen der Bodenfruchtbarkeit im Raum Ilde. Im einzelnen wurden folgende Nutzungs- und Bewirtschaftungsvarianten simuliert:

- Szenario 1: aktuelle Bodenerosion; tatsächliche Fruchtfolge und reale Bearbeitungsbedingungen im Zeitraum von 1994/95 bis 1997,
- Szenario 2: potentielle Bodenerosion; alle Flächen ganzjährig Schwarzbrache (C-Faktor = 1), keine Schutzmaßnahmen,
- Szenario 3: Fruchtfolge Winterweizen - Wintergerste - Zuckerrüben; konventionelle Bodenbearbeitung,
- Szenario 4: Fruchtfolge Winterweizen - Wintergerste - Zuckerrüben; konservierende Bodenbearbeitung; Direktsaat von Zuckerrüben in Gelbsenf.

Aus dem Vergleich der bei den einzelnen Simulationsrechnungen dargestellten Abtragsmengen und Gefährdungsstufen wird folgendes deutlich:

- Auf allen derzeit konventionell bearbeiteten Schlägen läßt sich der Bodenabtrag nach den Modellergebnissen durch konservierende Bodenbearbeitung erheblich reduzieren. So ergibt sich

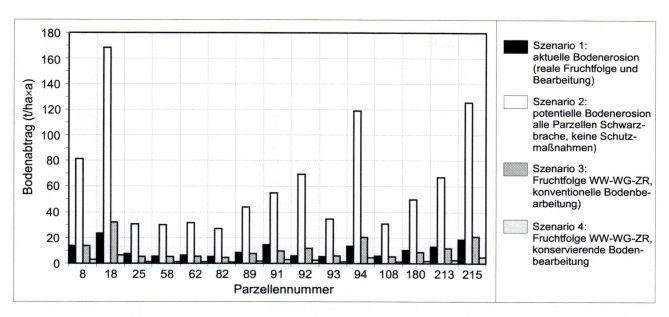

Abb. 63 Veränderungen des Bodenabtrages bei unterschiedlichen Nutzungsszenarien am Beispiel ausgewählter Ackerschläge

nach dem Szenario 1 für das Gebiet ein Gesamtabtrag von 3260 t/a ($\cong$ 4,2 t/(ha×a)), während das Szenario 4 (hier angenommener "best case") einen Wert von 854 t/a ($\cong$ 1,1 t/(ha×a)) liefert (Abb. 64). Die Abnahme des Bodenabtrages geht in den meisten Fällen mit dem Erreichen der Gefährdungsstufe 0 („Bodenfruchtbarkeit nicht gefährdet") einher. Wie in Abb. 64 dargestellt, ist die Bodenfruchtbarkeit unter den aktuellen Bewirtschaftungsbedingungen auf mehr als einem Fünftel der Gebietsfläche stark gefährdet. Dieser Flächenanteil kann bei konservierender Bodenbearbeitung auf etwa 5 % verringert werden. Gleichzeitig wird eine Zunahme der nicht gefährdeten Fläche von 54 % auf knapp 90 % prognostiziert.

- Zahlreiche Parzellen erreichen auch unter Annahme der günstigsten Fruchtfolgen und Bodenbearbeitungsmaßnahmen nicht die Gefährdungsstufe 0. Trotz einer möglichen Reduzierung der mittleren jährlichen Bodenabtragsrate um maximal 17 bis 31 t/(ha×a) (ca. 70 %) gegenüber der aktuellen Nutzung, erlangen die in Kuppen- und steileren Oberhangbereichen (bes. Totenberg und Harplage) gelegenen Schläge aufgrund einer vergleichsweise geringen Bodengründigkeit im besten Falle eine Einstufung in die Gefährdungsstufe 1. Für Parzellen mit einer höheren Gefährdungsstufe wäre, dem Vorsorgeprinzip entsprechend, eine weitere ackerbauliche Nutzung zu überdenken.

- Einzelne Schläge weisen unter realen Fruchtfolge- und Bewirtschaftungsbedingungen (Szenario 1) eine deutlich geringere Bodenabtragsgefährdung auf, als dies bei Annahme der gebietstypischen Fruchtfolge Winterweizen-Wintergerste-Zuckerrüben und konventioneller Bearbeitung der Fall ist. Hierbei handelt es sich vor allem um Schläge in stärker geneigtem Gelände, auf denen zumindest phasenweise pfluglos gearbeitet, Zwischenfruchtanbau betrieben oder

Parzelle	Reale Fruchtfolge	Szenario 1 real/aktuell		Szenario 2 potentiell		Szenario 3 konventionell		Szenario 4 konservierend	
		Bodenabtrag (t/ha×a)	Gefährdungsstufe	Bodenabtrag (t/ha×a)	Gefährdungsstufe	Bodenabtrag (t/ha×a)	Gefährdungsstufe	Bodenabtrag (t/ha×a)	Gefährdungsstufe
8	WW-WG-ZR	13,9	3	81,4	3	13,9	3	3,0	0
18	ZR(ZF)-WW-WG	23,4	3	168,6	3	32,2	3	6,4	1
25	ZR-WW-WW	7,7	1	30,8	3	5,4	1	1,2	0
58	WW-ZR-WW	5,6	1	30,2	3	5,3	1	1,2	0
62	WG-(ZR,WW,SW,WR)-WW	6,5	1	31,7	3	5,5	1	1,2	0
82	WG-WW-ZR	5,3	0	27,2	3	4,7	0	1,0	0
89	WW-WW-ZR	8,5	2	44,1	3	7,7	1	1,7	0
91	ZR-SW-WW	14,7	3	54,9	3	9,6	2	3,0	0
92	WW-WG-WG	5,8	1	69,3	3	11,8	2	2,6	0
93	WW-WG-ZR	5,4	1	34,9	3	5,8	1	1,3	0
94	WW-WG-WR	13,5	3	118,9	3	20,5	3	4,5	0
108	WW-WW-ZR	6,0	1	30,9	3	5,4	1	1,2	0
180	WW-ZR-WW	10,3	3	49,9	3	8,6	1	1,9	0
213	ZR-WW-SW	13,1	3	67,0	3	11,7	2	2,5	0
215	WW-ZR-WW	18,6	3	125,6	3	21,0	3	4,8	2

Gefährdungsstufen: 0 = Bodenfruchtbarkeit nicht gefährdet, 1 = Bodenfruchtbarkeit kurzfristig nicht gefährdet (Schutzmaßnahmen empfehlenswert), 2 = Bodenfruchtbarkeit gefährdet (Schutzmaßnahmen notwendig), 3 = Bodenfruchtbarkeit stark gefährdet (Schutzmaßnahmen sehr dringlich)

Tab. 25 Bodenabtrag und Gefährdung der Bodenfruchtbarkeit bei unterschiedlichen Nutzungs- und Bearbeitungsvarianten auf ausgewählten Parzellen

Direktsaat praktiziert wird. Diesen Sachverhalt verdeutlicht Abb. 64 (mittlerer Abschnitt). In ihr sind die für die einzelnen Gefährdungsstufen berechneten durchschnittlichen Bodenabträge dargestellt. Danach weist die auf die flachgründigen Kuppen- und steileren Hangstandorte beschränkte Gefährdungsstufe 2 beim Szenario 1 gegenüber dem Szenario 4 einen um durchschnittlich 1,5 t/(ha×a) geringeren Bodenabtrag auf.

Die beschriebenen Vorgehensweisen zeigen exemplarisch Möglichkeiten des Einsatzes eines GIS-gestützten Prognose- und Managementsystems für die schlagbezogene Abschätzung und Bewertung des Bodenabtrages sowie für die flächendifferenzierte Beurteilung der Bodenfrucht-

---

Karte 18 Parzellenbezogene Abschätzung der Bodenerosion und Bewertung der Bodenfruchtbarkeitsgefährdung bei konventioneller Bearbeitung (Fruchtfolge WW-WG-ZR; Szenario 3) ⇨

Karte 19 Parzellenbezogene Abschätzung der Bodenerosion und Bewertung der Bodenfruchtbarkeitsgefährdung bei konservierender Bearbeitung (Fruchtfolge WW-WG-ZR; Szenario 4) ⇨

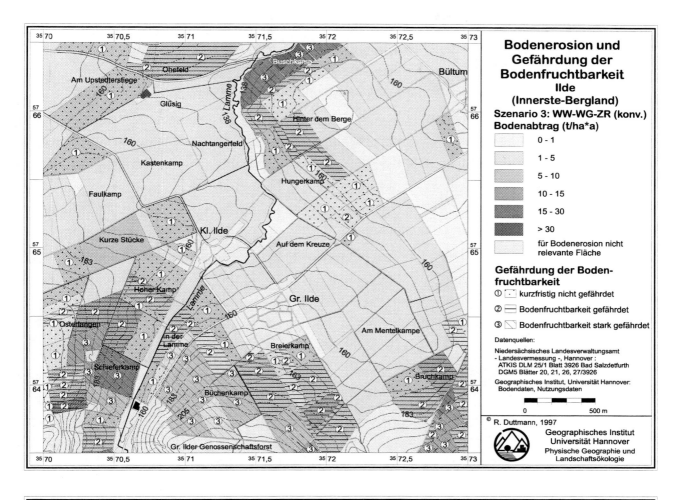
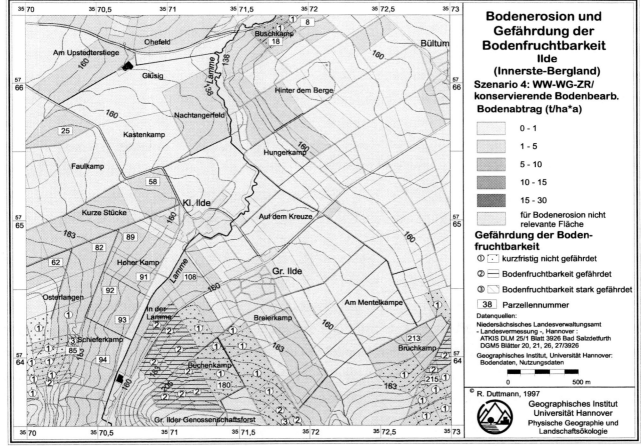

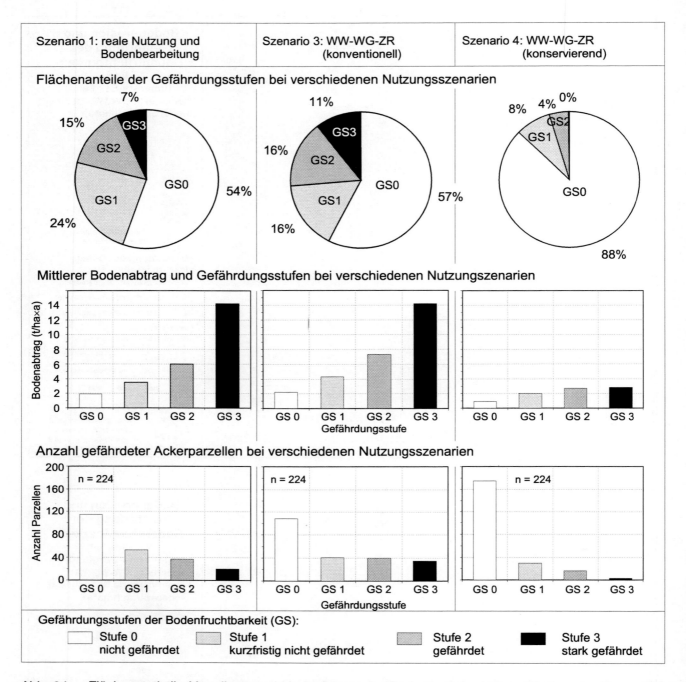

Abb. 64 Flächenstatistik: Verteilung und Veränderung der Bodenfruchtbarkeitsgefährdung im Raum Ilde bei unterschiedlichen Nutzungs- und Bewirtschaftungsbedingungen (Szenarien 1, 3 und 4)

barkeitsgefährdung auf. Von nicht geringerer ökologischer Bedeutung als die Beeinträchtigung zahlreicher Bodenfunktionen sind die mit der Bodenerosion verbundenen stofflichen Belastungen der Oberflächengewässer. Im folgenden Kapitel sollen deshalb Beispiele für die modellgestützte Vorhersage potentieller Übertrittsbereiche des Feinmaterialtransportes in Gewässer und für die Abschätzung des Sediment- und Phosphoreintrages dargestellt werden.

7.3 Abschätzung des Sediment- und Phosphateintragsrisikos für Oberflächengewässer

7.3.1 Allgemeines zum Verfahren

Grundlage für die Bestimmung potentieller Feinmaterialübertritte in Oberflächengewässer und die Abschätzung des Eintrages von Feststoffen und partikelgebundenem Phosphat in Oberflächengewässer bildet das in Kap. 3.3 beschriebene Verfahren. Dabei wird auch hier von der Annahme ausgegangen, daß der Stoffeintrag nicht flächenhaft, sondern mehr oder weniger punktuell an den Schnittpunkten reliefbedingter Abflußleitbahnen mit dem Gewässer erfolgt. Der Anteil des Eintrages, der beispielsweise über Fahr- und Bearbeitungsspuren sowie über Entwässerungsfurchen ins Gewässer gelangt, kann mit dem auf unterer chorischer und topischer Betrachtungsebene eingesetzten Verfahren jedoch nicht erfaßt werden. Dazu wäre eine wesentlich höhere räumliche Auflösung mit einer in den Dezimeterbereich hineinreichenden Aufnahme der abflußrelevanten Strukturgrößen erforderlich. Wie der Vergleich von berechneten und kartierten Übertrittstellen ergab, konnten mit der hier eingesetzten Methode (s. Abb. 12) bis zu 65 % der real auftretenden Übertrittsbereiche mit hohem Eintragspotential vorhergesagt werden.

Für diese Übertrittstellen läßt sich nach den bei L. NEUFANG u.a. (1989) beschriebenen Gleichungen sowohl der Sedimenteintrag als auch der Eintrag des partikelgebundenen Phosphors ableiten. Da die Berechnung des Sedimenteintrages bereits an anderer Stelle dargestellt wurde (s. Kap. 3.3.2), soll im folgenden nur auf die Vorgehensweise bei der Abschätzung des Phosphoreintrages eingegangen werden.

7.3.2 Abschätzung des partikelgebundenen Phosphateintrages

Zur Abschätzung der mittleren jährlichen Phosphateintrags- bzw. -anlieferungsmengen wurde der von K. AUERSWALD (1989) beschriebene Anreicherungsfaktor (enrichment ratio; s. dazu Kap. 6.3.2) verwendet. Dieser läßt sich mit Hilfe einer empirischen Gleichung aus dem <u>langjährigen mittleren</u> Bodenabtrag bestimmen. Die für bayerische Verhältnisse auf der Grundlage eines 20 Jahre umfassenden Simulationszeitraumes abgeleitete Gleichung lautet:

$$\ln(ER_L) = 0{,}92 - 0{,}206 \times \ln(A) \quad \Rightarrow \quad ER_L = 2{,}53 \times A^{-0{,}21}$$

mit
    ER_L „langjähriges" enrichment ratio (P-Anreicherungsfaktor)
    A mittlerer jährlicher Bodenabtrag (t/(ha×a))

Bei bekanntem P-Gehalt des Bodens lassen sich die mittleren jährlichen P-Anlieferungsbeträge für die rechnergestützt ermittelten Übertrittstellen in folgender Weise abschätzen (L. NEUFANG u.a., 1989; vgl. D. W. NELSON & T. J. LOGAN, 1983; K. AUERSWALD, 1989):

$$P_{Input} = E_s \times P_{Boden} \times ER_L$$

mit

P_{Input} P-Eintrag (g/a)
E_s Sediment-Eintrag (t/a) (zur Bestimmung s. Kap. 3.3.2)
P_{Boden} P-Gehalt des Bodens (mg P/kg Boden)
ER_L Enrichment Ratio (P-Anreicherungsfaktor)

Wie bei L. NEUFANG u.a. (1989) beschrieben, wurden auch bei der Abschätzung und Bilanzierung des partikulären P-Eintrages für den Untersuchungsraum Ilde die mit der CAL-Methode (H. SCHÜLLER, 1996; VDLUFA, 1991) ermittelten Phosphatgehalte der Oberböden verwendet (s. Kap. 6.3.2).

7.3.3 Modellergebnisse und Szenaranalysen zum partikulären Phosphateintrag

Die modellgestützt ermittelten Übertrittstellen und die ihnen zugeordneten Sediment- und P-Eintragspotentiale zeigen Karte 20 und 21. Insgesamt wurden für das Gebiet 109 Übertrittsbereiche vorhergesagt, von denen 67 eine Einzugsgebietsgröße von mehr als 750 m² aufwiesen. 42 dieser Übertritte konnten bei den Erosionskartierungen im Gelände nachgewiesen werden. Hierbei handelt es sich in der Mehrzahl um Eintragsstellen im Mündungsbereich von reliefbedingten Abflußleitbahnen in Gewässer und Gräben. Diese Orte zeichnen sich sowohl in der Realität als auch in den Modellrechnungen durch hohe Sedimentanlieferungsbeträge aus. Mit dem hier verwendeten Verfahren lassen sich somit zumindest Bereiche stärkerer Eintragsgefährdung recht sicher vorhersagen. Nicht erfaßbar sind dagegen die durch Bearbeitungsmaßnahmen hervorgerufenen und nur kurzfristig auftretenden Abflußwege und Übertrittstellen. Gleiches gilt auch für Übertrittsbereiche und Transportpfade, deren Entstehung auf zufallsbedingte Ursachen zurückzuführen ist.

Unter Annahme realer Nutzungs- und Bearbeitungsbedingungen errechnet sich für die Gesamtheit der Übertrittstellen ein Sedimenteintrag von etwa 280 t/a und ein P-Eintrag von 44 kg/a. Bezogen auf die Größe des Liefergebietes ergibt sich für die vorhergesagten Übertritte ein durchschnittlicher jährlicher Sedimenteintrag von 2,9 t/(ha×a) und ein P(CAL)-Eintrag von etwa 444 g P/(ha×a). Allerdings ist zu berücksichtigen, daß nur ein Teil der angelieferten Sedimentmenge auch tatsächlich in Flüsse, Bäche und Gräben gelangt. Etwa die Hälfte der Gräben führte nur

---

Karte 20   Oberirdische Transportpfade, Sedimenteintragsstellen und Sedimenteintragspotentiale von Übertritten an Graben- und Gewässerrändern (oben)

Karte 21   Oberirdische Transportpfade, Stoffübertritte und Eintragspotentiale für partikelgebundenen Phosphor (unten)

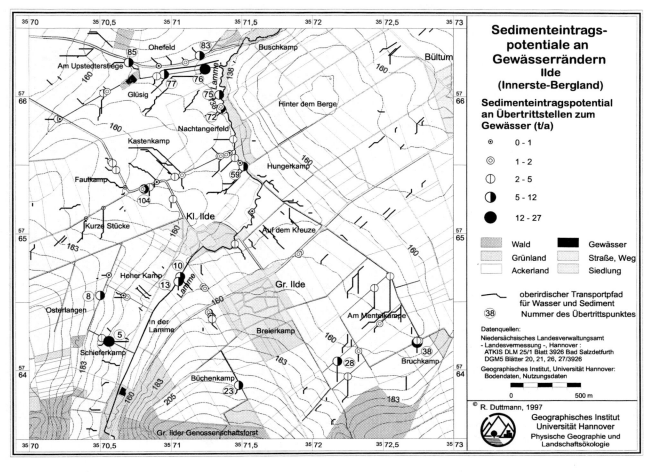
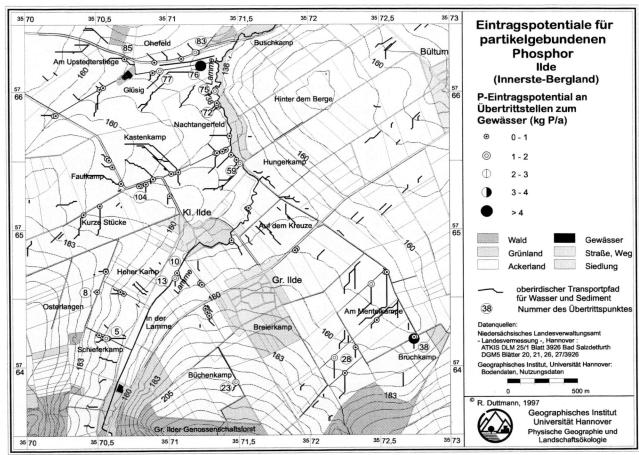

	Szenario 1 (aktuelle Fruchtfolge; reale Bearbeitungs- bedingungen)		Szenario 3 (WW-WG-ZR; konventionelle Bodenbearbeitung)		Szenario 4 (reale Fruchtfolge; konservierende Bodenbearbeitung)		Differenz Szenario 1- Szenario 4	
Eintrags- potential	Sediment t/a	Phosphor kg/a	Sediment t/a	Phosphor kg/a	Sediment t/a	Phosphor kg/a	Sediment t/a	Phosphor kg/a
Summe aller Übertritte (n=67)	283	44	309	45	68	14	215	30
Höchstes Ein- tragspotential	27	5	41	4	9	1	18	4
Durchschnitt aller Übertritte	4,2	0,6	4,6	0,7	1,0	0,2	3,2	0,4

Tab. 26 Vergleich der Eintragspotentiale von Sediment und partikelgebundenem Phosphor an prognosti- zierten Übertritten bei unterschiedlichen Landnutzungs- und Bearbeitungsvarianten

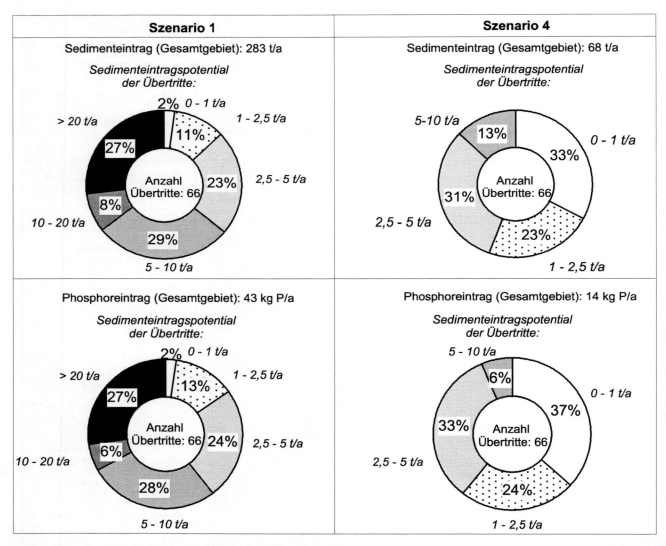

Abb. 65 Sediment- und Phosphoranlieferung an Gewässer, differenziert nach dem Eintragspotential der Übertritte (Gebiet Ilde)

periodisch Wasser oder lag trocken, so daß das eingetragene Sediment hier über mehr oder weniger lange Zeiträume zwischendeponiert wird. Die Abschätzung der tatsächlich in die Fließgewässer gelangenden und von diesen aus dem Gebiet ausgetragenen Sediment- und P-Menge ist deshalb nicht oder nur schwer möglich. Aufgrund fehlender Vergleichsmessungen im Gewässer muß hier eine einzugsgebietsbezogene Bilanzierung der über die Vorfluter ausgetragenen Sediment- und P-Mengen unterbleiben. Abschätzungen von V. PRASUHN & M. BRAUN (1994) für ackerbaulich genutzte Einzugsgebiete der Schweiz ergaben Phosphoreinträge von 190 bis 510 g P/(ha×a). C. NOLTE (1991) beziffert die gesamthaft über diffuse Quellen eingetragene P-Menge für das Elbeeinzugsgebiet der neuen Bundesländer mit 0,9 bis 1,3 kg P/ ha. Geht man davon aus, daß die Bodenerosion etwa 75 % des diffusen Stoffeintrages ausmacht, so entspräche dies einem P-Eintrag von 675 bzw. 975 g/(ha×a).

Die Einträge von Sediment und Phosphor lassen sich mittels konservierender Bodenbearbeitung deutlich reduzieren. Wie die Ergebnisse der in Tab. 26 dargestellten Simulationsrechnungen zeigen, kann der Eintrag von Feststoffen bei konservierender Bodenbearbeitung und unter Beibehaltung der jeweiligen Fruchtfolge um 76% gegenüber dem aktuellen Wert verringert werden. Gleiches gilt auch für den Phosphoreintrag, der sich um etwa 30 % des Ausgangswertes senken läßt.

Inwieweit sich die unterschiedlichen Bodenbearbeitungsmaßnahmen auf Veränderungen der Stoffeintragspotentiale an den Übertrittstellen auswirken, zeigt Abb. 65. Weisen unter den aktuellen Bedingungen annähernd $^2/_3$ der Eintragsstellen am Gewässer Sedimenteintragspotentiale von mehr als 5 t/a auf, so verringert sich dieser Anteil nach den Modellberechnungen bei konservierender Bearbeitung auf unter 15 %.

7.4 Kurzfazit

Die vorangegangenen Kapitel stellen Beispiele für die flächendifferenzierte Abschätzung von Bodenabträgen auf ackerbaulich genutzten Flächen und die Bewertung einzelner damit verbundener Belastungen dar. Grundlage für die großmaßstäbige Quantifizierung des Feststoffabtrages bildete die Allgemeine Bodenabtragsgleichung in der von U. SCHWERTMANN und Mitarbeitern (1987) beschriebenen Form. Die mit diesem empirischen Modell ermittelten Abtragsbeträge lieferten nicht nur die Basis für die schlagbezogene Beurteilung der Bodenfruchtbarkeitsgefährdung nach Th. MOSIMANN & M. RÜTTIMANN (1996). Sie dienten auch der Abschätzung der Stoffeintragspotentiale an den vorhergesagten Übertrittstellen am Gewässerrand. Am Beispiel ausgewählter Szenarien wurden Anwendungen dieser Methoden in einem als „Prognose- und Managementsystem" konzipierten GIS dargestellt.

Wie der Vergleich von Modell- und Kartierergebnissen belegt, zeigt sich ein hohes Maß an räumlicher Übereinstimmung zwischen den mit der ABAG vorhergesagten und den real auftretenden

Bereichen größerer Bodenabtragsgefährdung. Die im Untersuchungszeitraum beobachteten flächenmäßig vorherrschenden Abtragsformen (flächenhafte Ver- und Abspülungen und flächenhaft-linienhafte Erosionsformen ("rill" und "interrill erosion")) lassen einen Einsatz der ABAG in diesem Raum durchaus als sinnvoll erscheinen. Dennoch zeigt die kurze Untersuchungsperiode an, daß die durch Rinnen-, Graben- und Talwegeerosion geschädigte Fläche und der über diese Formen erfolgende Bodenabtrag einen Anteil von mehr als 30 % ausmachen kann. Die ABAG erfaßt hingegen nur den Bodenabtrag durch Flächenspülung und Rillenerosion. Etwa $^1/_3$ der im Untersuchungszeitraum aufgetretenen Bodenabträge wären demnach mit diesem Erosionsmodell nicht oder nur unzureichend abschätzbar. Zur Erfassung eines gebietstypischen Anteils des durch lineare Erosion ausgeräumten Bodenvolumens und zur Bestimmung möglicher Korrekturfaktoren sind weitere Untersuchungen erforderlich.

Eine Überprüfung des mit der ABAG abgeschätzten langjährigen mittleren Bodenabtrages verbietet sich hier wegen der Kürze des Untersuchungszeitraumes. Die in den Jahren 1995 bis 1997 aufgetretenen erosiven Ereignisse entsprachen sowohl in ihrer saisonalen Verteilung als auch in ihrer Intensität nicht den im langjährigen Durchschnitt zu erwartenden Verhältnissen. So wurden 1996 mehr als 90 % des gesamten Jahresabtrages durch ein in der beobachteten Intensität nur äußerst selten auftretendes Schneeschmelzereignis bewirkt. 1997 waren es im wesentlichen zwei größere Ereignisse, die zu erkennbaren Bodenumlagerungen und -abträgen führten.

8 Methodisches Fazit

In den vorangegangenen Ausführungen wurden Beispiele für die GIS-gestützte Erfassung und Kennzeichnung oberirdischer Stofftransportprozesse auf unterschiedlichen räumlichen Dimensionsstufen vorgestellt. Besonderes Interesse galt dabei der Anwendung dynamischer Simulationsmodelle im großen Maßstabsbereich.

Dem breiten praktischen Einsatz auch weniger komplexer physikalisch begründeter Simulationsmodelle auf großer Maßstabsebene in der Praxis sind derzeit noch Grenzen gesetzt. Ursachen hierfür sind weniger technische Limitierungen als vielmehr eine mangelnde Datenverfügbarkeit, die eingeschränkte räumliche Übertragbarkeit der derzeit verfügbaren Modelle und die unzureichende Überprüfbarkeit der Modellergebnisse. So weisen H. R. BORK & A. SCHRÖDER (1996, S. 32) darauf hin, daß es bis heute „von marginalen Ausnahmen abgesehen, nicht möglich [ist], korrekte flächen- und raumrepräsentative Bestimmungen der für Modellüberprüfungen und -applikationen benötigten Boden- und Pflanzenparameter vorzunehmen".

Daten

Ein zentrales Problem räumlicher Modellierungen ist die fehlende flächenhafte Verfügbarkeit zeitlich variabler Eingangsgrößen. Zahlenwerte von Modelleingangsgrößen liegen lediglich für wenige Regionen und ausgewählte Standortbedingungen vor. Viele dieser Größen (z.B. Erosionswiderstand, Rauhigkeitsbeiwert, hydraulische Leitfähigkeit, Lagerungsdichte, Bodenwassergehalt) sind nur experimentell mit vergleichsweise hohem Aufwand exakt zu ermitteln. Im Rahmen von Einzeluntersuchungen können die zur Modellsimulation benötigten Größen deshalb nur an wenigen Standorten gemessen werden. Mit Blick auf eine überregionale Anwendbarkeit dynamischer Simulationsmodelle in der Praxis sind größer angelegte Kooperationsprojekte in verschiedenen Landschaftstypen erforderlich. Auf der Grundlage standardisiert erfaßter Meß- und Analysedaten wäre es dann möglich,

- regionsspezifische „Modellparameterkataloge" (s. A. MICHAEL u.a., 1996) aufzubauen, die Informationen über die Ausprägung und die zeitliche Variabilität der Modelleingangsgrößen für gebietstypische Standort- und Nutzungsbedingungen bereitstellen,

- Standortdatenbanken mit einer für statistische Auswertungen sinnvollen Größenordnung einzurichten. Diese ließen sich zur Entwicklung von Parameterschätzverfahren heranziehen, mit denen entsprechende Eingangsdaten aus einfach erfaßbaren Größen abgeleitet werden können,

- eine eng begrenzte Anzahl praxistauglicher (Anwendungs-)Modelle mit physikalisch begründeter Prozeßbeschreibung in verschiedenen Regionen zu überprüfen, um so Erkenntnisse über gebietsspezifische Modelleinstellungen und Anwendungsgrenzen gewinnen und eine Fehlerabschätzung vornehmen zu können. Solange nicht geklärt ist, ob die Fehlerfortpflanzung im Rahmen der Prozeßsimulation „zu sich aufschaukelnden und immer größer werdenden Fehlern führt, oder ob davon ausgegangen werden kann, daß eine Tendenz zu sich gegenseitig aufhebenden Fehlern besteht" (D. DRÄYER, 1996, S. 174), sind die jeweiligen Simulationsergebnisse mit Vorsicht zu behandeln. Dies gilt umso mehr, je komplexer die eingesetzten Modelle sind, d.h. je größer die Anzahl der ihnen zugrunde liegenden Eingangsgrößen ist.

Das Problem der mangelnden Datenverfügbarkeit schließt die Frage nach der räumlichen Variabilität der Modelleingangsgrößen und -ausgangsbedingungen im Prinzip mit ein. So konnte beispielsweise K. GERLINGER (1996) im Rahmen von Erosionsuntersuchungen nachweisen, daß die zeitliche Variabilität des Faktors „Erosionswiderstand" für den Bodenabtrag weniger entscheidend ist als die räumliche Variabilität. Auch ist bekannt, daß bereits geringere Veränderungen wichtiger bei der Simulation von Wasser- und Stofftransporten verwendeter Modelleingangsgrößen (z.B. Ton-, Schluff- und Sandgehalt, organischer Substanzgehalt, Lagerungsdichte, Rauhigkeit, Erosionswiderstand) mit einer stark nichtlinearen Veränderung der berechneten Ausgabegrößen verbunden sein können (s. Kap. 6.1.4). Die Güte der Simulationsergebnisse hängt damit nicht zuletzt auch von der Erfassung der „internen" Variabilität der prozeßbeeinflussenden Strukturgrößen in als „homogen" oder „quasi-homogen" ausgewiesenen Raumeinheiten (Pedotopen, Ökotopen, Geoökotopen) ab.

So werden die an Repräsentativstandorten punktuell gemessenen Größen aus rein pragmatischen Gründen häufig auf gleichartig oder ähnlich strukturierte Flächeneinheiten (Ökotope, Pedotope, Standeinheiten) übertragen. Der Variabilitäts-/Heterogenitäts-Problematik wird dabei keine oder nur geringe Beachtung geschenkt. Für eine verbesserte Modellaussage und die Abschätzung von Modellfehlern sind deshalb Kartier- und Erfassungsmethoden erforderlich, die Aussagen über die Wertestreuung und Wahrscheinlichkeitsdichten von Werteausprägungen zentraler prozeßsteuernder Strukturgrößen in elementaren Raumeinheiten mit berücksichtigen.

Methoden

Angesichts der raschen Fortschritte auf dem Sektor der geographischen Informationstechniken und der Entwicklung von Modellen zur Simulation von Landschaftshaushaltsprozessen wächst auch der Bedarf an Regionalisierungsverfahren (sowohl "downscaling"- als auch "upscaling"-Verfahren bzw. Disaggregierungs- und Aggregierungsverfahren). Die von seiten der Physischen Geographie und Landschaftsökologie dabei vorrangig anzugehenden und zu lösenden Forschungsaufgaben lassen sich in Anlehnung an K.-O. WENKEL & A. SCHULTZ (1998) folgendermaßen umreißen:

- Entwicklung von Modellansätzen, mit denen aus punktförmig erfaßten Daten die räumliche Verteilung von Parametern in einem Gebiet vorhergesagt werden kann,

- Entwicklung von Disaggregierungsverfahren, die es erlauben, aus großflächig vorliegenden Daten und Informationen auf die räumlichen Verteilungsmuster bestimmter Größen zu schließen,

- Entwicklung von Methoden zur Bestimmung von räumlichen und zeitlichen Verteilungsmustern landschaftsökologischer Größen in unterschiedlichen Raum- und Zeitskalen.

Gemäß den von H. LESER (in J. HOSANG, 1995, S. VI) für die Landschaftsökologie formulierten zukünftigen Forschungsnotwendigkeiten, sind hierbei „stoffliche, energetische und wasserhaushaltliche Prozesse in einer Weise und Größenordnung zu erkennen und zu modellieren, die den Zusammenhang mit den „makroskopischen", d.h. den kartierbaren Strukturvariablen des Landschaftsökosystems deutlich machen. Bekanntlich besteht zwischen stofflichen, energetischen, wasserhaushaltlichen und biotischen Prozessen auf der einen und den „makroskopischen" biotischen und abiotischen Strukturmerkmalen der Landschaft auf der anderen Seite ein naturgesetzlicher Zusammenhang." Diesen Forderungen trägt der in dieser Arbeit beschriebene Ansatz zur räumlich und zeitlich differenzierten Abbildung des landschaftshaushaltlichen Prozeßfaktors Bodenfeuchte ebenso Rechnung wie das vorgestellte Regressionsverfahren zur Abschätzung des partikelgebundenen Phosphattransportes.

Im Falle der Bodenfeuchte wurden die unter Realbedingungen in Testparzellen mit gleichartigen Boden- und Nutzungsverhältnissen zu beobachtenden Wassergehaltsverteilungen in Beziehung zu prozeßsteuernd wirkenden Reliefeigenschaften sowie den daraus ableitbaren „Feuchteindices" und Einstrahlungswinkeln der Sonne gesetzt. Das hieraus resultierende multiple Regressionsmodell wurde anschließend zur Übertragung der standörtlich simulierten Bodenfeuchte auf Flächen mit identischer Bodenstruktur und Nutzung verwendet und zur Generierung zeitlich und räumlich variabler Bodenfeuchtefelder herangezogen. Die auf diese Weise für beliebige Termine flächenhaft ableitbaren Bodenfeuchtewerte dienten als Eingangsgrößen für die ereignisbezogene Erosionssimulation mit dem Modell EROSION-3D (M. v. WERNER, 1995).

Die flächenhafte Überprüfung der rechnerisch ermittelten Feuchteverteilungen für das Arbeitsgebiet Ilde war im Rahmen dieser Untersuchung nicht möglich. Sie bleibt Aufgabe zukünftiger Forschungsarbeiten. Darin wird auch zu klären sein, inwieweit es möglich ist,

- den Prozeßfaktor Bodenfeuchte mit Hilfe der hier verwendeten Indices und Parameter auf größere Räume zu übertragen,

- skalenübergreifende Transfergrößen zu bestimmen, die eine Abschätzung von Feuchtezuständen und -verteilungen auf unterschiedlichen Maßstabsebenen erlauben und

- Radarsatellitendaten zukünftig in stärkerem Umfange für die Abbildung räumlich und zeitlich differenzierter Bodenfeuchtefelder in Wert zu setzen und zur Überprüfung der modellbasiert vorhergesagten Feuchteverteilungen heranzuziehen. Eine neuere Anwendung von SIR-C- (Shuttle Imaging Radar C)-Daten zur Erfassung der Bodenfeuchte in Einzugsgebieten beschreiben J. R. WANG u.a. (1997). Dabei ergab sich nur für unbedeckte Böden oder für Böden mit geringem Bewuchs eine gute Vergleichbarkeit zwischen gemessenen und aus den SIR-C-Daten abgeleiteten Bodenfeuchtewerten. Für Bereiche mit höherer Bedeckung war dagegen mit den verwendeten Auswertungsalgorithmen keine zuverlässige Aussage möglich.

Modellkoppelung mit GIS

Vor dem Hintergrund der weiter oben dargestellten Daten- und Methodenprobleme sowie fehlender Methoden zur räumlichen Verifizierung der Simulationsergebnisse stellt sich bei GIS-Kritikern vielleicht die Frage nach dem Sinn der Modellintegration in Geographische Informationssysteme. Aus Anwendersicht läßt sich dem entgegenhalten, daß die genannten Probleme nicht erst seit Einführung der GIS-Technik bestehen. Ihnen wird heute jedoch größeres Gewicht beigemessen. So steigt mit der Verfügbarkeit von Anwendungsmodellen auch die Nachfrage nach Datengrundlagen mit einer für landschaftshaushaltliche Prozeßsimulationen erforderlichen räumlichen und zeitlichen Auflösung. Ein gewissenhafter Modelleinsatz zwingt dabei in erhöhtem Maße zu einer kritischen Auseinandersetzung mit den Datengrundlagen und den Modellergebnissen. Er zeigt darüber hinaus bestehende Defizite auf Daten- und Methodenebene auf. Hier liegen wohl auch Gründe dafür, daß die Regionalisierungsthematik in den letzten Jahren stark in den Mittelpunkt geowissenschaftlichen Forschungsinteresses gerückt ist

Aus der Einbindung hinreichend überprüfter und validierter Prozeßmodelle in Geographische Informationssysteme ergibt sich bei Vorhandensein einer entsprechenden Datenbasis eine Reihe interessanter Perspektiven für die landschaftsökologische Planung und Wissenschaft. So ist es durch die Koppelung von GIS und dynamischen Simulationsmodellen möglich,

- Prozesse und Prozeßzustandsänderungen in Landschaftsökosystemen flächenhaft zu erfassen und die zeitlichen Veränderungen in Form „dynamischer Karten" abzubilden,
- zentrale Prozeßgrößen des Landschaftshaushaltes zu berechnen, deren flächenhafte Erfassung aufgrund eines hohen Meß- und Analysenaufwandes nicht praktikabel ist,
- Prozeßgrößen und Prozeßzustände zeitschrittbezogen zu simulieren und die ermittelten Werte als Eingangsgrößen für andere Modelle bereitzustellen,
- durch Veränderung von Modelleingangsgrößen im Rahmen von Szenaranalysen Aufschluß über das Systemverhalten zu gewinnen,
- GIS-gestützte Prognose- und Managementsysteme aufzubauen und als Instrumentarien in der Umweltplanung einzusetzen.

Beispiele hierfür wurden in den vorangegangenen Kapiteln ebenso beschrieben, wie die Vorgehensweisen bei der Gebietsauswahl, beim Aufbau der Datenbasis für die großmaßstäbige Simulation von Wasser- und Stoffhaushaltsprozessen und bei der Überprüfung der eingesetzten Modelle. Die Koppelung der eingesetzen Prozeßmodelle erfolgte dabei via Datentransfer zwischen der GIS-Datenbank und dem Modell. Diese Art der Modellkoppelung ist umständlich. Sie ist aber dann erforderlich wenn GIS-unabhängige Modelle eingesetzt werden, deren Steuerung über das GIS nicht möglich ist. Da die Entwicklung von GIS und Umweltmodellen lange Zeit getrennt voneinander verlief, weisen ihre Programme unterschiedliche Datenstrukturen, Funktionen und Methoden zur Eingabe raumbezogener Informationen auf (D. R. MAIDMENT, 1996).

Die beschriebene Form der Modellanbindung gestattet es zwar, einzelne für die Simulation von Teilprozessen benötigte Größen bereitzustellen. Eine tatsächliche integrative Simulation des Landschaftshaushaltes - die ja ein Anliegen landschaftsökologischer Forschung ist - läßt sich aber durch bloße Koppelung von Einzelmodellen aus zumeist unterschiedlichen Fachdisziplinen nicht erreichen. Die im Rahmen dieser Arbeit dargestellte Art der Modellkoppelung kann deshalb nur als Zwischenstufe auf dem Weg zu einer integrativen Prozeßbetrachtung aufgefaßt werden. So kommt auch D. R. MAIDMENT (1996) zu dem Schluß, daß sich das "environmental within GIS" aufgrund der oben angesprochenen Probleme gezwungenermaßen noch auf einem einfachen Niveau bewegt. Es ist jedoch davon auszugehen, daß "the synthesis of GIS and environmental modeling has the potential to create a new base for environmental simulation that is different and more powerful than those presently existing" (D. R. MAIDMENT, 1996, S. 321). Um dies mit GIS-eigenen Funktionen zu erreichen, ist es erforderlich, die zur Beschreibung der betrachteten Prozesse benötigten mathematischen Ausdrücke in die Programmiersprache des GIS zu überführen.

Eine an die landschaftshaushaltliche Realität besser angenäherte Prozeßbetrachtung und -abbildung mit GIS wird erst durch sog. "tight coupling" oder "high-level coupling" (s. K. FEDRA, 1996, J. RAPER & D. LIVINGSTONE, 1996) von Geographischen Informationssystemen und Prozeßmodellen zu realisieren sein. Hierfür sind die in der Landschaftsökologie gebräuchlichen Prozeß-Korrelations-Systeme bzw. Process-Response-Systeme konsequenter als bisher in GIS-Datenmodelle umzusetzen und daran angepaßte Prozeßmodelle zu entwickeln. So folgern J. RAPER & D. LIVINGSTONE (1996, S. 387) mit Blick auf eine integrative Betrachtung und Modellierung von Umweltprozessen: "If integration of model and spatial representation is the highest objective, then it is implied that new holistic methods need to be employed. If this contention is correct (NB many continue to argue the merits of low-level coupling), then the debate surely has shifted to the nature of such holistic methods." Eine interessante Möglichkeit für die vollständige Integration solcher Methoden in Geographische Informationssysteme bieten objektorientierte Ansätze, wie der von J. RAPER & D. LIVINGSTONE (1996) am Beispiel einer küstenmorphologischen Fragestellung beschriebene. Zukünftige Forschungsarbeiten werden sich mit der Frage auseinanderzusetzen haben, inwieweit diese Ansätze auch für prozeßorientierte landschaftsökologische Raumanalysen adaptiert und nutzbringend eingesetzt werden können.

Ein nach wie vor technisch nicht hinreichend gelöstes Problem ist die Verarbeitung „voll-3-dimensionaler", geschweige denn 4-dimensionaler Daten im GIS. Zwar wurde mittlerweile eine Reihe von Konzeptionen für „3D-GIS" oder "3-dimensional geoscientific mapping and modeling systems" (z.B. J. RAPER, 1989) und "3-dimensional spatiotemporal object models" (M. WORBOYS, 1992) erarbeitet. Wie allerdings schon früher von A. K. TURNER (1989) festgestellt, sind die meisten kommerziell verfügbaren GIS auch heute noch nicht in der Lage, echte 3D-Daten zu behandeln und 3D-Simulationen durchzuführen. Mit Blick auf die vierte Dimension (Zeit) weist R. BILL (1996, S. 359) darauf hin, daß ein herkömmliches „GIS mit seinen vier funktionalen Komponenten (..) nicht in der Lage ist, neben der räumlichen (spatialen) Dimension auch die zeitliche (temporale) Dimension ausreichend zu behandeln". Für die Modellierung räumlich und zeitlich variabler (Landschaftshaushalts-)Prozesse im GIS erwächst daraus die Forderung nach der Entwicklung von neuen raumbezogenen Datenverwaltungskonzepten und -methoden sowie nach erweiterten Simulationstechniken. Diese bilden u.a. auch die Voraussetzung für Echtzeit-Simulationen bzw. für die räumliche Visualisierung der in Echtzeit simulierten Prozesse. Auf die Bedeutung solcher in einem GIS verfügbaren Simulations- und Visualisierungstechniken für wissenschaftliche und praktische Zwecke weisen S. D. DE GLORIA & R. J. WAGENET (1996, S. 61) hin: "Complex processes such as soil water dynamics, pedogenesis, sediment and nutrient transport and nutrient cycling can be modeled and visualized at variable spatial and temporal scales with the primary purpose of improving both understanding of soil systems and land-use decision making."

9 Zusammenfassung

Voraussetzung für die Planung und Umsetzung geeigneter Maßnahmen zur Reduzierung des Bodenabtrages durch Wasser und zur Verringerung der Gewässerbelastung durch erosionsbedingte Stoffeinträge ist eine räumlich möglichst genaue Ausweisung erosionsgefährdeter Flächen, die Erfassung von Leitbahnen des gebündelten Oberflächenabflusses, die Lokalisierung potentieller Übertrittstellen von Feinbodentransporten am Gewässerrand und die Abschätzung stofflicher Eintragspotentiale in den Übertrittsbereichen. Bodenabträge und die damit zusammenhängenden Wirkungen können durch Kartierungen flächenhaft erfaßt und abgeschätzt oder mittels geeigneter Meßvorrichtungen quantifiziert werden. Eine großflächige Anwendung dieser Verfahren scheidet in der planerischen Praxis nicht zuletzt aus Aufwandsgründen aus oder erfolgt nur in begründeten Einzelfällen, beschränkt auf kleinere Einzugsgebiete. Gleiches kann derzeit wohl auch für den Einsatz dynamischer, physikalisch begründeter Wasser- und Stofftransportmodelle unterstellt werden. Ihre praktische Anwendbarkeit steht noch vor weiteren Problemen: dem Fehlen einer für die dynamische Prozeßsimulation benötigten zeitlich und räumlich hoch aufgelösten Datenbasis, der eingeschränkten Übertragbarkeit der meisten Anwendungsmodelle und einer mangelnden flächenhaften Überprüfbarkeit der Simulationsergebnisse. Angesichts dieser Einschränkungen wird dem Einsatz einfacher anwendbarer empirischer Verfahren mit Langfristaussage (z.B. der USLE/ABAG) in der Praxis der Vorzug vor physikalisch begründeten Prozeßmodellen gegeben. Um die unbestrittenen Vorteile physikalisch begründeter Prozeßmodelle für das

Flächenmanagement in „Problemgebieten" nutzen zu können, bedarf es der Auswahl von Vorrangflächen. Auf diese Weise lassen sich die für die Prozeßsimulation benötigten Daten gezielt erheben und die Kosten/Nutzen-Relation bei der Überprüfung der Simulationsergebnisse durch Kartierung und Messung verbessern. Die Vorgehensweise von der Gebietsauswahl bis zur prozeßorientierten Simulation des Wasser- und Stofftransportgeschehens in kleineren Einzugsgebieten wird im Rahmen dieser Arbeit am Beispiel eines als "downscaling" bezeichneten GIS-basierten Verfahrens dargestellt. Als Untersuchungsraum diente ein Gebietsausschnitt aus dem lößbedeckten Leine-Innerste-Einzugsgebiet im südlichen Niedersachsen.

Ausgehend vom oberen Mesoskalenbereich ist jeder Dimensionsebene eine Auswahl gängiger Schätz- und Bewertungsverfahren zugeordnet (s. Kap. 1.3), die der Qualität und Auflösung der im jeweiligen Dimensionsbereich verfügbaren oder mit überschaubarem Aufwand bereitstellbaren Basisdaten Rechnung tragen. Die in bezug auf die Erosionsgefährdung und den Stoffeintrag in Gewässer besonders relevanten Flächen und oberirdischen Abflußbahnen werden im Zuge des mehrstufigen Verfahrens Schritt für Schritt eingegrenzt und mit zunehmender räumlicher Genauigkeit festgelegt. Zielebene des Verfahrens ist der untere chorische (Kleineinzugsgebiet) und topische Dimensionsbereich (Schlag, Parzelle). Zur quantitativen Kennzeichnung des Prozeßgeschehens und zur Abbildung zeitlich und räumlich veränderlicher Prozeßfelder (Bodenfeuchte, Bodenabtrag und -deposition, Phosphattransport) werden auf dieser Maßstabsebene dynamische Simulationsmodelle eingesetzt.

Um auch in der Praxis anwendbar zu sein, wurden bei der Konzeption des GIS-basierten Prognose- und Managementsystems nur solche Schätz- und Simulationsverfahren verwendet, die vergleichsweise geringe Anforderungen an den Umfang der Modelleingangsgrößen stellen und in der Anwendung bereits erprobt sind. Der flächenhaften Vorhersage potentiell erosionsgefährdeter Flächen auf höherer Dimensionsebene diente das von R.-G. SCHMIDT (1988) beschriebene empirische Verfahren zur Bewertung der Erosionswiderstandsfunktion gegenüber Wassererosion. Auch wenn sich hiermit keine Absolutbeträge, sondern lediglich Größenordnungen des Bodenabtrages bestimmen lassen, zeigten Vergleiche mit Erosionsschadenkartierungen, daß eine anhand der Schätzwerte vorgenommene Relativstufung der Bodenerosionsanfälligkeit flächenhaft möglich ist. Die Schätzwerte wurden anschließend zur Bestimmung von Sedimenteintragspotentialen verwendet, die auf dieser Maßstabsebene ebenfalls nur als Relativstufen aufzufassen sind. Im Unterschied zu der bei L. NEUFANG u.a. (1989) gewählten Vorgehensweise erfolgt die Vorhersage des Sedimenteintrages hier nicht für jeden Gewässerabschnitt, sondern für einzelne, punktuell lokalisierbare Übertritte an den Schnittpunkten zwischen reliefbedingten Abflußleitbahnen und dem Gewässernetz. Den Verfahrensgang zur Bestimmung der Übertrittstellen und zur Abschätzung ihres Sedimenteintragspotentials beschreibt Kapitel 3.3. Ergebnis der kleinmaßstäbigen Abschätzung potentieller Bodenabtrags- und Sedimenteintragsrisiken sind Gefährdungskarten, auf deren Grundlage die detaillierter zu untersuchenden Vorranggebiete selektiert werden können.

Ein Beispiel für ein solches Gebiet ist das in Kapitel 4 vorgestellte Untersuchungsgebiet Ilde.

Zur parzellenscharfen Erfassung und Kennzeichnung des Bodenerosionsgeschehens im Ilder Raum wurden zwei Modelle eingesetzt. Grundlage für die Abschätzung des langjährigen mittleren Bodenabtrages bildete die Allgemeine Bodenabtragsgleichung (U. SCHWERTMANN u.a., 1990; s. Kap. 7). Der ereignisbezogenen Simulation des Erosionsgeschehens diente das Modellsystem EROSION-3D (M. v. WERNER, 1995; s. Kap. 6). Gegenüber der ABAG, deren Schätzergebnisse nur nach langjährigen Messungen überprüfbar sind, besitzen Modelle wie EROSION-3D den Vorteil, daß ihre Simulationsergebnisse im Vergleich mit ereignisbezogen durchgeführten Erosionskartierungen und/oder -messungen direkt auf ihre Plausibilität hin beurteilt werden können. Auch wenn eine Überprüfung der Allgemeinen Bodenabtragsgleichung wegen der Kürze des Untersuchungszeitraumes nicht möglich ist, ergab der Vergleich mit Erosionsschadenkartierungen eine gute Übereinstimmung zwischen den Parzellen, für die höhere Erosionsbeträge berechnet wurden, und den Schlägen, die in den vergangenen Jahren von stärkeren Erosionsschäden betroffen waren. Die aus Sicht der Planungs- und Landwirtschaftspraxis zentrale Frage nach den besonders gefährdeten Parzellen läßt sich in dem hier vorgestellten Untersuchungsgebiet mit Hilfe der Allgemeinen Bodenabtragsgleichung zutreffend beantworten.

Da die ABAG nach Th. MOSIMANN (1995, S. 4) zudem „das einzige wissenschaftlich gut abgesicherte, praxistaugliche Modell zur Abschätzung der flächenhaften Erosion im Ackerbau" ist, wurden die mit diesem Modell berechneten Abtragsmengen einerseits zur parzellenbezogenen Beurteilung der Bodenfruchtbarkeitsgefährdung nach dem von Th. MOSIMANN & M. RÜTTIMANN (1996) entwickelten Verfahren herangezogen. Zum anderen bildeten sie die Grundlage für die Abschätzung des Sediment- und Phosphateintragspotentials an punkthaft lokalisierbaren Übertritten zum Gewässer. Die Bestimmung der hierfür benötigten Sedimentanlieferungs- und Phosphat-Anreicherungsverhältnisse erfolgte mit den bei L. NEUFANG u.a. (1989) beschriebenen Gleichungen. Beispiele für Anwendungsmöglichkeiten der ABAG in einem GIS-gestützten Prognose- und Managementsystem sind in Kap. 7 dargestellt. Anhand von Szenarien werden dort Auswirkungen verschiedener Fruchtfolgen auf den Bodenabtrag, die Bodenfruchtbarkeitsgefährdung sowie auf den Stoffeintrag in Oberflächengewässer simuliert und parzellenbezogen abgeschätzt.

Kapitel 5 und 6 befassen sich mit der dynamischen Simulation oberirdischer Wasser- und Stofftransporte unter Anwendung des Modells EROSION-3D (M. v. WERNER, 1995). Neben der Quantifizierung des Bodenabtrages gehen die Kapitel folgenden, mit der Modellanwendung eng verknüpften Fragestellungen nach:

1. Wie läßt sich die zeitlich variable Modelleingangsgröße „Anfangswassergehalt" flächendifferenziert abbilden? Welche Faktoren sind maßgeblich an der Ausbildung der räumlichen Verteilungsmuster der Prozeßgröße „Bodenfeuchte" beteiligt? (Kap. 5)

2. In welcher Form läßt sich das Erosionsmodell E-3D zur Abschätzung des partikelgebunden transportierten Phosphors einsetzen? Existiert ein Zusammenhang zwischen der Ton- und der Phosphatanreicherung im ausgetragenen oder akkumulierten Feinboden? (Kap. 6)

Zur Simulation der Bodenfeuchte wurde das agrarmeteorologische Bodenwassermodell AMWAS (H. BRADEN, 1992) eingesetzt. Obwohl dieses Standortmodell eine gute Abbildung des Feuchteverlaufes im Boden (> 1 cm Tiefe) gestattete, war eine realitätsnahe Wiedergabe des Feuchteganges an der Bodenoberfläche nicht möglich. Bei der Extrapolation der standörtlich simulierten Oberbodenwassergehalte wurden deshalb Mittelwerte aus dem Tiefenbereich zwischen 1 und 5 cm verwendet.

Grundlage für die Extrapolation der Oberbodenfeuchte und die flächenhafte Abbildung von Bodenfeuchtefeldern bildet ein empirisch-statistisches Modell. Diesem Modell liegt die Annahme zugrunde, daß die Ausprägung der Bodenfeuchte in Raumeinheiten mit einheitlicher Bodenstruktur und gleichartiger Nutzung wesentlich durch die Einflüsse des Reliefs gesteuert wird. So ergab die Analyse der Feuchteverteilungsmuster in unterschiedlich exponierten Testparzellen mit ähnlichen Ausstattungsbedingungen signifikante Zusammenhänge zwischen der Bodenfeuchte einerseits und den Einflußgrößen Hangneigung, Exposition, lokales Einzugsgebiet und relative Hanglänge andererseits. Das Zusammenwirken von Hangneigung und Exposition wird vom Extrapolationsmodell in Form des Einstrahlungswinkels berücksichtigt. Die den Wasserzufluß und die Infiltration beeinflussenden Faktoren „Größe des lokalen Einzugsgebietes" und „Hangneigung" werden über den Topographieindex $\ln(a/\tan \beta)$ erfaßt. Den Einfluß der Wölbungsform auf die Wassergehaltsverteilung berücksichtigt das Schätzverfahren anhand empirisch ermittelter Zu- oder Abschläge. In Abhängigkeit von den genannten Lage- und Reliefbedingungen schätzt das Modell Größenordnungen der Wassergehaltsabweichung in Beziehung zu einem in ebener Lage gemessenen oder simulierten Wassergehalt ab. Durch Verknüpfung dieses Schätzwertes mit dem für Einheitsflächen mit einheitlichen Boden- und Nutzungsverhältnissen simulierten Wassergehalt ist es möglich, wichtige Reliefeinflüsse in die Vorhersage räumlicher Feuchteverteilungsmuster und in die Generierung von Feuchtefeldern mit einzubeziehen. Die auf der Grundlage des Extrapolationsverfahrens für den Raum Ilde ermittelten Feuchteverteilungen erscheinen plausibel. Eine flächenhafte Überprüfung der Ergebnisse war indes nur in Einzelfällen möglich.

Kapitel 6 beschäftigt sich mit dem Einsatz des Modells EROSION-3D. Am Beispiel von Einzelereignissen werden die zeitlichen und räumlichen Veränderungen des Erosionsgeschehens im Gebiet Ilde untersucht. Zur Überprüfung der simulierten Bodenabträge wurden die im Rahmen von Erosionsschadenkartierungen geschätzten Abtragsmengen verwendet. Wie die Gegenüberstellung von Kartier- und Simulationsergebnissen zeigt, lagen die simulierten Abtragsbeträge in der Größenordnung, die auch unter Realbedingungen zu beobachten war. Große Abweichungen zwischen gemessenem und simuliertem Bodenabtrag ergaben sich dagegen für solche Parzellen, die in starkem Maße von linearer Bodenerosion betroffen waren. In diesen Fällen war keine realitätsnahe Abtragssimulation möglich.

Vergleiche mit Kartierergebnissen ergaben auch, daß die in der Realität auftretenden Bereiche mit höherem Sedimentaustrag ebenso wie die größeren Transportwege und die Akkumulationsbereiche vom Modell lagerichtig erkannt werden. Die Ausdehnung der Depositionsflächen wird dabei allerdings unterschätzt.

Mit dem Bodenabtrag kommt es zur Verlagerung von Stoffen, die an die Festsubstanz gebunden sind. Ein Problemstoff aus Sicht des Gewässerschutzes ist dabei der Phosphor. Als Datengrundlage für die Abschätzung der partikelgebundenen P-Anlieferung an Depositionsflächen im Gewässerrandbereich werden die vom Erosionsmodell E-3D rasterzellenbezogen berechneten Sedimentein- und -austräge sowie die Tongehalte im umgelagerten Sediment verwendet. Der Bestimmung des partikelgebunden transportierten Phosphors liegt ein Regressionsansatz zugrunde, der auf Feldberegnungsversuchen beruht. Im Unterschied zu den in anderen Modellen verwendeten "enrichment ratios", basiert das hier eingesetzte Modell nicht auf dem Zusammenhang zwischen der Bodenabtragsmenge und der P-Anreicherung. Es setzt vielmehr die P-Anreicherung im Abtragsboden mit der Tonanreicherung in Beziehung. Auf diese Weise ist es möglich, die korngrößenspezifische Selektivität bei der Abschätzung der partikelgebunden transportierten P-Menge direkt zu berücksichtigen.

10 Summary

The delimitation of areas exposed to erosion hazard, the recording of concentrated overland flow channels, the localization of transfer points of sediment transport on the edges of water bodies and the assessment of sediment input potentials at transfer points are indispensable for planning and implementing measures reducing runoff, soil erosion and water pollution caused by eroded sediment input. Soil erosion and its effects can be mapped and assessed and they can be quantified with the help of suitable measuring devices. In planning practice, for reasons of expenditure, a large-scale implementation of such procedures is not generally recommended. They may be indicated when smaller catchments are studied. The same applies to the implementation of dynamic and physically based runoff and erosion models. The latter are still faced with a number of problems, such as the absence of a high-resolution data base of time and space which is needed for dynamic process simulation, the limited applicability of the majority of such models and the fact that the simulation results cannot be verified by areas. Priority areas need to be determined in order to be able to utilize the uncontested advantages of physically based process models for areal management in "problem areas". In this volume the whole procedure, from the choice of the study area to the process-oriented simulation of the water and sediment transport process in smaller catchments, is described using a GIS-based "downscaling"-procedure as an example. A section of the loess-covered catchment of the rivers Leine and Innerste in southern Lower Saxony was chosen as study area.

Starting at the upper mesoscale, a selection of current assessment and evaluation procedures is assigned to each scale according to the quality and resolution of the base data which are or can be made available on the invidual scales at reasonable expenditure. In the course of the multistep procedure, the areas and surface runoff channels which are particularly relevant with regard to erosion hazard and sediment input into water bodies are defined and determined with increasing accuracy in terms of space. The targets are the lower mesoscale (small catchments) and the field scale. In order to characterize the process quantitatively and to map process fields which change with time and space (soil moisture, soil erosion and deposition, phosphate transport) dynamic simulation models are applied on this scale.

The model EROSION-3D (M. v. WERNER, 1995) was employed for the dynamic simulation of sediment transport on the surface. The following questions have arisen in connection with the application of this model.

1. How can the initial soil moisture as an important time-variable input parameter of the model E-3D be represented when differenciated by areas? Which factors have a deciding influence on the development of the spatial distribution patterns of the process variable 'soil moisture'? (Cf. chapter 5).

2. How can the erosion model E-3D be employed for the assessment of particulate phosphorus transport? Is there an interrelationship between the enrichment of clay and phosphorus in the eroded or accumulated sediment? (Cf. chapter 6)

The soil moisture was simulated with the help of the agrometeorological soil moisture model AMWAS (H. BRADEN, 1992). The extrapolation of the topsoil moisture and the areal representation of soil moisture fields are based on an empirical statistical model. This model takes account of the angle of incidence of direct solar radiation, which depends, among other things, on the relief parameters 'slope' and 'aspect', and it utilizes the topographical index 'ln(a/tan β)' (I. D. MOORE et al., 1994) and the curvature of the terrain.

Chapter 6 deals with the employment of the model EROSION-3D. Using individual results as examples the changes of the erosion activity in time and space are studied in the Ilde area. The simulated soil erosion was verified by comparing it with the eroded soil quantities as assessed in the process of erosion damage mappings. The base data for estimating the particulate P-transport and the P-delivery to deposition areas on the edges of water bodies are the amount of eroded and deposited sediment and the clay contents in the eroded sediment. All of these data are computed grid cell-oriented by the erosion model E-3D. A regression approach based on experiments with rainfall simulators on testplots helps determine the quantity of particulate P-transport for single events. As opposed to the enrichment ratios used in other models, the model used here is not based on the relationship between the quantity of eroded soil and P-enrichment. Rather, this model correlates the P-enrichment with the clay enrichment in the eroded and deposited soil. In this way, it is possible to directly take the particle-size-specific selectivity into account when assessing the particulate phosphorus transport.

11 Literaturverzeichnis

AG BODEN (1994): Bodenkundliche Kartieranleitung. 4.Aufl., Hannover.

ADDISCOTT, T. M. (1993): Simulation modelling and soil behaviour. - In: Geoderma, 60, S. 15-40.

ADDISCOTT, T. M. & N. A. MIRZA (1995): Modelling contaminant transport at catchment or regional scale. - Manuskript, Soil Science Dept., IACR-Rothamsted, Harpenden, Herts, 24 S.

ADDISCOTT, T. M. & R. J. WAGENET (1985): Concepts of solute leaching in soils: A review of modelling approaches. In: J. of Soil Science, 36, S. 411-424.

AKIN, H. & H. SIEMES (1988): Praktische Geostatistik. Eine Einführung für den Bergbau und die Geowissenschaften. Berlin - Heidelberg - New York.

ANDERSON, M. G. & T. P. BURT (1978): The role of topography in controlling throughflow generation. - In: Earth Surface Processes, Vol. 3, S. 331-344.

AUERSWALD, K. (1996): Jahresgang der Eintrittswahrscheinlichkeit erosiver Starkregen in Süddeutschland. - In: Zeitschr. f. Kulturtechn. u. Landentwickl., Bd. 37, S. 81-84.

AUERSWALD, K. (1993): Bodeneigenschaften und Bodenerosion. Wirkungswege bei unterschiedlichen Betrachtungsmaßstäben. = Relief, Boden, Paläoklima, Bd. 8, Berlin, Stuttgart.

AUERSWALD, K. (1989): Prognose des P-Eintrages durch Bodenerosion in die Gewässer der BRD. - In: Mitteil. Dtsch. Bodenkundl. Gesellsch., Bd. 59/II, S. 661-664.

AUERSWALD, K. (1989): Predicting nutrient enrichment from long-term average soil loss. - In: Soil Technology, Vol. 2, S. 271-277.

AUERSWALD, K. (1987): Sensitivität erosionsbestimmender Faktoren. - In: Wasser u. Boden, Bd. 39, S. 34-38.

AUERSWALD, K. & J. HAIDER (1992): Eintrag von Agrochemikalien in Oberflächengewässer durch Bodenerosion. - In: Zeitschr. f. Kulturtechn. u. Landentw., Bd. 33, S. 222-229.

AUERSWALD, K., W. FLACKE & L. NEUFANG (1988): Räumlich differenzierende Berechnung großmaßstäblicher Erosionsprognosekarten - Modellgrundlagen der dABAG. In: Zeitschr. Pflanzenernähr. u. Bodenkunde, 151, S. 369-373.

BARLING, R. D., I. D. MOORE & R. B. GRAYSON (1994): A quasi-dynamic wetness index for characterizing the spatial distribution of zones of surface saturation and soil water content. - In: Water Resources Research, Vol. 30, No. 4, S. 1029-1044.

BEASLEY, D. B. & L. F. HUGGINS (1982): ANSWERS - User Manual. = US Environmental Protection Agency, Chicago.

BEASLEY, D. B., L. F. HUGGINS & E. J. MONKE (1980): ANSWERS: A model for watershed planning. - In: Transactions of the American Society of Agricultural Engineers, 23, S. 938-944.

BECKER, A. (1992): Methodische Aspekte der Regionalisierung. - In: KLEEBERG, H.-B. [Hrsg.] (1992): Regionalisierung in der Hydrologie. Ergebnisse von Rundgesprächen der Deutschen Forschungsgemeinschaft. = Mitteilung XI der Senatskommission für Wasserforschung. VCH, Weinheim, S. 16-32.

BECKER, A. (1995): Problems and progress in macroscale hydrological modelling. - In: FEDDES, R. A. [Hrsg.] (1995): Space and time scale variability and interdependencies in hydrological processes, Cambridge, S. 135 - 143.

BEHRENS, L. (1998): Regionalisierung standörtlich modellierter Bodenfeuchten. = unveröffentl. Diplomarbeit am Geographischen Institut der Univ. Hannover, Abt. Phys. Geogr. und Landschaftsökologie.

BEINS-FRANKE, A., R. DUTTMANN & V. WICKENKAMP (1995): Anbindung objektbezogener Modellier- und Analysewerkzeuge an Geographische Informationssysteme - Beispiele für die Modellierung ökologischer Prozesse. In: BUZIEK, G. [Hrsg.] (1995): GIS in Forschung und Praxis, Stuttgart, S. 209-220.

BELMANS, C., J. G. WESSELING & R. A. FEDDES (1983): Simulation model of the water balance of a cropped soil: SWATRE. - In: J. of Hydrology, 63, S. 271-286.

BERGNER, U., J. KLAHRE & H. SCHRÖDER (1995): Korngrößendifferenzierungen durch Bodenerosion auf einem Testschlag im Saalekreis. - In: Mitteil. d. Fränk. Geogr. Gesellsch., Bd. 42, S. 119-131.

BEVEN, K. J. & I. D. MOORE [Hrsg.] (1994): Terrain analysis and distributed modelling in hydrology. Advances in hydrological processes. Chichester.

BEVEN, K. J. & M. J. KIRKBY [Hrsg.] (1993): Channel network hydrology. Chichester.

BEVEN, K. J., KIRKBY, M. J., N. SCHOFIELD & A. F. TAGG (1984): Testing a physically-based flood forecasting model (TOPMODEL) for three U.K. catchments. - In: Journ. of Hydrology, Vol. 69, S. 119-143.

BEVEN, K. J. & M. J. KIRKBY (1979): A physically-based variable contributing area model of basin hydrology. - In: Hydrol. Sciences Bulletin, Vol. 24, No. 1, S. 43-69.

BILL, R. (1996): Grundlagen der Geo-Informationssysteme. Band 2: Analysen, Anwendungen und neue Entwicklungen. Karlsruhe.

BILL, R. & D. FRITSCH (1991): Grundlagen der Geo-Informationssysteme. Band 1: Hardware, Software und Daten. Karlsruhe.

BLASCHKE, T. (1997): Landschaftsanalyse und -bewertung mit GIS. Methodische Untersuchungen zu Ökosystemforschung und Naturschutz am Beispiel der bayerischen Salzachauen. = Forsch. z. Dtsch. Landeskunde, Bd. 243, Trier.

BLAU, R. V., B. P. HÖHN, P. HUFSCHMIED & A. WERNER (1983): Ermittlung der Grundwasserneubildung aus Niederschlägen. - In: Gas, Wasser, Abwasser, 63, S. 45-54.

BOHNE, K. (1996): Möglichkeiten und Grenzen der Simulation des Wasser- und Stofftransports in mineralischen Substraten mit Hilfe von Modellen. - In: Zeitschr. f. Kulturtechn. u. Landentwicklung, 37, S. 40-47.

BOHNE, K., R. HORN & T. BAUMGARTL (1993): Bereitstellung von van-Genuchten-Parametern zur Charakterisierung der hydraulischen Bodeneigenschaften. - In: Zeitschr. Pflanzenernähr. Bodenk., 156, S. 229-233.

BORK, H.-R. (1991): Bodenerosionsmodelle - Forschungsstand und Forschungsbedarf. - In: Ber. über Landwirtsch., Sonderh. 205, S. 51-67.

BORK, H.-R. (1988): Bodenerosion und Umwelt. Verlauf, Ursachen und Folgen der mittelalterlichen und neuzeitlichen Bodenerosion. Bodenerosionsprozesse, Modelle und Simulationen. = Landschaftsgenese und Landschaftsökologie, H. 13, TU Braunschweig.

BORK, H.-R. & A. SCHRÖDER (1996): Quantifizierung des Bodenabtrags anhand von Modellen. In: BLUME, H.-P., P. FELIX-HENNINGSEN, W. R. FISCHER, H.-G. FREDE, R. HORN & K. STAHR [Hrsg.] (1996): Handbuch der Bodenkunde, 1. Erg. Lfg. 12/96, Landsberg/Lech, 44 S.

BRADEN, H. (1992): Das agrarmeteorologische Bodenwassermodell AMWAS - ein universell einsetzbares Modell zur Berechnung der Bodenwasserströme und -gehalte unter Berücksichtigung bodenwassergehaltsabhängiger Evapotranspirations- und Transpirationsreduktionen. = Beiträge zur Agrarmeteorologie Nr. 2/92, zugleich DWD Intern Nr. 47, Deutscher Wetterdienst, Offenbach/M.

BRAUN, M. (1991): Abschwemmung von gelöstem Phosphor auf Ackerland und Grasland während den Wintermonaten. - In: Landwirtschaft Schweiz, Bd. 4, H. 10, S. 555-560.

BRONSTERT, A. (1994): Modellierung der Abflußbildung und der Bodenwasserdynamik von Hängen. = Mitteil. d. Instituts f. Hydrologie u. Wasserwirtschaft, Universität Karlsruhe, H. 46, Karlsruhe.

BURROUGH, P. A., R. v. RIJN & M. RIKKEN (1996): Spatial data quality and error analysis issues: GIS functions and environmental modeling. - In: GOODCHILD, M. F., B. O. PARKS & L. T. STEYAERT [Eds.] (1996): GIS and environmental modeling: progress and research issues, Ft. Collins, CO., S. 29-34.

BURT, T. P. & D. P. BUTCHER (1986): Development of topographic indices for use in semi-distributed hillslope runoff models. - In: SLAYMAKER, O. & D. BALTEANU [Eds.] (1986): Geomorphology and Landmanagement, Berlin, S. 1-19.

BUZIEK, G [Hrsg.] (1995): GIS in Forschung und Praxis. Stuttgart.

CAPELLE, A. & R. LÜDERS (1985): Die potentielle Erosionsgefährdung der Böden in Niedersachsen. - In: Göttinger Bodenkundliche Ber., Bd. 83, S. 107-127.

CAMPBELL, G. S. (1985): Soil physics with Basic. Transport models for soil-plant-systems. Amsterdam.

CHORLEY, R. J. & B. A. KENNEDY (1971): Physical Geography. A system approach. London.

DE GLORIA, S. D. & R. J. WAGENET (1996): Modeling and visualizing soil behaviour at multiple scales. - In: GOODCHILD, M. F., B. O. PARKS & L. T. STEYAERT [Eds.] (1996): GIS and environmental modeling: Progress and research issues. Ft. Collins, CO., S. 59-62.

DE ROO, A. P. J. (1993): Modelling surface runoff and soil erosion on catchments using Geographical Information Systems. = Netherlands Geographical Studies, 157, Utrecht.

DE ROO, A. P. J. & R. J. E. OFFERMANS (1995): LISEM: A physically-based hydrologic and soil erosion model for basin scale water and sediment management. - In: Modelling and management of sustainable basin scale water resource systems, IAHS-Publ. No. 231, S. 339-448.

DE WILLIGEN, P. (1991): Nitrogen turn-over in the soil-crop system: comparison of fourteen models. - In: Fert. Res., 27, S. 141-149.

DESMET, P. J. J. & G. GOVERS (1996): A GIS procedure for automatically calculating the USLE LS factor on topographically complex landscape units. - In: J. Soil and Water Cons. Vol. 51 (5), S. 427-433.

DETTLING, W. (1989): Die Genauigkeit geoökologischer Feldmethoden und die statistischen Fehler quantitativer Modelle. = Physiogeographica, Basler Beiträge zur Physiogeographie, Bd. 11, Basel.

DEUTSCHER VERBAND FÜR WASSERWIRTSCHAFT UND KULTURBAU (DVWK) (1996): Ermittlung der Verdunstung von Land- und Wasserflächen. Merkblätter zur Wasserwirtschaft, 238, Bonn.

DEUTSCHER VERBAND FÜR WASSERWIRTSCHAFT UND KULTURBAU (DVWK) (1995): Kartieranleitung zur Bodenerosion durch Wasser. = Merkblätter zur Wasserwirtschaft, Entwurf März 1995, Bonn.

DEUTSCHER VERBAND FÜR WASSERWIRTSCHAFT UND KULTURBAU (DVWK) (1984): Arbeitsanleitung zur Anwendung von Niederschlags-Abfluß-Modellen in kleinen Einzugsgebieten. Teil 2: Synthese. = DVWK-Regeln zur Wasserwirtschaft, Bd. 113, Bonn.

DIEKKRÜGER, B. (1998): Regionalisierung von Wasserquantität und -qualität. Konzepte und Methoden. - In: Regionalisierung in der Landschaftsökologie. Fachtagung vom 31. März bis 2. April 1998, Zusammenfassung der Tagungsbeiträge. UFZ-Umweltforschungszentrum Leipzig-Halle GmbH.

DIEKKRÜGER, B. (1992): Standort- und Gebietsmodelle zur Simulation der Wasserbewegung in Agrarökosystemen. = Landschaftsökologie und Umweltforschung, Inst. f. Geographie und Geoökologie der TU Braunschweig, H. 19.

DIKAU, R. (1986): Experimentelle Untersuchungen zu Oberflächenabfluß und Bodenabtrag von Meßparzellen und landwirtschaftlichen Nutzflächen. = Heidelberger Geogr. Arbeiten, H. 81.

DOOGE, J. C. I. (1995): Scale problems in surface fluxes. - In: FEDDES, R.A. [Ed.] (1995): Space and time scale variability and interdependencies in hydrological processes. University Press, Cambridge, S. 21-32.

DRÄYER, D. (1996): GIS-gestützte Bodenerosionsmodellierung im Nordwestschweizerischen Tafeljura - Erosionsschadenskartierungen und Modellergebnisse. = Physiogeographica, Basler Beiträge zur Physiogeographie, Bd. 22, Basel.

DRÄYER, D. & J. FRÖHLICH (1994): Ein GIS-gestütztes Bodenerosionsmodell für zwei Untersuchungsgebiete im Hochrheintal und im Tafeljura (Schweiz). - In: Mitteil. Dtsch. Bodenkundl. Gesellsch., Bd. 74, S. 81-84.

DUNNE, T. & R. D. BLACK (1970): An experimental investigation of runoff production in permeable soils. - In: Water Resources Research 6, S. 478-490.

DUTTER, R. (1985): Geostatistik. = Mathematische Methoden in der Technik, 2, Stuttgart.

DUTTMANN, R. (1993): Prozeßorientierte Landschaftsanalyse mit dem geoökologischen Informationssystem GOEKIS. = Geosynthesis, Veröffentl. d. Abt. Physische Geographie u. Landschaftsökologie am Geographischen Institut der Univ. Hannover, H. 4, Hannover.

DUTTMANN, R., A. BEINS-FRANKE & V. WICKENKAMP (1996): Integration objektbezogener Modelle in Geographische Informationssysteme am Beispiel der dynamischen Modellierung ökologischer Prozesse. - In: Karlsruher Geoinformatik Report 1/96, S. 4-10.

DUTTMANN, R. & Th. MOSIMANN (1995): Der Einsatz Geographischer Informationssysteme in der Landschaftsökologie. - In: BUZIEK, G. [Hrsg.] (1995): GIS in Forschung und Praxis. Stuttgart, S. 43-59.

DUTTMANN, R., J. BIERBAUM, Th. MOSIMANN & J. VOGES (1998): Dimensionsübergreifende Modellierung des Wasser- und Stofftransportes am Beispiel eines GIS-basierten "downscalings". - In: Forsch. z. Dt. Landeskunde (im Druck).

ERNSTBERGER, H. (1987): Einfluß der Landnutzung auf Verdunstung und Wasserbilanz. = Diss. Uni Gießen.

EVERS, W. (1964): Der Landkreis Hildesheim - Marienburg. = Die Landkreise in Niedersachsen, Bd. 21, Bremen-Horn.

FEDDES, R. A. [Hrsg.] (1995): Space and time scale variability and interdependencies in hydrological processes. University Press, Cambridge.

FEDRA, K. (1996): Distributed models and embedded GIS. Integration strategies and case studies. - In: GOODCHILD, M. F., B. O. PARKS & L. T. STEYAERT [Eds.] (1996): GIS and environmental modeling: Progress and research issues. Ft. Collins, CO., S. 413-418.

FEDRA, K. (1993): GIS and environmental modeling. - In: GOODCHILD, M. F., B. O. PARKS & L. T. STEYAERT [Eds.] (1993): Environmental modeling with GIS. New York, Oxford, S. 35-48.

FERREIRA, V. A. & R. E. SMITH (1992): OPUS - An integrated simulation model for transport of nonpoint-source pollutants at the field scale. = User Manual, Vol. 90, USDA-ARS, Washington, D.C.

FISCHER, D. (1996): Die Erfassung und digitale Aufbereitung der Böden im Projektgebiet Ilde (Landkreis Hildesheim) - unter besonderer Berücksichtigung des Filterpotentials. = Unveröffentl. Diplomarbeit am Geograph. Institut der Univ. Hannover.

FLACKE, W., K. AUERSWALD & L. NEUFANG (1990): Combining a modified Universal Soil Loss Equation with a digital terrain model for computing high resolution maps of soil loss resulting from rain wash. - In: Catena, 17, S. 383-397.

FRÄNZLE, O. (1992): Modellierung des Chemikalienverhaltens in Boden und Grundwasser. - In: BLUME, H.-P. [Hrsg.] (1992): Handbuch des Bodenschutzes, 2. Aufl., Landsberg/Lech, S. 108-120.

FRANKE, M. (1996): Simulation des Wasserhaushaltes topischer Raumeinheiten als Funktionselement landschaftshaushaltlicher Prozesse. = Geosynthesis, Veröffentl. der Abt. Physische Geographie und Landschaftsökologie am Geographischen Institut der Univ. Hannover, H. 8, Hannover.

FRERE, M. H., J. D. ROSS & L. J. LANE (1980): The nutrient submodel. Simulation of the surface hydrology. - In: KNISEL, W. G. [Ed.] (1980): CREAMS. A field scale model for chemicals, runoff, and erosion from agricultural management systems. = US Dep. of Agric., Conserv. Res. Rep. No. 26, Vol. 1, Ch. 4, S. 65-86.

FRIELINGHAUS, M. (1990): Boden- und Nährstoffabtrag durch Wassererosion auf Moränenstandorten. - In: Arch. Acker-, Pflanzenbau, Bodenkd., Bd. 34, S. 587-597.

FRIELINGHAUS, M., K. HELMING, D. DEUMLICH, & R. FUNK (1994): Gegenstand und Defizite in der regionalen Bodenerosionsforschung. - In: Mitteil. Dtsch. Bodenkundl. Gesellsch., Bd. 74, S. 71-74.

GERLINGER, K. (1997): Erosionsprozesse auf Lößböden: Experimente und Modellierung. = Mitteil. Inst. f. Wasserbau und Kulturtechnik, Universität Karlsruhe, H. 194.

GERLINGER, K. (1994): Untersuchungen zur Prognostizierung der Erosionsneigung von Böden als Grundlage eines Modells für die Gewässerbelastung durch Feststoffeintrag. - In. Mitteil. Dtsch. Bodenkundl. Gesellsch., Bd. 74, S. 97-100.

GERLINGER, K. & U. SCHERER (1997): Quantifizierung und Modellierung des Feststoff- und Phosphatabtrages von landwirtschaftlichen Nutzflächen. - In: Mitteil. Dtsch. Bodenkundl. Gesellsch., Bd. 83, S. 419-422.

GEROLD, G., R. REUM & S. WAGNER (1992): Flächenhafte Erfassung der Bodenparameter, Bodendifferenzierung und Bodenerosion. - In: PLATE, E. [Hrsg.] (1992): Weiherbach-Projekt. Prognosemodell für die Gewässerbelastung durch Stofftransport aus einem kleinen ländlichen Einzugsgebiet. = Schlußbericht zur 1. Phase des BMFT-Verbundprojektes, Inst. f. Hydrologie und Wasserwirtschaft, Univ. Karlsruhe, S: 157-202.

GÖPFERT, W. (1991): Raumbezogene Informationssysteme. Grundlagen der integrierten Verarbeitung von Punkt-, Vektor- und Rasterdaten, Anwendungen in Kartographie, Fernerkundung und Umweltplanung. 2. Aufl., Karlsruhe.

GOODCHILD, M. F. (1993): The state of GIS for environmental problem-solving. - In: GOODCHILD, M. F., B. O. PARKS & L. T. STEYAERT [Eds.] (1993): Environmental modeling with GIS. New York, Oxford, S. 8-15.

GOODCHILD, M. F., B. O. PARKS & L. T. STEYAERT [Eds.] (1996): GIS and environmental modeling: Progress and research issues. = GIS World Books, Ft. Collins, CO.

GOODCHILD, M. F., B. O. PARKS & L. T. STEYAERT [Eds.] (1993): Environmental modeling with GIS. New York, Oxford.

GREEN, W. H. & G. A. AMPT (1911): Studies on soil physics. I: The flow of air and water through soils. - In: J. Agr. Sci. 4, S. 1-24.

GÜNTHER, O., K. P. SCHULZ & J. SEGGELKE [Hrsg.] (1992): Umweltanwendungen geographischer Informationssysteme. Karlsruhe.

HASENPUSCH, K. (1995): Nährstoffeinträge und Nährstofftransport in den Vorflutern zweier landwirtschaftlich genutzter Einzugsgebiete. In: Wiss Mitteil. d. Bundesforschungsanstalt für Landwirtschaft, Braunschweig-Völkenrode, Sonderheft 158, Völkenrode.

HAASE, G. (1967): Zur Methodik großmaßstäbiger landschaftsökologischer naturräumlicher Erkundung. - In: Wiss. Abh. Geogr. Ges. DDR, Bd. 5, S. 35-128.

HAINES-YOUNG, R., D. GREEN & S. COUSINS [Eds.] (1993): Landscape ecology and Geographic Information Systems, London.

HARTGE, K.-H. & R. HORN (1989): Die physikalische Untersuchung von Böden. 2. Aufl., Stuttgart.

HATZFELD, F. & H. WERNER (1989): Untersuchung über Ansätze und Modelle zur Langfristsimulation von Erosionsprozessen auf landwirtschaftlichen Nutzflächen. = Spezielle Berichte der Kernforschungsanlage Jülich, Nr. 546, Jülich.

HAUDE, W. (1955): Zur Bestimmung der Verdunstung auf möglichst einfache Weise. = Mitt. Dtsch. Wetterdienst, Nr. 11, Bad Kissingen.

HENNING, A. (1992): Vergleich verschiedener Methoden zur Berechnung und Simulation des Bodenwasserhaushaltes - dargestellt am Beispiel von Auenböden bei Hennef/Sieg. = Bonner Bodenkundl. Abh., 6, Bonn.

HENNING, A. & H. ZEPP (1992): Simulation der Bodenwasserdynamik mit linearen und nicht-linearen Speicherkaskaden. Eine praxisorientierte Alternative zu bodenphysikalisch-deterministischen Modellen. - In: Dtsch. Gewässerkundl. Mitteil., 36, S. 108-115.

HENNINGS, V. [Koord.] (1994): Methodendokumentation Bodenkunde. Auswertungsmethoden zur Beurteilung der Empfindlichkeit und Belastbarkeit von Böden. = Geol. Jahrb., Reihe F, H. 31, Hannover.

HENSEL, H. & H.-R. BORK (1988): EDV-gestützte Bilanzierung von Erosion und Akkumulation in kleinen Einzugsgebieten unter Verwendung der modifizierten Universal Soil Loss Equation. - In: Landschaftsökologisches Messen und Auswerten, H. 2/3, Braunschweig, S. 107-136.

HERZ, K. (1973): Beitrag zur Theorie der landschaftsanalytischen Maßstabsbereiche. - In: Petermanns Geogr. Mitt., 117 (2), S. 91-96.

HEYNE, H. (1969): Diagramme zur Bestimmung der extraterrestrischen Hangbestrahlung. = Mitt. Inst. f. Geophysik und Meteorologie Univ. Köln.

HÖVERMANN, J. (1963): Die naturräumlichen Einheiten auf Blatt 99. - In: Geographische Landesaufnahme 1:200.000, Naturräumliche Gliederung Deutschlands, Bad Godesberg, S. 34-35.

HOLTAN, H., L. KAMP-NIELSEN & A. O. STUANES (1988): Phosphorus in soil, water and sediment: An overview. - In: Hydrobiologia, 170, S. 19-34.

HOSANG, J. (1995): Wasser- und Stoffhaushalt von Lößböden im Niederen Sundgau (Region Basel). Messung und Modellierung. = Physiogeographica, Basler Beiträge zur Physiogeographie, Bd. 19, Basel.

HOYNINGEN-HUENE v., J. F. (1983): Die Interzeption des Niederschlages in landwirtschaftlichen Pflanzenbeständen. Schriftenreihe des DVWK, Nr. 57, Einfluß der Landnutzung auf den Gebietswasserhaushalt, Hamburg und Berlin.

HÜTTER, L. A. (1994): Wasser und Wasseruntersuchung. Frankfurt/M.

HUTSON, J. L. & R. J. WAGENET (1989): Leaching estimation and chemistry model (LEACHM), a process-based model of water and solute movement, transformations, plant uptake and chemical reactions in the unsaturated zone. = Dept. of Agronomy Cornell University, Ithaka, N.Y. Continuum Vol. 2, New York State Water Resources Inst., Cornell Univ., Ithaka/N.Y.

HUWE, B., H. GÖLZ-HUWE & J. EBERHARDT (1994): Parameterschätzungen und Modellrechnungen zum Gebietswasserhaushalt kleiner, heterogener Einzugsgebiete mit einfachen Modellkonzepten. - In: Mitt. Dtsch. Bodenkundl. Gesellsch., Bd. 74, S. 273-276.

HUWE, B. & R. R. VAN DER PLOEG (1988): Modelle zur Simulation des N-Haushaltes von Standorten mit unterschiedlicher landwirtschaftlicher Nutzung. = Mitt. Inst. f. Wasserbau, Universität Stuttgart, H. 69, Stuttgart.

INTERNATIONAL GROUND WATER MODELING CENTER (IGWMC) (1994): Ground-Water Software Catalog Fall 1994. = Colorado School of Mines, Golden, USA.

JETTEN, V., J. BOIFFIN & A. DE ROO (1996): Defining monitoring strategies for runoff and erosion studies in agricultural catchments: A simulation approach. - In: Europ. Journ. of Soil Science, 47, S. 579-592.

JOURNEL, A. G. & C. J. HUIJBREGTS (1978): Mining Geostatistics. Academic Press, London - New York - San Francisco.

KAINZ, M. & A. EICHER (1990): Der Weihenstephaner Schwenkdüsenregner. Manuskript Lehrstuhl f. Bodenkunde, TU München.

KERSEBAUM, K. C. (1989): Die Simulation der Stickstoff-Dynamik von Ackerböden. = Diss. Universität Hannover.

KIRKBY, M. J. (1993): Long term interactions between networks and hillslopes. - In: BEVEN, K. J. & M. J. KIRKBY [Eds.] (1993): Channel network hydrology. Chichester, S. 256-293.

KIRKBY, M. J. & R. J. CHORLEY (1967): Throughflow, overland flow and erosion. - In: Intern. Association for Scientific Hydrol. Bulletin, 12, S. 5-21.

KIRKBY, M. J., A. C. IMESON, G. BERGKAMP & L. H. CAMMERAAT (1996): Scaling up processes and models from the field plot to the watershed and regional areas. - In: J. Soil and Water Cons., Vol. 51 (5), S. 391-396.

KLAUBE, M. (1994): Bibliographie des heimatlichen Schrifttums über den Ambergau - Stadtgebiet Bockenem. Bockenem.

KLEEBECK, P. (1996): Einflußgrößen partikelgebundener Phosphattransporte auf landwirtschaftlich genutzten Flächen im Raum Ilde. = Unveröffentl. Diplomarbeit am Geographischen Institut der Univ. Hannover, Abt. Phys. Geogr. und Landschaftsökologie.

KLEEBERG, H.-B. [Hrsg.] (1992): Regionalisierung in der Hydrologie. Ergebnisse von Rundgesprächen der Deutschen Forschungsgemeinschaft. = Mitteilung XI der Senatskommission für Wasserforschung. VCH, Weinheim.

KLEEBERG, H.-B. (1992): Diskussionsergebnisse (Kap. 9). - In: KLEEBERG, H.-B. [Hrsg.] (1992): Regionalisierung in der Hydrologie. Ergebnisse von Rundgesprächen der Deutschen Forschungsgemeinschaft. = Mitteilung XI der Senatskommission für Wasserforschung. VCH, Weinheim, S. 410-429.

KLUG, H. & R. LANG (1983): Einführung in die Geosystemlehre. = Die Geographie. Einführungen in Gegenstand, Methoden und Ergebnisse ihrer Teilgebiete und Nachbarwissenschaften. Darmstadt.

KNIGGE, U. (1996): Erfassung und digitale Aufbereitung der Böden im Projektgebiet Ilde (Landkreis Hildesheim) und Beurteilung ihrer Gefährdung durch Bodenerosion. = Unveröffentl. Diplomarbeit am Geogr. Institut der Univ. Hannover.

KNISEL, W. G. [Ed.] (1980): CREAMS - A field scale model for chemicals, runoff, and erosion from agricultural management systems. = US Department of Agriculture, Conserv. Res. Report, No. 26, Tucson.

KÖNNECKER, K. (1996): Einflußgrößen partikelgebundener Phosphattransporte auf landwirtschaftlich genutzten Flächen im Raum Wöllersheim - Lamspringe. = Unveröffentl. Diplomarbeit am Geographischen Institut der Univ. Hannover, Abt. Phys. Geogr. und Landschaftsökologie.

KRAMER, M. (1973): Beziehungen zwischen mittel- und großmaßstäblicher Landschaftsanalyse - dargestellt an Beispielen aus dem Bezirk Dresden. - In: Petermanns Geogr. Mitt., 117 (2), S. 101-106.

KREUTER, H. (1996): Ingenieurgeologische Aspekte geostatistischer Methoden. = Veröffentl. Inst. Bodenmechanik und Felsmechanik der Universität Fridericiana in Karlsruhe, H. 138, Karlsruhe.

KRYSIAK, H. (1995): Modellierung der Bodenerosion im Gebiet Mehle mit den Modellen Erosion-2D und Erosion-3D. = Unveröffentl. Diplomarbeit am Geographischen Institut der Univ. Hannover, Abt. Phys. Geogr. u. Landschaftsökologie.

KURON, H. (1953): Bodenerosion und Nährstoffprofil. - In: Mitteil. aus d. Inst. f. Raumforschung, H. 20, Bonn-Bad Godesberg, S. 73-91.

LAFLEN, J. M., L. J. LANE & G. R. FOSTER (1991): WEPP: A new generation of erosion prediction technology. - In: J. of Soil and Water Conservation, 46 (1), S. 34-38.

LANE, L. J. & M. A. NEARING (1989): USDA Water Erosion Prediction Project: Hillslope profile version model documentation. = USDA-ARS, National Soil Erosion Research Report, 2, West Lafayette, Indiana.

LANFER, N. (1995): Wasserbilanz und Bestandsklima als Grundlage einer agrarklimatischen Differenzierung in der Costa Ecuadors. = Göttinger Beitr. z. Land- und Forstwirtschaft in den Tropen und Subtropen, H. 104, Göttingen.

LAWS, J. D. & D. A. PARSONS (1943): The relation of the fall-velocity of water drops and rain drops. - In: Transact. Americ. Geophysic. Union, Part 3, No. 21, S. 709-721.

LEHMANN, W. (1995): Anwendung geostatistischer Verfahren auf die Bodenfeuchte in ländlichen Einzugsgebieten. = Mitt. Inst. f. Hydrologie und Wasserwirtschaft, Universität Karlsruhe, H. 52, Karlsruhe.

LESER, H. (1997): Landschaftsökologie. Ansatz, Modelle, Methodik, Anwendung. UTB 521, Stuttgart.

LESER, H. & D. M. SCHAUB (1995): Geoecosystems and landscape climate - The approach to biodiversity on landscape scale. - In: GAIA - Ecological Perspectives in Science, Humanities and Economics, 4, No. 4, S. 212-220.

LESER, H. & H.-J. KLINK [Hrsg.] (1988): Handbuch und Kartieranleitung Geoökologische Karte 1:25.000 (KA GÖK 25). = Forsch. z. Dt. Landeskunde, Bd. 228, Trier.

LEWIS, S. M., B. J. BARFIELD, D. E. STORM & L. E. ORMSBEE (1994): PRORIL - An erosion model using probability distributions for rill flow and density. II. Model validation. - In: Transact. of the ASAE, Vol. 37(1), S. 125-133.

LOGAN, T. J. (1980): The role of soil and sediment chemistry in modeling nonpoint sources of phosphorus. In: OVERCASH, M. R. & J. M. DAVIDSON [Eds.] (1980): Environmental Impact of Nonpoint Source Pollution.

LÖPMEIER, F. J. (1983): Agrarmeteorologisches Modell zur Berechnung der aktuellen Verdunstung (AMBAV). = Beiträge zur Agrarmeteorologie, Nr. 7/83, Braunschweig.

LUDWIG, B. J., J. BOIFFIN, J. CHADOEUF & A. V. AUZET (1995): Hydrologic structure and erosion damage caused by concentrated flow in cultivated catchments. - In: Catena, 25, S. 227-252.

LUTZ, W. (1984): Berechnung von Hochwasserabflüssen unter Anwendung von Gebietskenngrößen. = Mitteil. Inst. f. Hydrologie und Wasserwirtschaft Universität Karlsruhe (TH), H. 24, Karlsruhe.

MAIDMENT, D. R. (1996): Environmental modeling with GIS. - In: GOODCHILD, M. F., B. O. PARKS & L. T. STEYAERT [Eds.] (1996): GIS and environmental modeling: Progress and research issues. GIS World Books, Ft. Collins, CO., S. 313-323.

MARKS, R., M. J. MÜLLER, H. LESER & H.-J. KLINK (1989): Anleitung zur Bewertung des Leistungsvermögens des Landschaftshaushaltes (BA LVL). = Forsch. z. Dt. Landeskunde, Bd. 229, Trier.

MARSAL, D. (1976): Die numerische Lösung partieller Differentialgleichungen in Wissenschaft und Technik. = Bibliogr. Inst. Mannheim.

MASSAY, H. F. & M. L. JACKSON (1952): Selective erosion of soil fertility constituents. - In: Soil Sci. Soc. Americ. Proceed., 16, S. 353-356.

MATHERON, G. (1971): The theory of regionalized variables and its applications = Les Cahiers du Centre de Morphologie Mathématique de Fontainebleau, Fasc. 5.

McDOWELL, L. L., J. D. SCHREIBER & H. B. PIONKE (1980): Estimating soluble PO_4-P and labil phosphorus in runoff from cropland. - In: KNISEL, W. G. [Ed.] (1980): CREAMS: A field scale model for chemicals, runoff, and erosion from agricultural management systems. = US Dep. of Agric., Conserv. Res. Rep. No. 26, S. 509-533.

MEISEL, S. (1960): Die naturräumlichen Einheiten auf Blatt 86, Hannover. - In: Geographische Landesaufnahme 1:200.000, Naturräumliche Gliederung Deutschlands, Bad Godesberg, S. 25-33.

MENZEL, R. G. (1980): Enrichment ratios for water quality modeling. - In: KNISEL, W. G. [Ed.] (1980) CREAMS: A field scale model for chemicals, runoff and erosion from agricultural management systems. = US Dep. of Agric., Conserv. Res. Rep. No. 26, S. 486-492.

MICHAEL, A., J. SCHMIDT & W. A. SCHMIDT (1996): Erosion-2D. Ein Computermodell zur Simulation der Bodenerosion durch Wasser. - In: Sächs. Landesanst. f. Landwirtsch. u. Sächs. Landesamt f. Umwelt und Geol. [Hrsg.] (1996): Erosion-2D/3D. Ein Computermodell zur Simulation der Bodenerosion durch Wasser, Bd. 1., Dresden, 150 S.

MITCHENER, W., J. BRANT & S. STAFFORD [Eds.] (1994): Environmental information management and analysis: Ecosystem to Global Scales. London.

MOLLENHAUER, K., S. MÜLLER & B. WOHLRAB (1985): Oberflächenabfluß und Stoffabtrag von landwirtschaftlich genutzten Flächen. Untersuchungsergebnisse aus dem Einzugsgebiet einer Trinkwassertalsperre. - In: DVWK-Schriften, H. 71, S. 103-183.

MONTEITH, J. L. (1965): Evaporation and environment. - State and movement of water in living organisms. - In: Symp. Soc. Exp. Biology, Vol. 19, S. 205-234.

MONTENEGRO FERRIGNO, H. (1995): Parameterbestimmung und Modellierung der Wasserbewegung in heterogenen Böden. = Fortschritt-Berichte VDI, Reihe 15, Nr. 134, Düsseldorf.

MOORE, I. D., R. B. GRAYSON & A. R. LADSON (1994): Digital terrain modelling: A review of hydrological, geomorphological and biological applications. - In: BEVEN, K. J. & I. D. MOORE [Eds.] (1994): Terrain analysis and distributed modelling in hydrology. Advances in Hydrological Processes. Chichester, S. 7-34.

MOORE, I. D., A. K. TURNER, J. P. WILSON, S. K. JENSON & L. E. BAND (1993): GIS and land surface-subsurface process modeling. - In: GOODCHILD, M. F., B. O. PARKS & L. T. STEYAERT [Eds.] (1993): Geographic Information Systems and Environmental Modeling, Oxford, S. 196-230.

MOORE, I. D., E. M. O'LOUGHLIN & G. J. BURCH (1988): A contour-based topographic model for hydrological and ecological applications. - In: Earth Surface Processes and Landforms, Vol. 132, S. 305-320.

MORGAN, R. P. C., J. N. QUINTON & R. J. RICKSON (1992): EUROSEM: Documentation Manual (Version 1). Sillsoe College, Sillsoe.

MOSIMANN, Th. (1997): Prozeß-Korrelations-System des elementaren Geoökosystems. - In: LESER, H. (1997): Landschaftsökologie. Ansatz, Modelle, Methodik, Anwendung. UTB 521, Stuttgart, S. 262-270.

MOSIMANN, Th. (1995): Schätzung der Bodenerosion in der Praxis und Beurteilung der Gefährdung der Bodenfruchtbarkeit durch Bodenabtrag. In: BoS, 19. Lfg IX/95, S. 1-34.

MOSIMANN, Th. (1984): Landschaftsökologische Komplexanalyse. Wiesbaden (a).

MOSIMANN, Th. (1984): Methodische Grundprinzipien für die Untersuchung von Geoökosystemen in der topologischen Dimension. - In: Geomethodica, Veröffentl. 9. Basler Geometh. Coll., H. 9, S. 31-65 (b).

MOSIMANN, Th. (1978): Der Standort im landschaftlichen Ökosystem. Ein Regelkreis für den Strahlungs-, Wasser- und Nährstoffhaushalt als Forschungsansatz für die komplexe Standortanalyse in der topologischen Dimension. - In: Catena, 5, S. 351-364.

MOSIMANN, Th., A. MAILLARD, A. MUSY, J.-A. NEYROUD, M. RÜTTIMANN & P. WEISSKOPF (1991): Erosionsbekämpfung in Ackerbaugebieten. Prozesse und Ursachen der Bodenerosion - Bodenerhaltungsziel - Gefährdungsschätzung - Schutzmaßnahmen im Landwirtschaftsbetrieb und im Einzugsgebiet. Ein Leitfaden für die Bodenerhaltung. = Nationales Forschungsprogramm „Nutzung des Bodens in der Schweiz", Liebefeld-Bern.

MOSIMANN, Th. & M. RÜTTIMANN (1996): Abschätzung der Bodenerosion und Beurteilung der Gefährdung der Bodenfruchtbarkeit. Grundlagen zum Schlüssel für Betriebsleiter und Berater mit den Schätztabellen für Südniedersachsen. = Geosynthesis, Veröffentl. d. Abt. Physische Geographie u. Landschaftsökologie am Geographischen Institut der Univ. Hannover, H. 9, Hannover.

MOSIMANN, Th. & M. RÜTTIMANN (1995): Bodenerosion selber abschätzen. Ein Schlüssel für Betriebsleiter und Berater. = Volkswirtschafts- und Sanitätsdirektion des Kantons Basel-Landschaft, Landwirtschaftliches Zentrum Ebenrain, Amt für Umweltschutz und Energie, Terragon Ecoexperts AG [Hrsg.], Liestal.

MUALEM, Y. (1976): A new model for predicting the hydraulic conductivity of unsaturated porous media. - In: Water Resources Research, 12, S. 513-522.

MÜLLER-WESTERMEIER, G. (1990): Klimadaten der Bundesrepublik Deutschland, Zeitraum 1951-1980. Offenbach/M.

NEARING, M. A., L. DEER-ASCOUGH & J. M. LAFLEN (1990): Sensitivity analysis of the WEPP hillslope profile erosion model. = Transcations of the ASAE, Vol. 33, No. 3.

NEEF, E. (1963): Dimensionen geographischer Betrachtungen. - In: Forsch. u. Fortschr., Bd. 37, S. 361-363.

NEEF, E., G. SCHMIDT & M. LAUCKNER (1961): Landschaftsökologische Untersuchungen an verschiedenen Physiotopen in Nordwestsachsen. = Abhandl. d. Sächs. Akademie d. Wiss. zu Leipzig, Math.-nat. Kl., Bd. 47, H. 1, Berlin.

NELSON, D. W. & T. J. LOGAN (1983): Chemical processes and transport of phosphorus. - In: SCHALLER, F. W & G. W. BAILEY [Eds.] (1983): Agricultural management and water quality. Part 2: Agricultural nonpoint sources and pollutant processes, Iowa, S. 65-91.

NEUFANG, L., K. AUERSWALD & W. FLACKE (1989): Automatisierte Erosionsprognose- und Gewässerverschmutzungskarten mit Hilfe der dABAG - ein Beitrag zur standortgerechten Bodennutzung. - In: Bayer. Landwirtschaftl. Jahrb., Bd. 66, H. 7, S. 771-789 (a).

NEUFANG, L., K. AUERSWALD & W. FLACKE (1989): Räumlich differenzierende Berechnung großmaßstäblicher Erosionsprognosekarten - Anwendung der dABAG in der Flurbereinigung und Landwirtschaftsberatung. - In: Zeitschr. f. Kulturtechn. u. Landentw., 30, S. 233-241 (b).

NICHOLLS, P. H., R. H. BROMILOW, & T. M. ADDISCOTT (1982): Measured and simulated behaviour of floumeturon, aldoxycarb and chloride ion in a structured soil. - In: Pesticide Sci., 13, S. 475-483.

NICKS, A. D. & L. J. LANE (1989): Weather Generator. - In: LANE, L. J. & M. A. NEARING [Eds.] (1989): USDA-Water Erosion Prediction Project: Hillslope Profile Model Documentation, Vol. 2, USDA-ARS, National Soil Erosion Lab., West Lafayette, Indiana, S. 2.1-2.19

NOLTE, C. (1991): Stickstoff- und Phosphoreintrag über diffuse Quellen in Fließgewässer des Elbeeinzugsgebietes im Bereich der ehemaligen DDR. = Schriftenreihe Agrarspectrum, Frankfurt.

PEINEMANN, N. & E. BRUNOTTE (1982): Nährstoffgehalte von Lößböden - Toposequenzen in Südniedersachsen und Franken unter dem Einfluß der Bodenerosion. - In: Catena, Bd. 9, S. 307-318.

PENMAN, H. (1948): Natural evapotranspiration from open water, bare soil and grass. - In: Proceedings of the Royal Society of London, Series A: Mathematical and Physical Sciences, 193, S. 120-154.

PLATE, E. J. [Hrsg.] (1992): Weiherbach-Projekt. Prognosemodell für die Gewässerbelastung durch Stofftransport in einem kleinen ländlichen Einzugsgebiet. = Schlußbericht zur 1. Phase des BMFT-Verbundprojektes. Institut f. Hydrologie und Wasserwirschaft, Univ. Karlsruhe, H. 41.

PLATE, E. J. (1992): Skalen in der Hydrologie: Zur Definition von Begriffen. - In: KLEEBERG, H.-B. [Hrsg.] (1992): Regionalisierung in der Hydrologie. Ergebnisse von Rundgesprächen der Deutschen Forschungsgemeinschaft. = Mitteilung XI der Senatskommission für Wasserforschung. VCH, Weinheim, S. 33-44.

POESEN, J. W., J. BOARDMAN, B. WILCOX & C. VALENTIN (1996): Water erosion monitoring and experimentation for global change studies. - In: J. Soil and Water Cons., Vol. 51 (5), S. 386-390.

PRASUHN, V. (1991): Bodenerosionsformen und -prozesse auf tonreichen Böden des Basler Tafeljura (Raum Anwil, BL) und ihre Auswirkungen auf den Landschaftshaushalt. = Physiogeographica, Basler Beiträge zur Physiogeographie, Bd. 16, Basel.

PRASUHN, V. & M. BRAUN (1994): Abschätzung der Gewässerbelastung durch Erosion im Kanton Bern. - In: Mitteil. Dtsch. Bodenkundl. Gesellsch., Bd. 74, S. 119-122.

QUATTROCHI, D. A. & M. F. GOODCHILD [Eds.] (1997): Scale in remote sensing and GIS. CRC Press, Boca Raton.

RAPER, J. & D. LIVINGSTONE (1996): High-level coupling of GIS and environmental process modeling. - In: GOODCHILD, M. F., B. O. PARKS & L. T. STEYAERT [Eds.] (1996): GIS and environmental modeling: Progress and research issues. GIS World Books, Ft. Collins, CO., S. 387-390.

RAPER, J. F. (1989): The 3-dimensional geoscientific mapping and modeling system: A conceptual design. - In: RAPER, J. F. [Ed.] (1989): Three dimensional applications in Geographical Information Systems, Taylor & Francis Ltd., London, S. 11-19.

RAWLS, W. J. & D. L. BRAKENSIEK (1985): Prediction of soil water properties for hydrological modeling. - In: E. B. JONES & T. J. WARD [Eds.] (1985): Proceedings of the symposion „Watershed management in the eighties", Denver, S. 293-299.

REICHE, E.-W. (1991): Entwicklung, Validierung und Anwendung eines Modellsystems zur Beschreibung und flächenhaften Bilanzierung der Wasser- und Stickstoffdynamik in Böden. = Kieler Geographische Schriften, Bd. 79, Kiel.

RICHTER, G. (1965): Bodenerosion: Schäden und gefährdete Gebiete in der Bundesrepublik. - In: Forsch. z. Dtsch. Landeskunde, Bd. 152, S. 272-279.

ROGLER, H. (1981): Die Erosivität der Niederschläge in Bayern. Diplomarbeit, Lehrstuhl f. Bodenkunde, TU München.

RENARD, K. G., G. R. FOSTER, G. A. WEESIES, D. K. McCOOL & D. C. YODER [Coordinators] (1997): Predicting soil erosion by water: A guide to conservation planning with the Revised Universal Soil Loss Equation (RUSLE). = US Department of Agriculture, Agricultural Research Service, Agriculture Handbook No. 703, Tucson.

RENARD, K. G., G. R. FOSTER, G. A. WEESIES & J. P. PORTER (1991): RUSLE - Revised Universal Soil Loss Equation. - In: J. Soil and Water Cons., Vol. 46, S. 30-33.

RENGER, M., O. STREBEL & W. GIESEL (1974): Beurteilung bodenkundlicher, kulturtechnischer und hydrologischer Fragen mit Hilfe klimatischer Wasserbilanz und bodenphysikalischen Kennwerten. - In: Zeitschr. f. Kulturtechnik u. Flurbereinigung, 15, S. 148-160, 206-221, 263-271, 353-366.

RENGER, M. & O. STREBEL (1980): Jährliche Grundwasserneubildungsrate in Abhängigkeit von Bodennutzung und Bodeneigenschaften. - In: Wasser und Boden, 32, S. 326-366.

RICHTER, O., B. DIEKKRÜGER & P. NÖRTERSHEUSER (1996): Environmental fate modelling of pesticides. From the laboratory to the field scale. VCH, Weinheim.

RITCHIE, J. T., D. C. GODWIN & S. OTTER-NACKE (1989): CERES-Wheat. A simulation model of wheat growth and development. Texas A & M Press.

ROBINSON, N. (1966): Solar Radiation. Amsterdam, London, New York, 347 S.

RÖPKE, T. (1997): Modellierung der Bodenwassergehalte von Standorteinheiten im Niedersächsischen Berg- und Hügelland im Hinblick auf die räumliche Extrapolation des ökologischen Prozeßfaktors Bodenfeuchte. = Unveröffentl. Diplomarbeit am Geographischen Institut der Univ. Hannover, Abt. Phys. Geogr. u. Landschaftsökologie.

ROHR, W., Th. MOSIMANN, R. BONO, M. RÜTTIMANN & V. PRASUHN (1990): Kartieranleitung zur Aufnahme von Bodenerosionsformen und -schäden auf Ackerflächen. Legende, Erläuterungen zur Kartiertechnik, Schadensdokumentation und Fehlerabschätzung. = Materialien zur Physiogeographie, H. 14, Basel.

ROSENBOOM, W. (1997): Experimentelle Untersuchungen zum partikelgebundenen Phosphattransport auf Ackerflächen im Einzugsgebiet der Lamme. = Unveröffentl. Diplomarbeit am Geographischen Institut der Univ. Hannover, Abt. Phys. Geogr. u. Landschaftsökologie.

RÜTTIMANN, M. & V. PRASUHN (1993): Feldmeßgerät zur Erfassung von flächenhafter Bodenerosion und Stofffrachten auf Maisflächen. - In: Zeitschr. f. Kulturtechnik und Landentwicklung, 34, S. 338-348.

SAUERBORN, P. (1994): Die Erosivität der Niederschläge in Deutschland. Ein Beitrag zur quantitativen Prognose der Bodenerosion durch Wasser in Mitteleuropa. = Bonner Bodenkundl. Abhandl., Bd. 13, Bonn.

SCHEFFER, F. & P. SCHACHTSCHABEL (1992): Lehrbuch der Bodenkunde. 13. Aufl., Stuttgart.

SELLERS, W. D. (1965): Physical Climatology. The University of Chicago Press, Chicago.

SCHAUB, D. (1989): Die Bodenerosion im Lössgebiet des Hochrheintales (Möhliner Feld - Schweiz) als Faktor des Landschaftshaushaltes und der Landwirtschaft. = Physiogeographica, Basler Beiträge zur Physiogeographie, Bd. 19, Basel.

SCHLICHTING, E., H.-P. BLUME & K. STAHR (1995): Bodenkundliches Praktikum. Eine Einführung in pedologisches Arbeiten für Ökologen, insbesondere Land- und Forstwirte und für Geowissenschaftler. 2. Aufl., Berlin, Wien.

SCHMIDT, E. (1997): Modellierung und Regionalisierung des Bodenwasserhaushaltes unter besonderer Berücksichtigung des Reliefeinflusses im Lößgebiet Südniedersachsens unter Anwendung des vertikalen Wassertransportmodells AMWAS. = Unveröffentl. Diplomarbeit am Geographischen Institut der Univ. Hannover, Abt. Phys. Geogr. u. Landschaftsökologie.

SCHMIDT, J. (1996): Entwicklung und Anwendung eines physikalisch begründeten Simulationsmodells für die Erosion geneigter landwirtschaftlicher Nutzflächen. = Berliner Geographische Abhandlungen, H. 61.

SCHMIDT, J. (1991): The impact of rainfall on sediment transport by sheetflow. - In: Catena Supplement, 19, S. 9-17 (a).

SCHMIDT, J. (1991): A mathematical model to simulate rainfall erosion. - In: Catena Supplement, 19, S. 101-109 (b).

SCHMIDT, J. (1991): Anwendung eines theoretischen Modells zur Langfristsimulation von Erosions- und Akkumulationsprozessen an Hängen. - In: Freiburger Geographische Hefte, H. 33, S. 145-165 (c).

SCHMIDT, J., M. v. WERNER & A. MICHAEL (1996): Erosion 2D. Ein Computermodell zur Simulation der Bodenerosion durch Wasser. - In: Sächs. Landesanst. f. Landwirtsch. u. Sächs. Landesamt f. Umwelt und Geol. [Hrsg.] (1996): Erosion-2D/3D. Ein Computermodell zur Simulation der Bodenerosion durch Wasser, Bd. 1., Dresden, 73 S.

SCHMIDT, R.-G. (1992): Methoden der Bodenerosionsmessung - Ein aktueller Überblick. - In: Flensburger Region. Studien., Sonderh. 2, S. 171-194.

SCHMIDT, R.-G. (1989): Bewertung der landschaftshaushaltlichen Funktionen - Erosionswiderstandsfunktion. - In: MARKS, R., M. J. MÜLLER, H. LESER & H.-J. KLINK [Hrsg.] (1989): Anleitung zur Bewertung des Leistungsvermögens des Landschaftshaushaltes (BA LVL). = Forsch. z. Dt. Landeskunde, Bd. 229, Trier, S. 49-64.

SCHMIDT. R.-G. (1988): Methodische Überlegungen zu einem Verfahren zur Abschätzung des Widerstandes gegen Wassererosion. - In: Regio Basiliensis XXIX/1+2, S. 111-121.

SCHMIDT, R.-G. (1979): Probleme der Erfassung und Quantifizierung von Ausmaß und Prozessen der aktuellen Bodenerosion (Abspülung) auf Ackerflächen. Methoden und ihre Anwendung in der Rheinschlinge zwischen Rheinfelden und Wallbach (Schweiz). = Physiogeographica, Basler Beiträge zur Physiogeographie, Bd. 1, Basel.

SCHRAMM, M. (1994): Ein Erosionsmodell mit räumlich und zeitlich veränderlicher Rillenmorphologie. = Mitteil. Inst. f. Wasserbau und Kulturtechnik, Technische Hochschule Karlsruhe, H. 190.

SCHÜLLER, H. (1969): Die CAL-Methode, eine neue Methode zur Bestimmung des pflanzenverfügbaren Phosphates in Böden. - In: Zeitschr. f. Pflanzenernähr. u. Bodenk., Bd. 123, S. 48-63.

SCHWERTMANN, U., L. VOGL & M. KAINZ (1990): Bodenerosion durch Wasser. Vorhersage des Abtrags und Bewertung von Gegenmaßnahmen. 2. Aufl., Stuttgart.

SHARPLEY, A. N. (1985): The selective erosion of plant nutrients in runoff. - In: Soil Sci. Soc. Americ. J., Vol. 49, S. 1527-1534.

SHARPLEY, A. N. (1980): The enrichment of soil phosphorus in runoff sediments. - J. Environ. Qual., Vol. 9, No. 3, S. 521-526.

SHARPLEY, A. N. & P. J. A. WITHERS (1994): The environmentally-sound management of agricultural phosphorus. - In: Fertil. Res., Vol. 39, S. 133-146.

SHARPLEY, A. N., S. C. CHAPRA, R. WEDEPOHL, J. T. SIMS, T. C. DANIEL & K. R. REDDY (1994): Managing agricultural phosphorus for protection of surface waters: Issues and options. - In: J. Environ. Qual., Vol. 23, S. 437-451.

SHARPLEY, A. N., T. C. DANIEL & D. R. EDWARDS (1993): Phosphorus movement in the landscape. - In: J. Prod. Agric., Vol. 6, No. 4, S. 492-500.

SHARPLEY, A. N., S. J. SMITH, O. R. JONES, W. A. BERG & G. A. COLEMAN (1992): The transport of bioavailable phosphorus in agricultural runoff. - In: J. Environ. Qual., Vol. 21, S. 21-30.

SHARPLEY, A. N. & S. J. SMITH (1990): Phosphorus transport in agricultural runoff: The role of soil erosion. - In: J. BOARDMAN, I. D. FOSTER & J. A. DEARING [Eds.] (1990): Soil Erosion on Agricultural Land, New York, S. 351-366.

SHARPLEY, A. N., R. G. MENZEL & S. J. SMITH, E. D. RHOADES & A. E. OLNESS (1981): The sorption of soluble phosphorus by soil material during transport in runoff from cropped and grassed watersheds. - In: J. Environ. Qual., Vol. 10, No. 2, S. 211-215.

SPATZ, R., K. MÜLLER & K. HURLE (1996): Verringerung des Pflanzenschutzmittel-Eintrages durch die Anlage von grasbewachsenen Pufferstreifen. - In: Mitteil. a. d. Biol. Bundesanst., H. 321, S. 381.

SPONAGEL, H. (1980): Zur Bestimmung der realen Evapotranspiration landwirtschaftlicher Kulturpflanzen. = Geol. Jahrb., Reihe F, H. 9, Hannover.

STUMPE, H., J. GARZ & H. SCHARF (1994): Wirkung der Phosphatdüngung in einem 40-jährigen Dauerversuch auf einer Sandlöß-Braunschwarzerde in Halle. - In: Zeitschr. f. Pflanzenernähr. Bodenkunde, Bd. 157, S. 105-110.

TIETJE, O. (1993): Räumliche Variabilität bei der Modellierung der Bodenwasserbewegung in der ungesättigten Zone. = Landschaftsökologie und Umweltforschung, Inst. f. Geographie und Geoökologie der TU Braunschweig, H. 21.

TIETJE, O. (1993): Validierung von Pedotransferfunktionen. - In: Mitteil. Dtsch. Bodenkundl. Gesellsch., Bd. 72, S. 269-272.

TIETJE, O. &. M. TAPKENHINRICHS (1993): Evaluation of pedo-transfer functions. - In: Soil Sci. Soc. Am. J., Vol. 57, No. 4, S. 1088-1095.

TURNER, A. K. (1989): The role of three-dimensional geographic information systems in subsurface characterization for hydrogeological applications. - In: RAPER, J. F. [Ed.] (1989): Three-dimensional applications in Geographical Information Systems, Taylor & Francis Ltd., London, S. 115-127.

TURNER, M. G. & R. H. GARDNER (1991): Quantitative methods in landscape ecology. An introduction. = Ecological Studies, 82, New York, Berlin, Heidelberg, S. 3-14.

US DEPARTMENT OF AGRICULTURE SOIL CONSERVATION SERVICE (SCS-USDA) (1972): National Engineering Handbook, Section 4., Hydrology, Washington, D.C.

VAN GENUCHTEN, M. T. (1980): A closed-form equation for predicting the hydraulic conductivity of unsaturated soils. - In: Soil Sci. Americ. J., 44, S. 892-898.

VAN GENUCHTEN, M. T. & F. J. LEIJ (1993): On estimating the hydraulic properties of unsaturated soils. - In Proc. Internat. Workshop "Indirect methods for estimating the hydraulic properties of unsaturated soils", Riverside, California, Oct. 11-13, 1989, S. 1-14.

VERBAND DEUTSCHER LANDWIRTSCHAFTLICHER UNTERSUCHUNGS- UND FORSCHUNGSANSTALTEN (VDLUFA) (1991): Methodenbuch. Band 1: Die Untersuchung von Böden, 4. Aufl., Darmstadt.

VEREECKEN, H., J. MAES, J. FEYEN & P. DARIUS (1989): Estimating the soil moisture retention characteristic from texture, bulk density and carbon content. - In: Soil Science, Vol. 148, No. 6, S. 389-403.

VORHAUER, C. F. & J. M. HAMLETT (1996): GIS: A tool for siting farm ponds. - In: J. Soil and Water Cons. Vol. 51 (5), S. 434-438.

WANG, J. R., A. HSU, J. C. SHI, P. E. O'NEILL & E. T. ENGMAN (1997): A comparison of soil moisture retrieval models using SIR-C measurements over the Little Washita watershed. - In: Remote Sens. Environ., Vol. 59, S. 308-320.

WEGEHENKEL, M. (1995): Modellierung des Wasserhaushaltes von landwirtschaftlichen Nutzflächen mit unterschiedlich komplexen Modellansätzen. - In: Dt. Gewässerkundl. Mitteil., 39 (2), S. 58-68.

WENKEL, K.- O. & A. SCHULTZ (1998): Vom Punkt zur Fläche - das Skalierungs- bzw. Regionalisierungsproblem aus der Sicht der Landschaftsmodellierung. - In: Regionalisierung in der Landschaftsökologie. Fachtagung vom 31. März bis 2. April 1998, Zusammenfassung der Tagungsbeiträge. UFZ-Umweltforschungszentrum Leipzig-Halle GmbH.

WERNER, M. v. (1995): GIS-orientierte Methoden der digitalen Reliefanalyse zur Modellierung von Bodenerosion in kleinen Einzugsgebieten. Diss. FU Berlin.

WERNER, M. v. & J. SCHMIDT (1996): Erosion-3D. Ein Computermodell zur Simulation der Bodenerosion durch Wasser. - In: Sächs. Landesanst. f. Landwirtsch. u. Sächs. Landesamt f. Umwelt und Geol. [Hrsg.] (1996): Erosion 2D/3D. Ein Computermodell zur Simulation der Bodenerosion durch Wasser, Bd. 3, Dresden, 135 S.

WERNER, W., H. W. OLFS, K. AUERSWALD & K. ISERMANN (1991): Stickstoff- und Phosphoreintrag in Oberflächengewässer über „diffuse Quellen". - In: HAMM, A. [Hrsg.]: Studie über Wirkungen und Qualitätsziele von Nährstoffen in Fließgewässern. Sankt Augustin, S. 665-764.

WESSOLEK, G., C. ROTH, R., KÖNIG & M. RENGER (1994): Influence of slope and exposition on water balance of loess soils. - In: Z. Pflanzenernähr. Bodenk., Bd. 157, S. 165-173.

WESSOLEK, G., R. KÖNIG & M. RENGER (1991): Modelle zur Ermittlung und Bewertung von Wasserhaushalt, Stoffdynamik und Schadstoffbelastbarkeit in Abhängigkeit von Klima, Bodeneigenschaften und Nutzung. = BMFT-Bodenschutz, Proj. Nr. 0330309 B, Berlin.

WICKENKAMP, V. (1995): Flächendifferenzierte Erosions- und Akkumulationsmodellierung im Gebiet Mehle (Niedersachsen) unter Einsatz des Geoökologischen Informationssystems GOEKIS. Konzeption von Datenstrukturen und Datenausgabe, Anwendung des Modells EROSION-3D. = Unveröffentl. Diplomarbeit am Geographischen Institut der Univ. Hannover, Abt. Phys. Geographie und Landschaftsökologie.

WICKENKAMP, V., R. DUTTMANN & Th. MOSIMANN (1998): A multiscale approach to predict soil erosion on cropland using empirical and physically based soil erosion models in a geographic information system. - In: SCHMIDT, J. (1998) [Hrsg.]: Physically based soil erosion modeling". = Ecol. Series, Springer (im Druck)

WICKENKAMP, V., A. BEINS-FRANKE & R. DUTTMANN (1996): Ansätze zur GIS-gestützten Modellierung dynamischer Systeme und Simulation ökologischer Prozesse. - In: Salzburger Geogr. Material., H. 24, S. 51-60.

WIECHMANN, H. (1973): Beeinflussung der Gewässereutrophierung durch erodiertes Bodenmaterial. - In: Landw. Forschung, Bd. 26, S. 37-46.

WILKE, B. & D. SCHAUB (1996): Phosphatanreicherung bei Bodenerosion. - In: Mitteil. Dtsch. Bodenkundl. Gesellsch., Bd. 79, S. 435-438.

WILLIAMS, J. R. (1985): The physical components of EPIC. - In: EL-SWAIFY, S. A., W. C. MOLDENHAUER & A. LO [Eds.] (1985): Soil Erosion and Conservation, Ankeny, S. 272-284.

WISCHMEIER, W. H. & D. D. SMITH (1978): Predicting rainfall erosion losses - A guide to conservation planning. = Agriculture Handbook No. 537, Science and Education Administration, US Department of Agriculture, Washington, D.C.

WISCHMEIER, W. H. & D. D. SMITH (1965): Predicting rainfall erosion losses from cropland east of the Rocky Mountains. = Agriculture Handbook No. 282, US Department of Agriculture, Washington, D.C.

WOHLRAB, B., H. ERNSTBERGER, A. MEUSER & V. SOKOLLEK (1992): Landschaftswasserhaushalt. Wasserkreislauf und Gewässer im ländlichen Raum. Veränderungen durch Bodennutzung, Wasserbau und Kulturtechnik. Parey, Hamburg u. Berlin.

WOOD, E. F. (1995): Heterogenity and scaling land-atmospheric water and energy fluxes in climate systems. - In: FEDDES, R.A. [Ed.] (1995): Space and Time Scale Variability and Interdependencies in Hydrological Processes. University Press, Cambridge, S. 3-16.

WOOLHISER, D. A., R. E. SMITH & D. C. GOODRICH (1990): KINEROS - A kinematic runoff and erosion model. Documentation and User Manual. = USDA - Agricult. Res. Serv. 77, Washington, D.C.

WORBOYS, M. (1992): Object-oriented models of spatiotemporal information: In: Proceedings GIS/LIS 92, Vol. 2, Bethesda, S. 825-834.

YOON, J. & L. A. DISRUD (1993): Evaluation of agricultural nonpoint source pollution control on water quality in southwestern North Dakota with AGNPS-model. = Research Report August 1993, Agricultural Engineering Department, North Dakota State University, Fargo.

YOUNG, R. A., C. A. ONSTAD, D. D. BOSCH & W. P. ANDERSON (1994): Agricultural Non-Point-Source Pollution Model (AGNPS). User's Guide (Version 4.03). = USDA, Agricultural Research Service, Washington D.C.

YOUNG, R. A., C. A. ONSTAD, D. D. BOSCH & W. P. ANDERSON (1987): AGNPS, Agricultural Non-Point-Source Pollution Model. User's Manual. = Conserv. Research Report, No. 35, USDA, Washington D.C.

ZEPP, H. (1995): Klassifikation und Regionalisierung von Bodenfeuchteregime-Typen. = Relief - Boden - Paläoklima, Bd. 9, Stuttgart.